Jeroen van Bergeijk

GOLDFIEBER

Jeroen van Bergeijk

GOLDFIEBER

Wie ich in Australiens Outback
reich werden wollte

Aus dem Niederländischen
von Gregor Seferens

Mit 16 farbigen Abbildungen
und zwei Karten

MALIK NATIONAL GEOGRAPHIC

Mehr über unsere Autoren und Bücher:
www.malik.de

Eine Anmerkung zu den Maßeinheiten:
Gold wurde und wird international in *troy ounces* (Feinunzen) gehandelt. Eine Feinunze entspricht 31,103 Gramm; eine »normale« Unze (die sogenannte *avoirdupois ounce*) wiegt 28,349 Gramm. Ein Kilo enthält also ungefähr 32 Feinunzen. Wenn in diesem Buch von Unzen die Rede ist, sind Feinunzen gemeint. Zur Zeit des Goldrausches war Australien ein Teil des britischen Empire, und die nationale Währung war das Pfund, das seinerzeit aus 20 Shilling bestand. Ein Shilling wiederum bestand aus 12 Pence. Die heutige australische Währung ist der australische Dollar, der im Jahr 2010 etwa 70 Euro-Cent wert war. Wenn in diesem Buch Dollar erwähnt werden, ist der australische Dollar gemeint.

Bibliografische Information der Deutschen Nationalbibliothek
Die Deutsche Nationalbibliothek verzeichnet diese Publikation in der Deutschen Nationalbibliografie; detaillierte bibliografische Daten sind im Internet über http://dnb.d-nb.de abrufbar.

MALIK NATIONAL GEOGRAPHIC

Deutsche Erstausgabe
November 2012

Titel der niederländischen Originalausgabe: »Goudkoorts – of: Hoe ik dacht rijk te worden in de Australische outback«, Ambo, Amsterdam 2011
Umschlaggestaltung: Dorkenwald Grafik-Design, München
Umschlagfotos und Autorenfoto: Jeroen van Bergeijk
Fotos im Bildteil: Jeroen van Bergeijk, außer: S. 6 unten rechts (Ausrox Gold)
Karten: G-O graphics
Satz: Fotosatz Amann, Aichstetten
Papier: Naturoffset ECF
Druck und Bindung: CPI – Clausen & Bosse, Leck
Printed in Germany ISBN 978-3-492-40460-0

Das Papier wurde aus chlorfrei gebleichtem Zellstoff hergestellt.

Jeden richtigen Jungen überkommt irgendwann das rasende Verlangen, loszuziehen und nach einem verborgenen Schatz zu graben.

Mark Twain, *Tom Sawyers Abenteuer*

Bittet, so wird euch gegeben; suchet, so werdet ihr finden; klopfet an, so wird euch aufgetan. Denn wer da bittet, der empfängt; und wer da sucht, der findet; und wer da anklopft, dem wird aufgetan.

Matthäus 7, 7–8

Warum nicht mal Gold suchen für'n Jahr. Was riskierst du denn schon dabei? Hier wartest du nur auf ein Wunder und bist in einem Land, wo das Gold nur so herumliegt und sich wundert, dass man es nicht ausgräbt.

Humphrey Bogart in: *Der Schatz der Sierra Madre*

INHALT

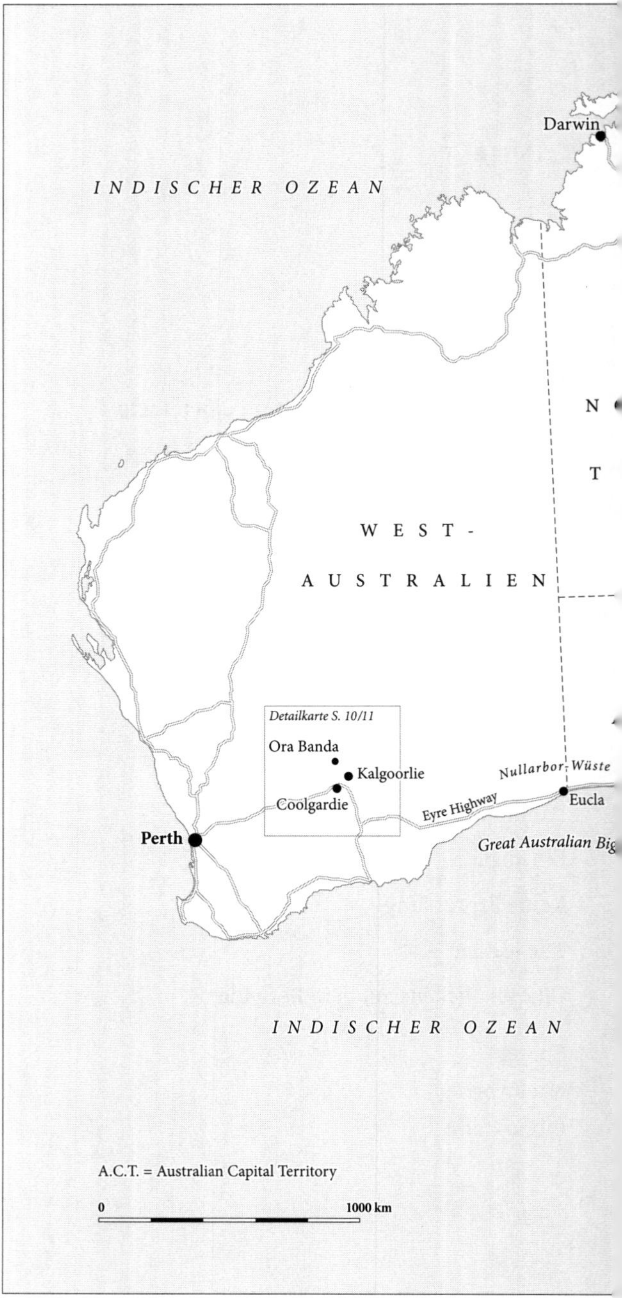

Darwin
INDISCHER OZEAN
N
T
WEST-
AUSTRALIEN
Detailkarte S. 10/11
Ora Banda
Kalgoorlie
Coolgardie
Nullarbor-Wüste
Eyre Highway
Eucla
Perth
Great Australian Big
INDISCHER OZEAN
A.C.T. = Australian Capital Territory
0
1000 km

PAZIFIK
Cairns
R N
O R Y
Springs
QUEENSLAND
D -
A L I E N
na
Brisbane
NEW
SOUTH
WALES
Ophir
Sydney
Adelaide
McLaren Vale
Canberra
A.C.T.
Wedderburn
Kingower
Bendigo
Mount Alexander
Maryborough
Castlemaine
Ballarat
VICTORIA
Melbourne
Castlemaine Diggings
National Heritage Park
TASMANIEN

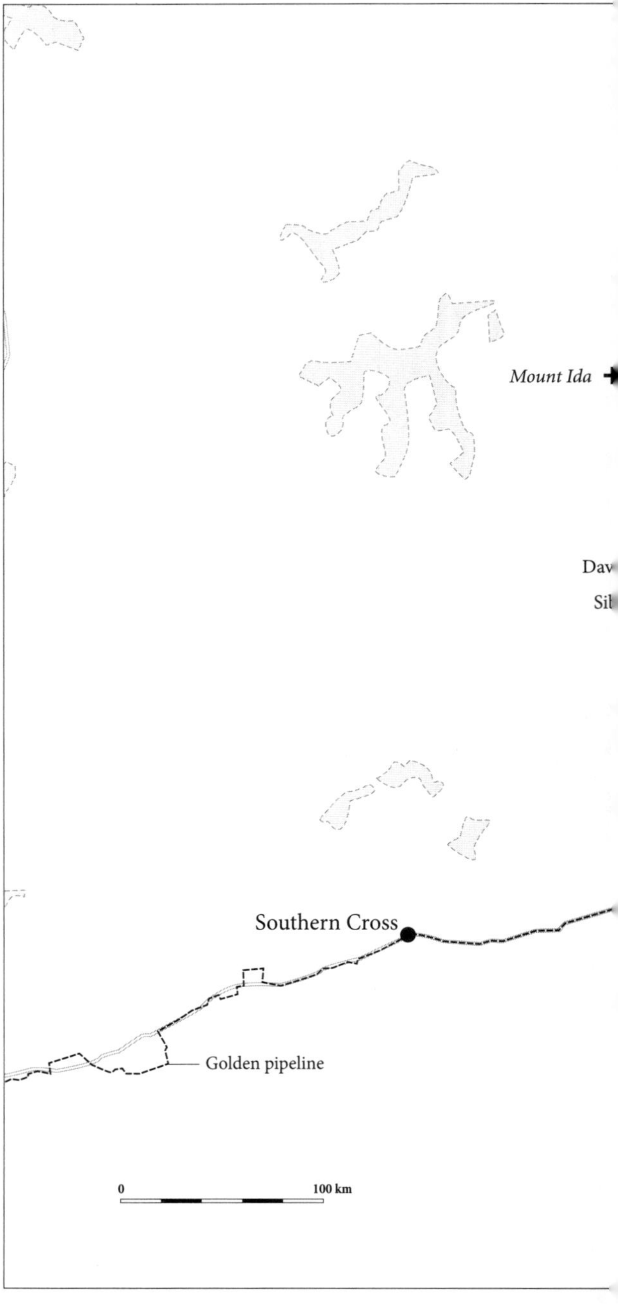
Mount Ida
Southern Cross
Golden pipeline
0
100 km

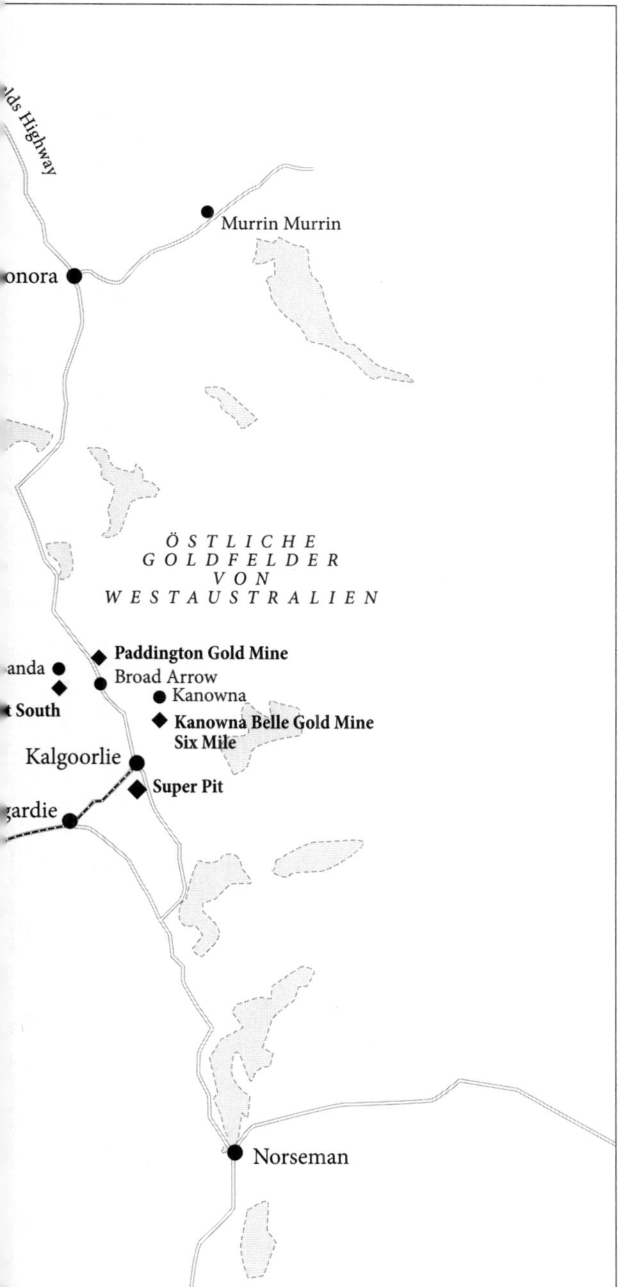

lds Highway
Murrin Murrin
onora
ÖSTLICHE GOLDFELDER VON WESTAUSTRALIEN
Paddington Gold Mine
anda
Broad Arrow
Kanowna
t South
Kanowna Belle Gold Mine
Six Mile
Kalgoorlie
Super Pit
gardie
Norseman

Für Remke

PROLOG

Die untergehende Sonne taucht die Eukalyptusbäume entlang der Sandpiste von Broad Arrow nach Ora Banda in eine goldene Glut. Ich trete das Gaspedal ein wenig tiefer, schaue in den Rückspiegel und stelle zufrieden fest, dass mein alter Toyota Land Cruiser hübsche, wild aufgeblähte Staubwolken aufwirbelt.

Zwischen meinen Oberschenkeln klemmt eine offene Dose kalten Biers.

Die Nachrichten des lokalen Radiosenders melden, dass der Goldpreis heute erneut einen Rekordstand erreicht hat ... AC/DC läuft, und ich drehe den Lautstärkeregler ganz hoch.

»It's a long way to the top ...«

Und wirklich, verdammt, das denke ich mir nicht aus, als ich um eine scharfe Kurve der Sandpiste fahre, springen zwei Kängurus in der Böschung vorbei. Viel besser kann das Leben im australischen Outback nicht sein.

Und dennoch ... dennoch habe ich wieder einen Scheißtag hinter mir. Warum? Den ganzen Tag bin ich mit meinem Metalldetektor durch den Busch gegangen. Auf der Suche nach Gold. Habe aber nichts gefunden. Schon wieder nicht. Na ja, nichts ist auch nicht ganz richtig. Ich buddele jede Menge rostige Nägel, Schrotkörner und plattgetretene Bierdosen aus. Aber kein Gold. Schon seit Wochen geht das so, und mit jedem Tag werde ich mutloser. Heute Morgen hatte ich nach einer halben Stunde Suchen eine wunderbare Stelle gefunden. *Whaap-Wheep* machte mein Minelab GPX4000, einer der besten Metalldetektoren der Welt. *Whaaap-wheeep*! Und ich begann zu graben.

Wenn man wochenlang mit so einem Metalldetektor gearbeitet hat, lernt man allmählich, die Geräusche eines solchen Geräts zu interpretieren. Wenn man nur lange genug durchhält, müsste man irgendwann den Unterschied zwischen einem Kronkorken und einem Stück Eisendraht und … einem kleinen Goldklumpen hören können. Und bei diesem *Whaap-wheep* handelte es sich, dessen war ich mir gewiss, um Gold. Es war ein voller, runder Ton. Ein warmes, sanftes Geräusch. Nicht das schneidende, aufdringliche Pfeifen von altem Eisen.

Also schlug ich meine Spitzhacke in die ockerfarbene australische Erde. Meistens liegt das Gesuchte nicht tiefer als wenige Zentimeter, und ich finde schnell heraus, dass es sich bei dem Metall, das der Detektor anzeigt, um Schrott handelt. Nieten zum Beispiel findet man merkwürdigerweise auf allen australischen Goldfeldern. Oder Patronenhülsen und natürlich leere Dosen, zahllose leere Dosen, von denen viele bereits seit den Goldräuschen des 19. Jahrhunderts vor sich hin rosten.

Das aber hörte sich nicht nach Schrott an.

Ich grub und grub, das Loch wurde tiefer und tiefer und das *Whaaap-wheeep* lauter und lauter. Der Detektor begann zu »kreischen«, wie alte Hasen in dem Geschäft es nennen. Das heißt, das Gesuchte hat eine beachtliche Größe, und man hat es fast gefunden. Noch einmal mit der Spitzhacke in den Boden … und da sah ich etwas funkeln.

Eine Dose, verflucht. Auch noch Emu Export, das übelste Bier von Australien.

Wie die Bierdose dorthin gekommen war, fast einen halben Meter tief in der Erde, ich weiß es nicht. Aber so ist es jedes Mal: Immer wieder rede ich mir ein, dass ich nun wirklich echtem Gold auf der Spur bin, und immer wieder ist es Schrott.

Obwohl es doch ein paar Monate zuvor so vielversprechend angefangen hatte.

GOLDSUCHE FÜR ANFÄNGER

Ein Zeitungskiosk in McLaren Vale – Die Zeitschrift Gold, Gem & Treasure – *Goldsuche für Anfänger in dem kleinen Ort Wedderburn*

Im Herbst des Jahres 2009 stand ich eines Tages im Zeitungskiosk von McLaren Vale, einem australischen Dorf etwas südlich von Adelaide, wo ich seit Kurzem wohnte. Ich wunderte mich immer noch darüber, dass ich hier lebte, in einem kleinen Ort auf der anderen Seite der Erde. Und wenn ich ehrlich bin: Wäre es nach mir gegangen, ich wäre niemals in Australien gelandet. Ich hatte mich nie nach einem Leben *down under* gesehnt. Wohl aber meine Frau. Sie wollte in McLaren Vale, eines der führenden Weinanbaugebiete Australiens, ein Jahr lang auf einem Weingut arbeiten, und unser zehnjähriger Sohn und ich waren mit ihr hergekommen. Und da stand ich also, in dem einzigen Kiosk, den es im Ort gab, Anfang November, bei dreißig Grad und in kurzen Hosen. Gelangweilt blätterte ich im *Australian Model Railways Magazine*, in *Surfing Life* und in *Aussie Boar Hunters*, bis ich auf eine Zeitschrift mit dem Namen *Gold, Gem & Treasure* stieß. Auf dem Titelblatt war eine ausgestreckte Hand abgebildet, in der ein glitzernder Goldklumpen lag. Ich nahm die Zeitschrift und begann zu lesen.

Es stellte sich heraus, dass *Gold, Gem & Treasure* das Leibblatt der australischen Goldsucher ist, und der Nugget auf dem Titel war nur einer der vielen spektakulären Goldfunde, von denen in dem Periodikum berichtet wurde. Goldsucher ... die kannte ich aus den Lucky-Luke-Comics meiner Jugend, aus klassischen Western wie *Der Schatz der Sierra Madre*. Doch während ich in der Zeitschrift las, fiel ich von einer Verwunderung in die nächste. Ich erfuhr, dass es in Australien noch echte Goldsucher gibt ... dass man hier mit einem Metalldetektor große Goldklumpen finden kann ... und dass sich auf diese Weise, mit etwas Glück und Durchhaltevermögen, gutes Geld verdienen lässt.

Und gutes Geld verdienen, das wollte ich zur Abwechslung mal.

Ein Jahr zuvor, im September 2008, einen Monat bevor die Finanzkrise weltweit die Aktienkurse in den Keller purzeln ließ, hatte ich beschlossen, dass mein gespartes Geld, das ich in zwanzig Jahren freiberuflicher Arbeit mühsam zusammengekratzt hatte, in Aktien angelegt werden sollte. Diese Ersparnisse, die das Startkapital für meine Altersversorgung bilden sollten, waren sowieso nicht besonders groß. Doch als sich der Staub, den die Finanzkrise aufgewirbelt hatte, wieder gelegt hatte, blieb mir davon gerade genug, um einen schönen Gebrauchtwagen zu kaufen.

Aber ich kaufte kein Auto – im Gegenteil, ich trennte mich von meinem Auto. Wir erstanden drei Flugtickets nach Australien, und ich glaubte, so meine finanziellen Sorgen vorläufig hinter mir lassen zu können. Aber das gelang nicht so recht. Meine verlorenen Ersparnisse gingen mir zu meinem eigenen Erstaunen nicht aus dem Kopf. Ich hatte mich bis dahin nie sonderlich für Geld interessiert. Ich habe keine großen materiellen Wünsche und bin mit wenig zufrieden. Ich habe noch nie in meinem Leben eine feste Stellung gehabt. Seit zwanzig Jahren tue ich das, was mir gefällt: Ich schreibe Bücher und Artikel und mache Reportagen. Ich habe es nicht sehr üppig, aber ich komme über die Runden. Was will man mehr?

Nun ja, mehr Geld.

Seit meine Rücklagen sich in Luft aufgelöst hatten, machte ich mir zum ersten Mal ernsthafte Sorgen über meine finanzielle Zukunft. Meine Ersparnisse hatten mir immer eine gewisse Sicherheit gegeben: Wenn es mal nicht so lief, hatte ich immer noch einen Notgroschen, auf den ich zurückgreifen konnte. Was, wenn ich einmal längere Zeit krank wurde? Wenn die schöne, aber schlecht bezahlte Arbeit, der ich nachging, noch schlechter bezahlt werden würde? In den vergangenen Jahren hatte ich erlebt, wie ein freiberuflicher Journalist nach dem anderen desillusioniert das Handtuch warf. Angesichts von immer weniger Arbeit und einem permanenten Geldmangel hatten sie ihr Heil in PR-Jobs gesucht, in der Werbung, oder aber sie verdienten ihr Geld nun mit dem Redigieren von Firmenzeitschriften und amtlichen Dokumenten. Das wollte ich nicht, doch auch ich stellte mir die Frage, ob ich die fünfundzwanzig Jahre meines Berufslebens, die noch vor mir lagen, weiter mit derselben freiberuflichen Schufterei füllen wollte, wie ich es bisher getan hatte. War es vielleicht an der Zeit, etwas anderes auszuprobieren?

Mit einem Exemplar von *Gold, Gem & Treasure* unter dem Arm ging ich nach Hause, und dort wurde mir schnell klar, dass Goldsucher in Australien eine lebendige Subkultur bilden – eine Subkultur, die während der vergangenen zweieinhalb Jahre mit dem aufs Doppelte gestiegenen Goldpreis enorm gewachsen war. Goldsucher in Australien verfügen nicht nur über ihre eigene Zeitschrift, es gibt auch Vereine und Zusammenkünfte, Webseiten und Internetforen. Ganze Abende lang schaute ich mir Clips auf YouTube an, wo Goldsucher, archetypische Australier in kurzen Khakihosen und mit einem kräftigen Akzent, Nuggets im Wert von Zehntausenden von Euro ausgruben.

Alles schien so einfach. Es sah so aus, als würde man Geldscheine von der Straße aufheben, wie einer der Goldsucher es in solch einem Clip ausdrückte.

Hierüber wollte ich mehr erfahren. Nein, ich wollte es selbst tun.

Also rief ich ein paar Wochen später die Firma Gold Prospecting Australia an, die in *Gold, Gem & Treasure* Reklame machte. Ein freundlicher Herr, ein gewisser Mark, erzählte mir, dass er Goldsucherkurse für Anfänger veranstaltete. An einem Wochenende könne er mir die Grundlagen vermitteln. Danach bräuchte ich für eine Karriere als Goldsucher nur noch Glück, Durchhaltevermögen und einen Metalldetektor. Das klang vielversprechend. Ich meldete mich an.

Der Kurs fand in Wedderburn statt, einem kleinen Dorf etwa zweihundert Kilometer nördlich von Melbourne, von McLaren Vale aus eine Tagesfahrt entfernt. Der Ort war gut gewählt. Wedderburn war im 19. Jahrhundert unter dem Namen *potato diggins* bekannt, weil die dort gefundenen Nuggets so zahlreich und so groß wie Kartoffeln waren. Man sagt, dass in einem Umkreis von vierzig Kilometern um Wedderburn herum achtzig Prozent der weltweit größten Goldklumpen gefunden wurden. Ein Stück außerhalb von Wedderburn zum Beispiel wurde im Jahr 1869 der Nugget *Welcome Stranger* entdeckt, mit einem Gewicht von zweiundsiebzig Kilo der schwerste Goldklumpen der Welt.

Ein Jahrhundert später waren die Goldvorräte noch immer nicht erschöpft. 1980 fanden drei Schüler mit einem Metalldetektor in einem Garten in Wedderburn den 2,4 Kilo wiegenden Nugget *Beggary Lump*, und in der darauffolgenden Woche entdeckten andere in der unmittelbaren Umgebung noch einmal 3,7 Kilo Gold. Und als wäre das noch nicht genug, stieß man in dem nicht weit entfernten Weiler Kingower auf den Nugget *Hand of Faith*, der mit gut siebenundzwanzig Kilo der größte noch *existierende* australische Goldklumpen ist (im 19. Jahrhundert wurden Nuggets wie der *Welcome Stranger* stets eingeschmolzen).

Von all dem Reichtum war an dem warmen Novembertag, als ich dort ankam, kaum mehr etwas zu spüren. In Wedderburn blätterte die Farbe von den Holzhäusern, die Vorgärten waren von Unkraut überwuchert, Geschäfte standen leer. Es gab nicht einmal einen Pub, sonst doch der Mittelpunkt eines jeden australischen Dorfs mit einem bisschen Selbstachtung.

Die Kursteilnehmer hatten sich vor dem Fremdenverkehrsbüro des Ortes versammelt. Die Gruppe der zukünftigen Goldsucher bestand aus einigen älteren Ehepaaren, einem jovialen pensionierten Minenarbeiter, einem gesprächigen Buchhalter, der Kniestrümpfe zu seinen kurzen Hosen trug, und einem Mann in den Dreißigern, der auf der Suche nach einem Hobby war, um seiner Familie zu entfliehen. Kursleiter Mark und seine Assistentin trugen identische Bundfaltenhosen und Poloshirts mit dem Logo von Gold Prospecting Australia daran.

Die Gruppe durfte in einem OKA Platz nehmen, einem in Australien hergestellten Off-road-Kleinbus, der wie ein fahrender Schuhkarton aussieht. Obwohl in ganz Australien in den letzten zwanzig Jahren weniger als fünfhundert Exemplare dieses Wagens verkauft wurden und er in der übrigen Welt vollkommen unbekannt ist, pries Mark den OKA als besten Kleinbus der Welt an. Wie dem auch sein mochte, der Wagen brachte uns jedenfalls zu unserem Ziel, einem Wald mit dem Namen *Garibaldi's Mine* gleich außerhalb von Wedderburn. Eine Mine war dort nicht zu sehen, aber Spuren von *diggers*, Goldsuchern des 19. Jahrhunderts, gab es jede Menge. Mark machte uns auf die seltsam geformte Landschaft aufmerksam. Überall, wo man hinschaute, waren kleine, einen bis anderthalb Meter hohe Hügel zu sehen, als hätte eine Kolonie Riesenmaulwürfe unter der Erde gehaust. Diese Erdhaufen, *mullock heaps* genannt, waren mit Sträuchern und Eukalyptusbäumchen bewachsen, aber man sah immer noch die Konturen der Grabungsarbeiten des 19. Jahrhunderts.

Mark war ein guter Lehrer. Die grundlegenden Kenntnisse über den Metalldetektor und das Goldsuchen vermittelte er uns innerhalb einer halben Stunde. Die technisch ausgereiftesten und modernsten Metalldetektoren, die der Firma Minelab, sind erstaunlich empfindlich. Wenn das Gold direkt an der Oberfläche liegt, finden sie Goldklumpen – Goldkörnchen müsste man sie eigentlich nennen –, die nicht mehr als ein Zehntelgramm wiegen. Andererseits spüren sie auch größere Nuggets auf, die sehr tief liegen. Mark erzählte, er habe einmal einen Goldklumpen ausgegraben, der mehr als einen Meter unter der Erdoberfläche lag.

Ein Metalldetektor, so erklärte uns Mark, besteht aus einer sogenannten *control box* und einem Teller. In diesem Teller wird mit Hilfe der *control box* ein elektromagnetisches Feld erzeugt. Metallische Objekte im Boden leiten den Strom und stören das elektromagnetische Feld. Diese Störung wird in Geräusche umgewandelt. Das Detektieren von Metall als solches ist einfach. Man muss lediglich den Teller des Detektors über den Boden bewegen, als würde man diesen wischen – nur langsamer. *Low and slow* lautet das Motto. Wenn man ein Geräusch hört und dieses Geräusch nicht verschwindet, nachdem man den Detektor ein paarmal über die Stelle bewegt hat, dann hat man ein *target* gefunden. Man unterbricht das Detektieren, um nachzusehen. In neun von zehn Fällen, wahrscheinlich eher noch in neunundneunzig von hundert Fällen stößt man auf Schrott. Doch hin und wieder, ganz selten, findet man einen Goldklumpen.

Die praktischen Übungen fanden im Garibaldi-Wald statt. Alle trabten los, ein jeder in eine andere Richtung, und wünschten einander »viel Glück«. Ich aber zögerte, denn etwas verstand ich nicht. Okay, was die Goldsuche anging, war ich ein Anfänger, und ich war durchaus bereit zu akzeptieren, dass es keine Rolle spielte, wo ich suchte, wenn ich nur suchte. Auf einem alten Fahrrad lernt man schließlich Rad fahren, und wo konnte man besser Gold suchen, als dort, wo man dies schon seit anderthalb Jahrhunderten tut? Aber dass ich hier Gold finden würde, erschien mir sehr unwahrscheinlich.

»Hier sind vor uns doch schon Hunderte, wenn nicht Tausende andere gewesen«, meinte ich zu Mark, »wie sollte hier noch etwas Wertvolles zu finden sein?«

»Ich komme jedes Jahr ein paarmal mit Kursteilnehmern hierher«, erwiderte Mark, »und dennoch finden wir jedes Mal wieder Gold.«

»Aber wie ist das möglich?«, wollte ich von ihm wissen.

»*Nobody get's it all*«, entgegnete Mark. »So gründlich man auch sucht, man lässt immer etwas für den Nächsten liegen. Und das, Jeroen, ist das Schöne am Goldsuchen.«

Es war still im Wald, aber nicht totenstill. Sanft rauschten die Blätter des Ironbark-Eukalyptusbaums im Wind. Ab und zu flog ein grüner Papagei vorüber, der sich wie eine heisere Ziege anhörte. Ich unternahm einen Streifzug durch den Wald, und schon sehr bald wurde mir klar, das Prinzip des Sondelns mochte zwar einfach sein, die Praxis aber war alles andere als das. Denn leider reagierte der Detektor nicht nur auf metallische Objekte, er spürte auch Mineralien im Boden auf und produzierte das sogenannte *ground noise*. Wenn man also durch ein Gebiet geht, wo sich viel natürliches Eisenoxid – man könnte auch sagen Rost – im Boden befindet, sondert der Metalldetektor ein derartiges Pfeifen und Krachen ab, dass es einem in den Ohren wehtut. Den Unterschied zwischen *ground noise* und *target* hörte ich kaum heraus.

Waren denn alle hier, um reich zu werden?, wollte ich von Mark wissen.

Aber nicht doch.

»Jetzt, wo der Goldpreis so hoch steht, bekomme ich viele Anrufe von Menschen, die glauben, sie könnten schnelles Geld verdienen«, sagte Mark. »Meistens versuche ich ihnen das wieder auszureden.«

»Aber möglich ist es«, insistierte ich.

»Äh ... ja.«

Wie sich zeigte, war ich der Einzige, der auf der Suche nach goldenen Bergen war und der hohe Erwartungen hatte. Die meisten suchten kein Gold, sondern einen Zeitvertreib. So wie Steve, ein pensionierter Minenarbeiter. Steve hatte jahrelang in Westaustralien unter Tage gearbeitet, gut verdient und vor anderthalb Jahren ein Wohnmobil gekauft. Sein Plan: in den ihm noch verbleibenden Jahren im Wohnmobil durch Australien reisen.

»Ich lag die ganze Zeit nur auf der faulen Haut und wurde immer dicker«, berichtete er und trommelte dabei ostentativ auf seinen mächtigen Bauch. »Ich dachte: Das geht nicht gut, ich muss irgendwas unternehmen.« Seine Wahl fiel auf Gold suchen, denn: »Man ist an der frischen Luft, und außerdem hat man die Chance, sich ein bisschen was dazuzuverdienen. Und es ist aufregend. Jedes Mal, wenn man anfängt zu graben, spannen sich die Gesäßmuskeln, das Herz beginnt zu klopfen, und man denkt: *Is this the big one*? Ist das Gold?«

Doch leider: In den vielen Monaten, die er nun schon unterwegs war, hatte er exakt zwei Bröckchen Gold im Wert von nicht einmal 50 australischen Dollar gefunden. So hatte Steve sich das nicht vorgestellt. Steve war geschieden. Zweimal. Seine zweite Frau war halb deutsch, halb russisch. Sie hatte ihn seines Geldes wegen geheiratet. »Weißt du, wie das ist bei den Deutschen? Hundert Prozent sind nie genug. Es müssen 125 Prozent sein. Und dann heiratet sie ausgerechnet einen Australier. Bei uns heißt es: *That 'll do, mate*. Niemals zu hart arbeiten. Das konnte sie nicht ertragen.«

»Ich habe keine großen Erwartungen an das Leben«, sagte Steve. »Ich brauch nicht viel. Am Ende des Tages drei Bierchen. Das ist eigentlich schon alles. Ich sehe so viele Leute, die unglücklich verheiratet sind. Das Problem hab ich nicht mehr. Ich bin frei.« Steve hatte einen Kühlschrank, einen Gefrierschrank und Sonnenkollektoren. Manchmal biwakierte er wochenlang im Busch, ohne einen Menschen zu sehen. »Ich habe keine Uhr, ich weiß nie, wie spät es ist. Teufel, ich weiß nicht einmal, welchen Tag wir haben. Das ist mir alles total egal. Ich mache das, wozu ich Lust habe.«

Auch die anderen Goldsucher-Azubis ließen es in ihrem Leben ruhig angehen. Keiner hier war fanatisch. Für eine Tasse Kaffee waren sie immer zu haben, und später am Tag sagten sie auch zu einem Bier nicht Nein. Endlos unterhielt man sich über die Enkel. Gold suchen war für diese Menschen etwas, das sie machten, um etwas zu tun zu haben – nicht weil es ihre Berufung war oder weil sie reich werden wollten.

Mann, war das ein lahmer Haufen, fand ich.

Ich schlich also weiter ungeduldig durch den Garibaldi-Wald. Nach anderthalb Stunden bat ich Mark um Rat, leicht frustriert. Machte ich etwas falsch? Wieso hatte ich noch kein Gold gefunden? Versuch's doch da mal, murmelte Mark und zeigte dabei auf ein paar kleine Hügel, die sich in nichts von denen unterschieden, die ich bereits abgesucht hatte. »Die sehen gut aus.«

Nach zehn Minuten begann mein Detektor, Geräusche von sich zu geben. *Whuh-whuh. Whuuuh-whuuuh.* Ich fing an zu graben, und schon bald danach kam Mark, um zu sehen, was ich dort tat. Das Loch wurde tiefer, der Lärm, den mein Detektor machte, lauter, und mein Enthusiasmus wuchs. Nach einer Viertelstunde fanden wir die Ursache für den Krach: einen Goldklumpen von ungefähr zwei Millimetern Durchmesser. Er wog weniger als ein Viertelgramm, aber ich war total begeistert. Stolz zeigte ich ihn den Senioren, die gerade ihr erstes Bier aufgemacht hatten.

»Ja, schon schön«, sagte einer von ihnen.

»*Good on ya, mate*«, meinte ein anderer.

»Ein Bierchen?«, fragte der nächste.

»Nein, Mann«, erwiderte ich, »ich suche weiter.«

»Du bist verloren«, sagte Mark. »Du hast Goldfieber.«

EIN GOLDREYCH LAND

Ein goldreych Land – Edmond Hammond Hargraves: der erste Goldsucher Australiens – Goldpfannen in Ballarat, Victoria – Der Autor findet color

Am 19. Juli 1619 erreichten zwei Schiffe der Vereinigten Ostindischen Companie (VOC), die *Dordrecht* und die *Amsterdam*, die Küste eines unbekannten Landes südlich von Indonesien. Die beiden Ostindienfahrer, unter dem Kommando von Frederik de Houtman, hatten ab dem Kap der Guten Hoffnung eine neue, viel weiter südlich liegende Route nach Indonesien eingeschlagen, waren aber unterwegs ziemlich vom Kurs abgekommen. De Houtman sah »ein sehr großes Land« und unternahm ein paar Landungsversuche, die er aber wegen zu kräftigen Windes und zu hoher Wellen abbrechen musste. So gut es ging, kartografierte er anschließend die Küste und nannte seine Entdeckung Dedelsland, nach Jacob Dedel, dem höchsten Offizier an Bord, Oberkaufmann und Rat der Vereinigten Ostindien Kompanie.

Sicher in Batavia angekommen, schickte Dedel einen Bericht seiner Reise an das Direktorium der VOC in Amsterdam. Dedel war davon überzeugt, dass er und de Houtman das mysteriöse »Südland« gefunden hatten, das drei Jahre zuvor von Dirk Hartogsz erstmals entdeckt worden war. In seinem Brief an die VOC beschrieb er diese *Terra Incognita Australis* als ein »rotes, lehmiges Land, das sich nach Ansicht mancher als goldreych erweisen könnte«.

Mit anderen Worten: Gold und Australien wurden bereits in einem Atemzug genannt, ehe der neue Kontinent so richtig entdeckt war.

Es sollte noch 232 Jahre dauern, bis auch die Australier selbst offiziell zu glauben begannen, dass in Australien Gold zu finden ist. Zwar wurde in den Jahrzehnten nachdem die Engländer 1788 um den natürlichen Hafen Sydney herum die Strafkolonie New South Wales gegründet hatten, sporadisch Gold gefunden, doch diese Funde wurden immer geheim gehalten. Der wichtigste Grund dafür war, dass laut britischem Gesetz alle im Boden gefundenen Edelmetalle automatisch Eigentum der Krone waren. Es hatte also niemand ein Interesse daran, die Regierung über seine Goldfunde zu informieren. Auf der anderen Seite fürchtete die Kolonialverwaltung, dass die zu Zwangsarbeit verurteilten Kriminellen sofort die Arbeit niederlegen und auf Goldsuche gehen würden, wenn bekannt wurde, dass das Gold gleichsam auf der Straße lag. Als der Pastor und Amateurgeologe William Branwhite Clarke dem Gouverneur der brandneuen Kolonie eine Handvoll Goldkörner zeigte, die er außerhalb von Sydney gefunden hatte, sagte dieser daher nur: »Stecken Sie das rasch weg, Mr. Clarke, oder man wird uns die Kehle durchschneiden.«

Unter diesen Umständen brauchte es einen Mann mit einem Plan, um den ersten australischen Goldrausch auszulösen. Dieser Mann war Edward Hammond Hargraves, ein behäbiger, korpulenter Sprücheklopfer mit einem gut entwickelten Gefühl für Eigenwerbung. Hargraves war jemand, der hundert Dinge anpackte und hundertzehn Mal scheiterte. Seit er von England aus nach Australien ausgewandert war, hatte er als Matrose, Aufseher, Farmer, Kneipenwirt, Fuhrunternehmer und Viehzüchter gearbeitet, doch in keinem dieser Berufe hatte er es lange ausgehalten. Im Jahr 1849 gelangten Berichte über den kalifornischen Goldrausch nach Australien. Sofort begab sich Hargraves an

Bord eines Schiffes in Richtung Vereinigte Staaten, um dort sein Glück als Goldsucher zu machen. In zwei Jahren gelang es ihm nicht, auch nur eine einzige Unze Gold zu finden – seine Korpulenz hinderte ihn daran –, und mittellos kehrte er nach Australien zurück. Doch in Kalifornien hatte er immerhin etwas gelernt, nämlich die Kunst, einen potenziell goldhaltigen Boden zu erkennen. Drüben in den Staaten war ihm aufgefallen, dass die dortigen Goldfelder große Ähnlichkeit mit dem Gebiet rund um Bathurst, rund zweihundert Kilometer westlich von Sydney, hatten. Und wichtiger noch: Er hatte gesehen, wie man Gold sucht. In Kalifornien hatte er gelernt, wie man mit Hilfe von Goldpfanne und *cradle* das Gold von dem aus einem Fluss geschöpften Sand und Kies trennen konnte. Wieder in Australien nahm er sich daher vor, als Erster den Beweis zu führen, dass man auch in Australien *payable gold* finden kann, das heißt auf rentable Weise gewonnenes Gold, dessen Verkaufserlös die Kosten des Suchens übersteigt.

Er hatte nicht vor, selbst mit der Suche nach Gold reich zu werden – seine Jahre in Kalifornien hatten ihm gezeigt, dass er nicht für schwere körperliche Arbeit geschaffen war –, er wollte vielmehr nur den Goldrausch in Gang setzen. Hargraves wusste, dass alles Gold, was er finden würde, automatisch der Krone zufiel, doch er rechnete damit, dass er, wenn ein beachtliches Goldfeld gefunden wurde, eine stattliche Belohnung erhalten würde. Wenn dann Tausende von Menschen sich auf die Suche nach Gold machten, würden innerhalb kürzester Zeit die Geldtruhen der Regierung durch die Goldeinkünfte überströmen, und für diesen steuerlichen Glücksfall würde diese ihm bestimmt dankbar sein. Es war ein Glücksspiel, und all seine Freunde erklärten ihn für verrückt, aber dennoch machte er sich ein paar Wochen später mit geliehenem Geld und einem abgemagerten Pferd auf den Weg. In dem Dorf Guyong übernachtete er im Pub und konnte den Sohn des Eigentümers, John Lister, dazu überreden, ihn zu begleiten. Im nahe gelegenen Lewis Pond Creek fühlte Hargraves sich »von Gold umgeben«, und dort machten sich die beiden an die Arbeit. Im Pub hatte Hargraves sich eine Zinnschüssel geliehen, und er zeigte Lister, wie er damit umgehen musste. Noch am selben Tag, am 12. Februar 1851, hatten sie Erfolg: In der ersten Pfanne Flusssand fanden sie einige Goldkörner. »Das ist ein denkwürdiger Tag in der Geschichte von New South Wales«, sagte Hargraves feierlich zu Lister. »Ich werde Baronet, du wirst zum Ritter geschlagen, und mein altes Pferd kommt ausgestopft in eine Vitrine im Britischen Museum!«

Mit einer winzigen Menge Gold kehrte Hargraves nach Sydney zurück, während er Lister, der inzwischen Verstärkung in Gestalt von James und William Tom bekommen hatte, zurückließ, um weiterzusuchen. Die Autoritäten in Sydney waren von der Menge, die Hargraves gefunden hatte, nicht sonderlich beeindruckt.

Was tun? Der schlaue Hargraves startete einen Werbefeldzug. Er zog von Pub zu Pub und erzählte jedem, der es hören wollte, von dem unglaublich reichen Goldfeld, das er nach den biblischen Minen, aus denen König Salomons märchenhafte Goldvorräte stammten, Ophir genannt hatte. Und das zeigte Wirkung, vor allem als bekannt wurde, dass Lister und die Gebrüder Tom in seiner Abwesenheit geschafft hatten, was ihm nicht gelungen war: große Mengen Gold zu finden. Hargraves ermunterte den *Sydney Morning Herald*, über seine Entdeckung zu schreiben, und als diese Zeitung Ophir »ein einziges großes Goldfeld« nannte, da war der Damm gebrochen. Innerhalb weniger Tage gruben Hunderte von Männern auf Ophir nach Gold, und innerhalb eines Monats waren es Tausende. »Praktisch jedes Mitglied der Gemeinschaft scheint von völligem geistigen Schwachsinn befallen zu sein. Es herrscht ein allgemeiner Zulauf zu den Grabungsfeldern«, schrieb die *Bathurst Free Press*. Gleichzeitig hatte die Regierung das Goldfieber total unterschätzt. Als sie dann schließlich den Ernst der Lage erkannt hatte – nämlich dass in der gesamten Kolonie Männer ihre Arbeit im Stich ließen, um Gold zu suchen –, war es zu spät. Da der Magistrat in Ophir nur über einige Polizisten verfügte, hatte er das Nachsehen: Es gab keine Möglichkeit, die vielen Tausend Männer wieder zurück an den heimischen Herd zu schicken. Die Goldsuche war nicht mehr aufzuhalten, der erste Goldrausch Australiens war eine Tatsache.

Doch dabei beließ es die Regierung nicht. Das Gesetz, nach dem alles Gold der Krone gehörte, musste befolgt werden, und so kam der Gouverneur von Australien auf die glänzende Idee, ein Genehmigungsverfahren einzuführen. Er konnte die Goldsucher vielleicht nicht aufhalten, aber er konnte eine Steuer erheben. Jeder, der nach Gold suchen wollte, musste eine Genehmigung, eine *gold license*, erwerben, und zwar für den nicht geringen Betrag von 30 Shilling (einem durchschnittliche Wochenlohn) pro Monat. Dafür durfte er sämtliches Gold, das er fand, behalten.

Wie Hargraves es sich erhofft hatte, wurde er am Ende fürstlich belohnt. Er erhielt eine Gratifikation von 10 000 Pfund (was heutzutage einer Summe von fast einer Million Euro entspräche) sowie eine jährliche Rente von 250 Pfund. Auch die Regierung des Staates Victoria sprach ihm eine Prämie von 5000 Pfund zu – von der er aber (nach Protest von John Lister und den Gebrüdern Tom, den wirklichen ersten erfolgreichen Goldsuchern in Australien, die nie einen Cent von der Regierung bekommen hatten) nur die Hälfte ausbezahlt bekam.

Nach drei Monaten waren die Goldvorräte von Ophir erschöpft, und der Spaß war vorbei. Das Goldfeld leerte sich, und die Goldgräber zogen weiter, nach Victoria, in die Kolonie südlich von New South Wales, wo man inzwischen auch Gold gefunden hatte

*

Eine Art Ostgroningen hoch zwei – daran erinnerte mich die westlichste Ecke des Staates Victoria. Getreidefelder, so weit das Auge reichte, hier und da eine Weide mit ein paar Kühen oder Schafen. Ich war noch immer an das Gewimmel in den dicht besiedelten Niederlanden gewöhnt, und die Leere Australiens flößte mir Respekt ein. Die durchgehende Verbindung von Adelaide nach Melbourne, zwei der größten Städte des Landes, war nichts anderes als eine zweispurige Straße, auf der man manchmal eine Viertelstunde unterwegs war, ehe einem das nächste Auto entgegenkam.

Ein paar Monate nach dem Goldsucherkurs in Wedderburn war ich wieder in Victoria. Mir war der Gedanke nicht mehr aus dem Kopf gegangen, wie einfach es war, Gold zu finden. Gut, ja, ein Viertelgramm, das war nicht gerade viel. Doch das änderte in meinen Augen nichts an der unwiderlegbaren Tatsache, dass ich am ersten Tag meiner Goldsucherkarriere innerhalb von zwei Stunden Gold gefunden hatte. Dass ich fündig geworden war, sobald ich zu suchen begonnen hatte.

Der Kick, den mir das gab, war vergleichbar mit der Aufregung, als es mir zum ersten Mal gelungen war, einen Artikel bei einer Zeitung unterzubringen: das Wunder, dass es Menschen gab, die lesen wollten, was ich zu sagen hatte. Und jetzt das Wunder, dass man Gold, den König unter den Metallen, die allerprimitivste Form von Reichtum, einfach so vom Boden aufheben konnte. Deshalb wollte ich mehr über die Goldsuche lernen … und deshalb war ich wieder nach Victoria zurückgekehrt.

Hier hatten nämlich die größten Goldräusche des 19. Jahrhunderts stattgefunden, größer als die in Kalifornien und am Klondike in Kanada. Am Gold kam man hier nicht vorbei. Nicht dass hier jetzt noch viel Gold gefunden wurde – im ganzen Staat war nur noch eine Handvoll Minen in Betrieb –, aber wenn man einen Blick auf die Karte warf, sah man, dass ein großer Teil von Victoria nur dank des Goldes besiedelt worden war.

Als ich in die Nähe von Ballarat kam, veränderte sich allmählich die Landschaft. Das weite, leere Land wich einer europäisch wirkenden Kulisse. Plötzlich tauchte alle zehn, zwanzig Kilometer ein Dorf oder eine kleine Stadt auf: Maryborough, Ararat, Clunes, Castlemaine, Wedderburn, Bendigo. Allesamt Orte, die ihre Existenz ausschließlich dem Gold verdankten, das in der näheren Umgebung gefunden wurde. Die Dörfer und Städte hatten ihren altertümlichen Charakter bewahrt und waren daher bei den Hochqualifizierten, die die hohen Immobilienpreise in Melbourne nicht mehr zahlen konnten oder wollten, sehr beliebt. Alles atmete den Glanz der Vergangenheit. Döner-Buden, billige Pizzerien oder Autoersatzteil-Läden hatten sich in den monumentalen Häusern niedergelassen. Öffentliche Gebäude waren immer ein paar Nummern zu groß bemessen. Die Kathedralen, Bahnhöfe, Postämter und Rathäuser waren zu einer Zeit gebaut worden, als die örtlichen Notabeln glaubten, der Goldreichtum würde niemals wieder enden und ihre Städtchen würden sich zu Metropolen entwickeln. Der Bahnhof von Maryborough, Ende des 19. Jahrhunderts ein Kaff mit einigen Tausend Einwohnern (und heute sind es kaum mehr), war so imposant, dass der amerikanische Schriftsteller Mark Twain, der 1895 die Goldfelder in Victoria besuchte, dazu bemerkte, wenn man die gesamte Bevölkerung der Stadt darin unterbringen und jedem einen Platz auf einem Sofa geben würde, wäre es immer noch alles andere als eng. Maryborough sei ein Bahnhof mit einer kleinen Stadt dran.

Mein Ziel war das Freilichtmuseum Sovereign Hill in Ballarat, wo man versucht hatte, die Atmosphäre während des Goldrauschs nachzubilden. Dort liefen Schauspieler in Goldsucherkostümen herum, man konnte eine alte Goldmine besichtigen oder Süßigkeiten aus dem 19. Jahrhundert probieren, und es wurde nachgespielt, wie der *Welcome Stranger* gefunden worden war. Alles nett und amüsant, aber deswegen war ich nicht hier. Ich war wegen der Attraktion dieses »lebenden Museums« hergekommen: ein mäandrierendes Bächlein.

Eingezwängt zwischen dem Lager der chinesischen Minenarbeiter und der Hauptstraße mit »authentischen Gebäuden aus dem 19. Jahrhundert« floss Wasser durch die Red Hill Gully. Links und rechts des Wasserlaufs hockten japanische Touristen und australische Familien mit kleinen Kindern, die meisten aus den Vorstädten von Melbourne. Auf beiden Ufern lagen Stapel von Goldpfannen, Metallschüsseln mit einem halben Meter Durchmesser, von denen ausgiebig Gebrauch gemacht wurde. Jung und Alt war auf der Suche nach *color*.

Es dauerte eine Weile, bis ich bemerkte, dass das Bachbett aus Beton war; eine dicke Schicht Sand und Kieselsteine verdeckte die Konstruktion. Einen Oberlauf gab es nicht, und die Felsen, in denen das Wasser zu verschwinden schien, waren in Wirklichkeit eine Pumpstation. Einer der Schauspieler gab schließlich auf drängendes Nachfragen zu, dass jeden Morgen für rund 800 Dollar Goldkörner in dem künstlichen Bach deponiert wurden.

Aber das durfte das Vergnügen nicht trüben. Voller Hingabe stürzte ich mich aufs Goldwaschen, das erheblich schwieriger war, als es aussah. Das Prinzip ist einfach: Man wirft ein paar Handvoll Sand und Kiesel in die Pfanne und lässt das Ding dann im Bach voll Wasser laufen. Anschließend schwenkt man das Ganze in der Pfanne tüchtig hin und her. Weil Gold schwerer ist als Sand und Steine, sammelt es sich unten in der Pfanne. Aber so sehr ich auch schwenkte und schüttelte und in meine Goldpfanne spähte, *color* sah ich nicht. Immer behielt ich den gleichen Schlamm aus braunem Sand übrig. Neidisch schaute ich zu dem etwa zehnjährigen Jungen neben mir hinüber, der aus jeder Schüssel Sand ein paar Goldpartikel fischte.

»Wie machst du das?«, fragte ich das Bürschchen.

»*Mate*, du bist zu ungeduldig«, sagte sein Vater. »Du schüttest das Gold mit dem Sand weg.«

Er setzte seine Lesebrille auf und zeigte mir, wie ich es machen musste. Er »wusch« seine Pfanne mindestens zehn Mal, hielt sie schräg und schob immer wieder die oberste Schicht des Sand- und Kiescocktails mit dem Daumen über den Rand der Pfanne, bis schließlich nur noch eine winzige Menge Sand in der Pfanne übrig war. Dann ließ er ein wenig Wasser auf den verbliebenen Sand fließen und voilà, vor dem dunkelgrauen Untergrund der Goldpfanne glänzten eine paar goldene Körnchen.

»Zauberei!«, rief ich aus.

»Ach was«, murmelte der Vater, »aber nett ist es trotzdem.«

Ich übernahm seine Technik, und nachdem ich eine Viertelstunde lang eine einzige Handvoll Sand und Kiesel bearbeitet hatte, sah ich ein funkelndes Körnchen in meiner Pfanne auftauchen.

»*Yesss*«, presste ich hervor, während meine Faust in die Luft pumpte.

Stunden verbrachte ich am Rande des Bächleins, und am Ende des Nachmittags hatte ich rund zwanzig Körner beisammen. Was kümmerte es mich, dass das Gold am Morgen in den künstlichen Bach geworfen worden war. Was kümmerte es mich, dass ich fünfzig Mal so viel Gold finden musste, um den Eintrittspreis für das Museum wieder hereinzuholen! Ich hatte Gold gefunden, und darum ging es.

SOGAR DER NACHZÜGLER BEKOMMT EINEN PREIS

Goldfieber in Victoria – Folgen der Goldräusche – Was ist mateship? *– Schatzkarten in dem Buch* Gold & Ghosts *– Die Goldader von Harold Lasseter – Auf dem Weg nach Westaustralien*

Nachdem Anfang 1851 in New South Wales Gold gefunden worden war, hatte nicht nur Sydney unter einem Exodus zu leiden. Auch in dem achthundert Kilometer entfernt gelegenen Melbourne, der Hauptstadt des Staates Victoria, schnürten viele ihr Bündel, um sich in der Nachbarkolonie auf Goldsuche zu begeben. Die drohende Abwanderung aus Victoria konnte nach Ansicht des Gouverneurs dieses Staates nur auf eine einzige Weise verhindert werden: mit einem Goldrausch im eigenen Hinterland. Also wurde eine Belohnung von 200 Guineen* für denjenigen ausgelobt, der rentabel zu schürfendes Gold in Victoria entdeckte.

Auf den Erfolg brauchte man nicht lange zu warten. Im Juni 1851 wurde in der Nähe des Dörfchens Clunes Gold gefunden. Der Goldsucher James Esmond, der, wie es der Zufall wollte, auf demselben Schiff wie Hargraves völlig abgebrannt aus Kalifornien nach Australien zurückgekehrt war, fand in ein paar Milchquarzfelsen Gold und bekam die Prämie zugesprochen. Ein paar

---

* Die Guinee war eine im 17. und 18. Jahrhundert weit verbreitete britische Münze. 200 Guineen entsprechen etwa der Kaufkraft von 20 000 Euro im Jahr 2011.

Hundert Männer wurden von dieser Entdeckung angelockt, doch das Milchquarzgold war für diese *digger* nur schwer zu gewinnen. Für Gold in Quarzgestein braucht man Maschinen, die das goldhaltige Gestein zermahlen können, Maschinen, die die Goldgräber nicht hatten. Erst als einen Monat später in Ballarat einzelne Goldkörner gefunden wurden, kam der Goldrausch in Victoria ordentlich in die Gänge. Innerhalb weniger Wochen gruben in Ballarat zehntausend Männer nach Gold – es lag hier buchstäblich auf der Straße. Und nach Ballarat waren alle Dämme gebrochen. Es zogen so viele Goldsucher durch Victoria, dass ein Goldrausch auf den anderen folgte. Ein Reporter der Zeitung *Geelong Advertiser* berichtete über das Goldfeld in Mount Alexander bei Castlemaine: »Manchmal findet jemand innerhalb weniger Stunden ein Vermögen. Ein Goldsucher, der am Morgen als armer Schlucker ein Loch gräbt, klettert abends als reicher Mann daraus hervor: Ja, das ist wahr! Jeder Moment ist vergoldet ... Es ist ein Wettrennen nach Reichtum, bei dem selbst der Nachzügler einen Preis gewinnt.« Und einer der Goldsucher schrieb in einem Brief nach Hause: »Oh, wie viel Gold! Ich frage mich, wann dieser Wahnsinn ein Ende haben wird. Bis vor Kurzem waren die Menschen zufrieden, wenn sie das Gold in Unzen fanden, doch jetzt reichen ihnen nur noch ganze Brocken ... Männer, die sich ihr Leben lang für 20 oder 25 Shilling die Woche abgerackert haben, verdienen jetzt 20, 30, 40 oder 50 Pfund Stirling. Sie graben mehrere Handvoll Gold aus dem Boden, sie holen es mit der Spitze ihres Taschenmessers aus der Erde.«

Die Kolonie war vom Goldfieber erfasst. Alle Männer ließen ihre übliche Arbeit im Stich, um nach Gold zu suchen. Und es waren nicht nur die Knechte, Ladenschwengel, Schmiede, Bäcker, Zimmerleute, Metzger und Köche, auch Rechtsanwälte, Ärzte und andere Notabeln machten sich auf den Weg. In Melbourne gab es ganze Straßen, wo es keine Familie mehr gab, deren Vater zu Hause geblieben war. Im nahe gelegenen Staat South Australia, der auch von einem Exodus heingesucht wurde, predigte eine Lokalzeitung: »Ganz gleich wo auf der Welt, ehrliche, harte Arbeit und ein harmonisches Familienleben werden einem Mann mehr Ruhe und Glück bringen, als das Erlebnis, auf den Goldfeldern zu biwakieren, mehr sogar als der Besitz eines verfluchten Sacks voller Gold.«

Die Warnungen stießen auf taube Ohren. Um die Flut zu stoppen, griff der Gouverneur von Victoria, Charles La Trobe, auf eine Maßnahme seines Kollegen in New South Wales zurück und führte ein Genehmigungsverfahren ein. Jeder Goldgräber musste pro Monat 30 Shilling für eine Genehmigung zahlen – den Gegenwert einer halben Unze Gold (die heute 500 Euro einbringen würde). Nur wenige ließen sich entmutigen. Daraufhin erhöhte die Regierung die Einkünfte der Beamten um fünfundzwanzig und später noch einmal um fünfzig Prozent, um unverzichtbares Personal dazu zu bewegen, die Arbeit auf gar keinen Fall im Stich zu lassen. Doch das half alles nichts. Der Hafen von Melbourne lag voller Schiffe ohne Mannschaft, denn alle Matrosen waren getürmt, um ihr Glück zu suchen. Mitte 1852 arbeiteten nach Schätzungen fünfzigtausend Menschen in den Goldfeldern von Victoria, und es wurden über fünfhundert Kilo Gold pro Woche ausgegraben. Im August 1852, mitten im australischen Winter, betrug die Ausbeute eines einzigen Monats siebentausend Kilo Gold.

Währenddessen gelangte die Nachricht vom Eldorado *down under* nach England, das jahrzehntelang seine verurteilten Kriminellen nach Australien verbannt hatte. An dieser Politik wurden nun öffentlich Zweifel geäußert. Schon seit Langem herrschte Unzufriedenheit über Australiens Rolle als Strafkolonie, vor allem bei den Australiern selbst. Sie wollten nicht länger ein Land von (Ex-)Kriminellen sein, sondern ein respektabler Teil des britischen Empire, und dazu passten die britischen Vorurteile nicht länger. In seinem Meisterwerk über die Besiedlung der britischen Kolonie, *Australien. Die Gründerzeit des fünften Kontinents*, schreibt Robert Hughes: »Dies Mineral [das Gold; J.B.] bereitete der Deportation ein Ende, denn die Nachricht von seiner Entdeckung nahm Australien die letzten Reste von Schrecken, die seinem Namen anhaften mochten. Wer war bereit, in einer Fahrt zum Goldland auf Kosten der Regierung eine schreckliche Strafe zu sehen, wenn sich ein Viertel der britischen Bevölkerung, vom Hilfsarbeiter bis zum Hochadligen, um Passagen zu den Goldfeldern des Südens bemühte?« Und folglich endete Australiens Dasein als Gefangenenkolonie. Das letzte Schiff mit Strafgefangenen verließ England am 27. November 1852, und man könnte sagen, dass damit die Geschichte Australiens als Nation begann – auch wenn es noch fünfzig Jahre dauern sollte, bis die Kolonie von England unabhängig wurde.

Im September 1852 jährte sich die Entdeckung der Goldfelder in Victoria zum ersten Mal. In diesem Jahr emigrierten 370 000 Menschen nach Australien, größtenteils Goldsucher. In den Jahren von 1852 bis 1854 landeten in Australien mehr freiwillige Einwanderer als Verurteilte in den siebzig Jahren davor.

Gold stellte die existierenden Klassenverhältnisse auf den Kopf. Nicht dass Gold für eine demokratische Verteilung des Wohlstandes sorgte – nur einigen wenigen gelang es, Reichtum zu erlangen, die meisten Goldsucher fanden höchstens genug, um davon leben zu können –, aber es verschaffte den unteren Schichten einen Vorsprung. Die Suche nach Gold war Schwerstarbeit, und folglich war der einfache Mann, der an körperliche Arbeit gewöhnt war, ein besserer Goldsucher als der Aristokrat. Innerhalb kürzester Zeit war Melbourne das Reich jener, die man heute als Neureiche bezeichnen würde. Hughes berichtet von einem Mann, der noch nie zuvor Champagner getrunken hatte und nun in einem Pub den ganzen Vorrat kaufte, um anschließend die Flaschen der Reihe nach in einen Pferdetrog zu gießen und Hinz und Kunz einzuladen, diesen leer zu schlürfen.

Der britische Schriftsteller und Goldsucher John Sherer, der 1852 in Australien ankam, stellte in *The gold-finder of Australia* fest: »In Australien herrscht zurzeit eine Vulgarität der Abscheu erregendsten Art ... sie sind trunken ob ihres plötzlich erlangten Reichtums und sind in ihrer ausgelassenen Freude vollkommen aus dem Häuschen.« Er wunderte sich über die unkultivierte, egalitäre Gesellschaft, die sich infolge der Goldräusche bildete. »Alle aristokratischen Empfindungen und Umgangsformen aus England sind mit einem Schlag zerstört ... Es zählt nicht, wer man war, sondern wer man ist – das ist das Kriterium, nach dem man beurteilt wird. Selbst wenn dein Vater der Lord von ganz England war, das ist alles nichts wert in dieser Kolonie des Goldes, der Rinder und Schafe, die alle gleichmacht.«

Der polnische Goldsucher Seweryn Korzeliński sah im goldsuchenden Australien eine Art multikulturelles, sozialistisches Walhalla. In seinen Memoiren schrieb er: »Diese riesige Gesellschaft besteht aus Männern, die aus allen Teilen der Welt, aus allen Ländern, aus allen Religionen und aus allen Schichten der Bevölkerung kommen. Sie besteht aus Handwerkern, Künstlern, Schriftstellern, Priestern, Pastoren, Soldaten, unzivilisierten Stammesangehörigen mit Tätowierungen und verbannten Gefangenen – alle in einer Gesellschaft zusammengepfercht, alle genau gleich gekleidet, alle gezwungen, Gewohnheiten, Weisheiten, Gebräuche, Sitten und Berufe aus ihren früheren Leben zu vergessen. Wenn sie Seit an Seit Schächte graben, kann man an ihrer äußeren Erscheinung nicht erkennen, welche Stellung sie im früheren Leben hatten. Ein Colonel schaufelt für einen Seemann Erde beiseite, ein Rechtsanwalt schwingt nicht den

Federhalter, sondern die Schaufel, ein Priester gibt einem Neger Feuer für dessen Pfeife, ein Arzt ruht sich auf demselben Erdhaufen aus wie ein Chinese, ein gebildeter Mann schleppt einen Sack Erde, manch ein Baron oder Graf teilt seinen Schnaps mit einem Hindu, und alle sehen sie so abgewetzt, verstaubt und schmutzig aus, dass ihre eigene Mutter sie nicht wiedererkennen würde. Hier sind wir alle unter einem gemeinsamen Nenner vereint: dem des *digger*.«

Die Wirklichkeit war etwas weniger rosafarben. Aborigines wurden als Führer angeheuert, erhielten aber keinen Anteil am gefundenen Gold. Schlimmer noch, durch die heranrückenden Scharen von Goldsuchern wurden viele Stämme ausgerottet oder von ihrem Grundgebiet vertrieben. In Victoria arbeitete ein riesiges Kontingent chinesischer Emigranten, doch diese wurden von den europäischstämmigen Goldsuchern diskriminiert und durften nur an den Stellen suchen, für die die Weißen sich nicht interessierten. Chinesische Goldsucher wurden auch stärker zur Kasse gebeten als ihre westlichen Kollegen: Jeder chinesische Goldsucher musste 10 Pfund entrichten, ehe er einen Fuß auf den Boden des Staates Victoria setzen durfte.

Dennoch geht man im Allgemeinen davon aus, dass der tief wurzelnde australische Egalitarismus, der im uraustralischen Prinzip des *mateship* (was man in Ermangelung einer besseren Alternative mit Kameradschaft übersetzen könnte) verankert ist, auf den Goldfeldern geboren wurde.

Heutzutage scheint *mate* vor allem eine Anrede zu sein, die bei jeder passenden und unpassenden Gelegenheit verwendet wird. So fragt etwa ein Barkeeper: »Willst du noch ein Bier, *mate?*« Der Ausdruck scheint ebenso wenig Bedeutung zu haben, wie wenn ein Amerikaner fragt: »*How are you today?*« Ich selbst habe oft den Eindruck, dass ich mit *mate* angesprochen werde, weil die Australier meinen Namen nicht aussprechen können.

Doch das Konzept *mate* reicht viel tiefer als eine informelle, egalitaristische Begrüßungsformel. *Mateship* ist die Vorstellung von bedingungsloser Freundschaft, die durch ein gemeinsames Ziel oder gemeinsame Erfahrungen zustande gekommen ist. *Mateship* hat mehr mit Taten als mit Worten zu tun. *Mates* helfen einander und gehen zusammen durch dick und dünn. Wenn dein *mate* deine Hilfe braucht, lässt du alles stehen und liegen, um ihm aus der Patsche zu helfen. Kurzum, ein *mate* lässt dich niemals im Stich, und du deinen *mate* auch nicht. Der australische Komiker Brendan Burns fasste das einmal in die Worte: »*Mateship* ist mehr, als nur ein paar Bierchen mit deinen *mates* trinken. *Mateship* ist deinem *mate* den Wagen vollkotzen, ohne dass der sich darüber beschwert.«

Die ersten Australier, die nach dem *mateship*-Prinzip lebten, waren die Goldgräber des 19. Jahrhunderts, die in nach innen solidarischen Gruppen nach Gold gruben. Die Männer unten im Minenschacht mussten sich auf ihre *mates* an der Erdoberfläche blind verlassen können. Und wenn Gold gefunden wurde, mussten sie auf die Ehrlichkeit der anderen vertrauen können. *Mateship* beruht auf der Annahme, dass sich in Australien alle gleich fühlen – wie aus der Beschreibung des polnischen Goldsuchers Korzeliński deutlich hervorgeht. Es ist die Vorstellung, dass man eines jeden *mate* sein kann (und deshalb ist *mate* auch zu einer Anrede geworden): Ein armer Schlucker kann der *mate* eines Wohlhabenden sein, ein Weißer der eines Aborigines und so weiter.

Mateship war zu Beginn ein maskulines Konzept, und manche sind der Ansicht, dass es das noch immer ist, wie etwa die feministische Historikerin Miriam Dixson, die 1976 in ihrem Buch *The Real Matilda* schrieb, *mateship* sei kaum mehr als eine »informelle Art von *male-bonding*, die eine starke, sublimierte Homosexualität impliziert«. Vielleicht war da in der Vergangenheit etwas dran, aber heute lässt *mateship* die Geschlechtergrenzen hinter sich. Ich habe Dutzende von australischen Männern getroffen, die Frauen als *mates* betrachten, und Frauen, die Männer (und auch Kinder) als *mates* ansprechen. Andererseits wird man nie erleben, dass eine Frau eine andere als *mate* bezeichnet. Aber wie dem auch sei, die meisten Australier sind sich einig, dass *mateship* einen wichtigen Teil des Australier-Seins darstellt. Und anders als man vielleicht vermuten könnte, ist das auf den Goldfeldern entstandene Konzept des *mateship* immer noch quicklebendig. Die Solidarität, die Australier nach Naturkatastrophen für einander zeigen, wird mit *mateship* erklärt. John Howard, australischer Premierminister von 1996 bis 2007, unternahm den Versuch, den Begriff als eine Art Axiom in die Verfassung aufzunehmen. Wie stark *mateship* als nationale Charaktereigenschaft betrachtet wird, zeigt ein Streit, der sich vor einigen Jahren im Parlament abspielte. Einige Abgeordnete hatten sich darüber beschwert, dass sie von Pförtnern und Sicherheitsbeamten im Parlamentsgebäude mit *mate* angesprochen wurden. Die »Täter« erhielten einen Verweis, und ihnen wurde deutlich gemacht, dass *mate* keine geeignete Anrede für einen Abgeordneten sei. Daraufhin platzte sowohl dem ehemaligen Labour-Premier Bob Hawke als auch dem liberalen Howard vor Wut der Kragen – ebenso wie dem übrigen Australien. Was glaubten die Abgeordneten, wer sie waren? »Wichtigtuerei im Quadrat«, fand Hawke, und dieser Meinung war plötzlich auch das ganze Parlament. Danach war es den Pförtnern wieder erlaubt, sowohl den Premierminister als auch den Raumpfleger *mate* zu nennen.

Ende der fünfziger Jahre der 19. Jahrhunderts war alles leicht zu findende Gold in Victoria gefunden. Das schwer zu findende Gold, das Gold, das sich tief in der Erde befand, bedurfte einer anderen Vorgehensweise. Goldsucher mussten immer tiefer graben, um noch auf Gold zu stoßen. In Ballarat etwa, wo sich heute das Sovereign-Hill-Museum befindet, war der durchschnittliche Schacht im Jahr 1854 bereits vierzig bis fünfzig Meter tief. Dies bedeutete, dass man mitunter neun Monate graben musste, ehe man – hoffentlich – Gold fand. Goldsucher wurden Minenarbeiter. Das erforderte Zusammenarbeit – und, wie schon gesagt, *mateship*. Der französische Abenteurer, Fotograf und Goldsucher Antoine Fauchery beschreibt in seinen Memoiren, wie er seine Arbeit in den ersten Goldminen von Ballarat sah: »Monatelang, Tag und Nacht, muss man pumpen ... Feuchte, düstere Tiefen, stinkendes Wasser, Treibsand, der dich, wenn du nicht aufpasst, bei den Füßen packt und verschlingt, das ist alles nur ein Kinderspiel, nur eine Frage großer Geduld, harter Arbeit und Geschicklichkeit sowie von ein paar schrecklichen Erkältungen. Die wirklich bittere Pille, was dir das Herz bricht und dich demoralisiert, ist, wenn du nach sechs oder acht Monaten Graben nur die Schutthaufen deiner Träume auf dem Boden des Schachtes findest.« In sieben Monaten hatte Fauchery seine gesamten Ersparnisse verbraucht und kein Gramm Gold gefunden. Völlig blank kehrte er nach Frankreich zurück. Das Zeitalter des individuellen Goldsuchers, das Zeitalter der klassischen Goldräusche war vorbei, und das industrialisierte Schürfen begann.

*

Gut, ich wusste inzwischen, wie ich den Detektor bedienen musste. Ich wusste, wie ich mit einer Goldpfanne umgehen musste. Was ich aber nicht wusste, war, wie ich profitables Gold finden sollte, oder anders gesagt: Wie ich mit der Goldsuche etwas verdienen konnte. Denn was ich bis jetzt mühsam gefunden hatte, ähnelte natürlich nicht im Entferntesten dem, was ich auf dem Titelbild von *Gold, Gem & Treasure* gesehen hatte. Es war an der Zeit, den nächsten Schritt zu tun.

Victoria mag der Staat Australiens sein, in dem zuerst ernsthaft nach Gold gesucht wurde, aber Victoria ist heute, was Gold angeht, ein *has-been*. Gold sucht man heute in Westaustralien. Bergbau ist der wichtigste Wirtschaftsfaktor dieser Region. Im Nordwesten dieses Staates wird das Eisenerz gefunden, das in den chinesischen und taiwanesischen Wolkenkratzern endet (Westaustralien exporiert *täglich* rund eine Million Tonnen Eisenerz). Vor der Küste wird Erdöl und Ergas gefördert, und im Südosten dreht sich alles um Gold.

Australien ist seit einigen Jahren der zweitgrößte Goldproduzent der Welt. Gold ist, nach Steinkohle und Eisenerz, der drittwichtigste Exportartikel des Landes und erbrachte im Jahr 2009 einen Umsatz von 17,5 Milliarden Dollar. Der größte Teil des Goldes stammt aus den Minen Westaustraliens. In diesen riesigen Bergwerken wird das große Geld verdient, aber es gibt auch Tausende von Goldsuchern, die auf eigene Rechnung arbeiten. Diese *prospectors* sind von einem ganz anderen Schlag als die Hobby-Goldsucher, die ich bisher kennengelernt hatte, und sie kratzen pro Jahr Gold im Wert von hundert Millionen Dollar zusammen (das sind etwa siebzig Millionen Euro). Wenn ich etwas mehr finden wollte als das Viertelgramm und die zwanzig Goldkörnchen, die meine Goldsuche bisher erbracht hatte, dann musste ich nach Westaustralien fahren.

Okay, Westaustralien. Aber wohin in Westaustralien? Der Staat erstreckt sich über ein Drittel der Fläche des australischen Kontinents, ein Gebiet, das größer ist als die Iberische Halbinsel, Frankreich, Italien, Benelux, Deutschland und Polen zusammen. Wo sollte ich anfangen?

Ein Buch half mir weiter.

Gold & Ghosts – A Prospector's Guide to Metal Detecting in Australia (Volume 1) ist ein obskures Werk aus dem Jahr 1985, das von einem gewissen D. W. de Havelland geschrieben wurde. Es ist schon seit Jahren nicht mehr im Buchhandel erhältlich, und gebrauchte Exemplare bringen bei eBay zwischen 500 und 1000 australische Dollar. Der Wert des Buches ist deshalb so hoch, weil der Autor Nachdrucke untersagt hat. Der Grund dafür ist nicht ganz klar – auf der Website des Verlags findet sich eine wirre Erklärung des Autors, in der er gegen die Verwendung eines Schädlingsbekämpfungsmittels protestiert. Indem er sein Buch nicht wieder auflegen lässt, will de Havelland die Politiker unter Druck setzen, damit sie diese besagte Chemikalie verbieten. Bisher hat sich jedoch noch kein Politiker von diesem »Druckmittel« sonderlich beeindruckt gezeigt, und so bleibt *Gold & Ghosts* auch weiterhin ein Sammlerstück.

1000 Dollar für ein Taschenbuch – es fehlt nicht viel, und das Buch ist sein Gewicht in Gold wert – war mir ein wenig zu teuer, und zum Glück fand ich eine Lösung für dieses Problem. An einem regnerischen Morgen fuhr ich von McLaren Vale nach Adelaide, der verschlafenen Hauptstadt von Südaustralien, und begab mich in die öffentliche Staatsbibliothek. Hier stand das einzige zugängliche Exemplar von *Gold & Ghosts* im ganzen Staat. Eine hilfsbereite Dame ließ das Buch innerhalb von einer Viertelstunde aus den Kellern dieses monumentalen Baus aus dem 19. Jahrhundert herbeischaffen. Dieses Exemplar von *Gold & Ghosts* sah aus, als wäre es noch nie gelesen worden. Der Rücken des Taschenbuchs wies keinerlei Knickspuren auf, die Seiten waren makellos weiß. Ich schlug das Buch auf, das Papier knisterte leise, und ich begann zu blättern.

Gold & Ghosts entpuppte sich als eines der spannendsten Bücher, die ich je gelesen hatte. Es ist voller Karten und Beschreibungen von verlassenen Goldminen, Grabungsstellen und Geisterstädten im westaustralischen Outback. Wie Mark, der Leiter des Goldsucherkurses, vertritt de Havelland die Theorie, dass man dort Gold findet, wo bereits früher Gold gefunden wurde. De Havelland hat alte Zeitungen, Berichte und Archive durchsucht und genau festgehalten, wo man in der Vergangenheit schon in Westaustralien erfolgreich nach Gold gesucht hat. Bei jeder ehemaligen Goldmine, ob groß, ob klein, hat er vermerkt, wo sie sich befindet und wie viel Gold dort geschürft wurde. Bezaubernd fand ich die vielen mit der Hand gezeichneten Karten. Regelrechte Schatzkarten, auf denen nicht ein X die Lage des Schatzes markiert, sondern zwei gekreuzte Spitzhacken den ehemaligen Grabungsort anzeigen. Insgesamt hatte de Havelland Hunderte von Minen untersucht, die oft noch aus der Zeit der ersten australischen Goldräusche in der zweiten Hälfte des 19. Jahrhunderts stammten. Es lag auf der Hand, warum *Gold & Ghosts* ein so geschätzter Besitz war: Wenn man de Havelland glauben durfte, brauchte man nur seinen Hinweisen zu folgen, und man war ein gemachter Mann.

Ich denke, *Gold & Ghosts* gab den entscheidenden Ausschlag für den Entschluss, meinem Wunsch zu folgen und die Suche nach Gold ernsthaft in Angriff zu nehmen. Natürlich wusste ich, dass die meisten Goldsucher niemals Gold finden. Tatsache aber war, dass nur wenige dieses Buch besaßen (ich hatte im Internet recherchiert und nirgendwo eine illegale digitale Kopie des Buchs finden können) und dass offenbar niemand im ganzen Staat Südaustralien es gelesen hatte. Hieß das nicht, dass ich einen Vorsprung auf die Tausenden Unwissenden hatte, die keine Ahnung hatten, wo sie suchen mussten? Als ich *Gold & Ghosts* in den Händen hielt und es Seite für Seite auf den Kopierer legte, hatte ich das Gefühl, dass ich eine verlorene Karte von Eldorado in meinen Besitz gebracht hatte, dass einzig und allein ich den Weg ins biblische Ophir kannte oder, um nicht so in die Ferne zu schweifen, dass ich entdeckt hatte, wo *Lasseter's Lost Reef* lag.

Harold Lasseter war einer der berühmtesten Scharlatane Australiens. Lasseter, ein gedrungener Mann mit stechendem Blick und einem durch Narben verunstalteten kahlen Schädel, wurde 1880 geboren und war wie Hargraves ein Mann, der alles Mögliche anfing, aber nirgendwo richtig Fuß fassen konnte. Nach eigener Aussage hatte er als Matrose, Bauer, Handlanger, Journalist, Zimmermann und Brückenbauer gearbeitet (er behauptete, der ursprüngliche Entwurf für die Sydney Harbour Bridge stamme von ihm), ehe er 1930 als Entdecker einer märchenhaften Goldader mitten auf dem australischen Kontinent berühmt wurde. Dieses *gold reef* hatte er angeblich schon Jahre zuvor während einer grauenhaften Wanderung durch das glühendheiße, unbewohnte Herz Australiens entdeckt, auf der er beinahe verdurstet wäre. Die Ader erstreckte sich laut seinen Angaben über eine Länge von zehn Meilen und lag direkt an der Erdoberfläche. »Eine beeindruckende Schicht Quarzstein, aus der die Goldstücke herausragten ... so dick wie Pflaumen in einem Pudding«, schrieb Lasseter. Er behauptete, mit einer gut ausgerüsteten Expedition würde er die Goldader problemlos wiederfinden. Innerhalb kürzester Zeit gelang es ihm mit seinen begeisterten Berichten, eine Reihe von Geldgebern zu finden, die die Expedition finanzieren wollten. Dass er keinen einzigen konkreten Beweis für die Existenz der Ader vorlegen konnte, dass er nicht so recht erklären konnte, warum er mit seiner Entdeckung erst jetzt an die Öffentlichkeit trat, obwohl er die Ader doch schon vor Jahren gefunden hatte, und dass er nur vage Angaben darüber machte, wo sie sich befand – all diese Fragen, sie spielten seltsamerweise keine Rolle.

Die Expedition wurde im großen Stil organisiert. Man stellte Lasseter Kamele, zwei Lastwagen und sogar ein Flugzeug, passenderweise *The Golden Quest* (Die goldene Suche) getauft, zur Verfügung. Doch leider stürzte das Flugzeug bei seinem ersten Einsatz ab, die Lastwagen blieben im Sand stecken, und die Kamele machten sich der Reihe nach aus dem Staub.

Um sich Mut einzuflößen, sang Lasseter mormonische Erbauungslieder (er hatte ein paar Jahre in den USA gelebt) und schrieb Tagebuch. In den Augen seiner Untergebenen war er inzwischen ein unzuverlässiger, leicht reizbarer Blender, der sich vor allem durch nebulöse und einander widersprechende Angaben darüber, wo sein Goldschatz denn nun zu finden sei, hervortrat. Seine Begleiter gelangten mit der Zeit nicht nur zu der Überzeugung, dass er keine Ahnung hatte, wo sich die Goldader befand, sie vermuteten auch, dass er nie zuvor in diesem Teil Australiens gewesen war. »Er war ein Mann mit extremen Stimmungsschwankungen«, berichtete ein Expeditionsmitglied später. »Seine Anekdoten entbehrten jeder Glaubwürdigkeit«, rekapitulierte ein anderer Teilnehmer, und ein dritter bezeichnete Lasseter als einen »Sonderling, überaus aggressiv, sehr von sich selbst eingenommen und erfüllt von großen, optimistischen Visionen«.

Nach zwei Monaten warfen die Expeditionsteilnehmer das Handtuch und kehrten in bewohnte Gefilde zurück. Lasseter jedoch setzte die Reise zusammen mit einem Kameltreiber fort, und nach einem heftigen Streit betrieb er die Suche allein. Ohne Nahrung und ohne Wasser gelangte er schließlich auf eine große Ebene in der Nähe des heutigen Aborigines-Dorfs Kaltukatjara, wo er mit Hilfe von Aborigines noch sechzehn Wochen überlebte. Kurz vor seinem Tod notierte er in seinem Tagebuch: »Bin noch weiter abgemagert … Fliegen und Ameisen haben mein Gesicht fast ganz weggefressen … erschöpft vom

Trachom … durch die Folter des Hungers, möchte ich mich am liebsten erschießen … was habe ich von einer Goldader, die Millionen wert ist? Ich würde alles geben für ein Brot. Leb wohl, Renee, meine liebste Gattin, trauere nicht.«

Seine sterblichen Überreste wurden ein Jahr später gefunden, doch nach seiner Goldader wird bis heute gesucht. Dutzende von Expeditionen wurden im Laufe der Jahre ausgerüstet, und immer noch gibt es hoffnungsvolle Goldsucher, die *Lasseter's Lost Reef* aufspüren wollen. Bisher jedoch ohne sichtbares Resultat.

Mit einem Stapel Kopien von *Gold & Ghosts* eilte ich nach Hause. In den Wochen danach erstand ich günstig einen gebrauchten Metalldetektor. Ich kaufte eine Spitzhacke, diverse Schaufeln und ein Paar R.-M.-Williams-Stiefel. Ich schaffte eine vollständige Campingausrüstung an, und von dem Winzer, bei dem meine Frau arbeitete, bekam ich eine gebrauchte Kühlbox, die man in Australien, von dem Wort Eskimo abgeleitet, *eski* nennt und die nach Ansicht jedes Australiers ein unverzichtbares Utensil einer Outback-Expedition ist. Um in Stimmung zu kommen, las ich Reiseberichte aus dem 19. Jahrhundert mit Titeln wie *Land, Labour and Gold*, *Spinifex and Sand*, *The Gold Seekers* und *Battling for Gold*.

Und jetzt, an einem frischen Junimorgen, lade ich all diese Sachen in meinen Toyota Land Cruiser, nehme Abschied von meiner Frau und meinem Sohn und mache mich auf den Weg. Ich gebe mir selbst drei Monate Zeit, mein Ziel zu erreichen, ein Vierteljahr, um im australischen Outback reich zu werden.

KALGOORLIE UND COOLGARDIE

Die Nullarbor-Wüste – Eine undichte Benzinleitung – Ankunft in Kalgoorlie – Der Autor erwirbt ein miner's right *– Und versucht sein Glück in Coolgardie*

Von McLaren Vale zu den Goldfeldern Westaustraliens sind es gut zweitausend Kilometer. Ein großer Teil dieser Strecke führt durch die Nullarbor-Wüste, eine endlose, trockene Kalksteinebene. Nullarbor ist Küchenlatein und bedeutet »keine Bäume« (eine Zusammenziehung von »nullus« und »arbor«), doch der Name stimmt nicht ganz. Nur ein Teil der Ebene ist vollkommen baumlos. Aber dennoch: »Eine hässlich Anomalie, ein Makel auf dem Antlitz der Natur, einer jener Orte, wo man in einem Albtraum landet.« So John Eyre, der Entdeckungsreisende, der als Erster diese Wüste durchquerte. Das tat er im Jahre 1840, und es sollte bis 1976 dauern, bis die Straße (die heute seinen Namen trägt, die seiner Route mehr oder weniger folgt und die immer noch die einzige Verbindung zwischen Ost- und Westküste des Kontinents ist) asphaltiert wurde. Wollte man vor 1976 von Ost nach West fahren, so stand dafür nur ein *dirt track*, eine Sandpiste, zur Verfügung.

Die Nullarbor-Wüste beunruhigte mich. Eine Ebene von 200 000 Quadratkilometern, ein Gebiet so groß wie Weißrussland, auf der nur Sträucher wachsen und wo lediglich eine Handvoll Aborigines und ein paar Weiße wohnen, die die *roadhouses* entlang des Eyre Highway betreiben. Wenn ich an der Grenze zwischen Westaustralien und Südaustralien eine Panne hatte, war die nächste Werkstatt fünfhundert Kilometer entfernt.

Einen Vorgeschmack von der Öde bekommt man direkt hinter Adelaide, hier gibt es dieselben endlosen Felder wie im Westen von Victoria. Stoppelige Äcker weichen allmählich Wäldern mit weit auseinanderstehenden mächtigen Eukalyptusbäumen, die sich mit dichten Sträuchern abwechseln. Das ist die klassische australische Buschlandschaft. Nach etlichen Hundert Kilometern verschwinden die Bäume, und es bleibt ein schier endloser Fernblick über rote Erde hinweg, die hier und da mit niedrigen kahlen Sträuchern bewachsen ist, und mit Spinifex, einem scharfen Gras, dessen Halme so hart sind, dass sie die Schuhsohle durchbohren können. Das ist der mythische Outback.

Es ist nicht immer deutlich, was der Unterschied zwischen Busch und Outback ist. Die Begriffe werden durcheinander benutzt und können eine Landschaft, einen geografischen Ort oder eine Gemütsverfassung bezeichnen. So kann man zum Beispiel im Outback (der Ort) durch den Busch (die Landschaft) streifen. Man spricht zwar von *going bush* (zurückgezogen in der Natur leben), aber den Ausdruck *going outback* gibt es nicht. Für Städter ist der Outback die Steigerung von Busch. Man könnte auch sagen: Der Busch ist alles, was außerhalb der großen Städte liegt, und der Outback sind die noch abgelegeneren Gebiete davon.

Nach einem Tag bin ich im Outback, der nicht weit hinter dem Städtchen Ceduna beginnt. Hier bringt die Hitze die Luft über dem Asphalt zum Flimmern, und in den Luftschlieren taucht hin und wieder in der Ferne ein *road train* auf – ein riesiger Lastwagen mit drei oder vier Sattelaufliegern. Alle zehn, zwanzig Kilometer liegt ein totes Känguru neben der Straße, alle einhundert, zweihundert Kilometer kommt man an einem *roadhouse* vorbei. Das sind die Abwechslungen in der Nullarbor-Wüste.

Wohl deshalb sorgte im Jahr 1972 die Geschichte einiger Autofahrer für Aufregung, die eine verwilderte, halb nackte blonde Frau gesehen haben wollten. Kängurujäger aus der Gegend des Weilers Eucla berichteten, die Frau sei lediglich mit einem Minirock aus Kaninchenfell bekleidet und lebe offenbar in der Gesellschaft von Kängurus. Die Jäger verfügten sogar über ein paar verschwommene Fotos und unscharfe Filmaufnahmen, die ihre Geschichte belegen sollten. Innerhalb einer Woche kam ein ganzes Heer von Journalisten und Fernsehteams aus aller Welt nach Eucla – Einwohnerzahl: acht –, und machte sich auf die Suche nach dem Wesen, das schon bald Nullarbor-Nymphe genannt wurde. Sogar *Time*, in den siebziger Jahren das mit Abstand berühmteste und größte Nachrichtenmagazin der Welt, berichtete über die mysteriöse Frau.

Lange Rede, kurzer Sinn: Natürlich erwies sich die Geschichte als ein Jux, den sich die Einheimischen bei ein paar Bierchen im Pub ausgedacht und bei dem alle mitgemacht hatten. Die Nymphe war in Wirklichkeit eine Krankenpflegerin aus Ceduna und die Freundin eines der Kängurujäger.

Auf der Karte sieht es so aus, als führe der Eyre Highway unmittelbar am Ozean entlang, doch nach zwei Tagen Fahren habe ich nur ein paarmal einen Blick auf die Great Australian Bight, so nennt man diesen Teil des Indischen Ozeans, erhaschen können. Dann und wann zweigt ein Sandweg von der Schnellstraße zum Wasser ab. Wenn man auf einen solchen Weg abbiegt, steht man plötzlich am Rand des Kontinents – nichts kündigt sein Ende an. Die Landschaft verändert sich nicht, die Vegetation bleibt dieselbe Mischung aus Sträuchern, Gras und Moos. In hundert Metern Tiefe donnert die Brandung auf die Felsen. Schaut man nach links: Kalksteinkliffe. Schaut man nach rechts: Kalksteinkliffe. Nirgendwo auch nur eine Spur menschlicher

Zivilisation: keine Gebäude, kein Schornstein, keine Strommasten. Am Horizont keine Schiffe. Am Himmel keine Flugzeuge. Man hat das Gefühl, nicht nur am Ende des Kontinents gelandet zu sein, sondern am Ende der Welt.

Wer zieht freiwillig hierher? Ich hatte gehofft, kontaktgestörte Sonderlinge oder verrückte Outback-Gestalten, Typen à la Crocodile Dundee zu treffen, aber es sind vor allem abgebrannte australische Jugendliche und europäische Backpacker, denen man hier begegnet. Im *roadhouse* von Ceduna – wie alle anderen *roadhouses* entlang des Eyre Highways eine traurige Tankstelle, wo man auch ein zähes Steak bestellen und in einem zugigen, sündhaft teuren Motelzimmer übernachten kann – komme ich mit einem etwa zwanzigjährigen Australier ins Gespräch. Der Bursche hat seine Haare lila gefärbt. Sein Job ist die Aufsicht über die Kasse. Er arbeitet hier seit einem halben Jahr.

»Dieser Ort ist für mich perfekt«, sagt er. »Vor ein paar Monaten habe ich meinen Führerschein verloren. Zu schnell gefahren, mein Auto Schrott. Aber nicht nur das. Weil ich nicht mehr fahren durfte, habe ich meinen Job verloren. Ich habe in Adelaide gearbeitet, wohnte aber außerhalb. Ohne Auto konnte ich meine Arbeitsstelle nicht mehr erreichen.« Deshalb hat er diese Stelle angenommen, wo er zu Fuß zur Arbeit gehen kann.

»Ich gebe hier kein Geld aus und kann so wunderbar für ein neues Auto sparen.«

Seine Kollegin ist eine Backpackerin aus Irland, die ein Jahr oder vielleicht auch zwei in Australien bleiben will. »Als Backpackerin ist es schwer, anständige Arbeit zu finden. In gewisser Weise sind wir die Polen Australiens. Ich möchte hier drei Monate bleiben, dann habe ich genug Geld, um weiterzureisen.«

Nachdem ich zwei Tage durch die Einöde der Nullarbor-Wüste gefahren bin, fängt es langsam an, ein wenig, wie soll ich sagen, eintönig zu werden. Eine Eintönigkeit, die ihre Apotheose im berühmtesten Abschnitt des Eyre Highways findet: dem 90 Mile Straight, einem schnurgeraden Streckenabschnitt von 146,6 Kilometern Länge. Das Fahren auf dem 90 Mile Straight ist ein beinahe halluzinatorisches Erlebnis. Es gibt keine Abwechslung: kein *roadhouse*, kein Parkplatz, keine Spur menschlicher Zivilisation. Man muss so wenig tun, dass das Fahren zu einer Art Meditation wird. Während ich auf den Punkt starre, wo die Straße hinter dem Horizont verschwindet, verschwinden allmählich auch meine Gedanken. Eine kurze Zeit noch, und ich gelange in höhere Sphären.

Zum Glück: Die endlose Leere wird durch gelegentlichen Pflanzenwuchs unterbrochen.

Und dann bemerke ich einen penetranten Benzingeruch.

Was ich schon die ganze Zeit befürchtet habe, passiert: eine Panne. Eine Benzinleitung ist undicht. Als ich die Motorhaube öffne, sehe ich, wie der Treibstoff durch ein kleines Loch herausspritzt. Dass die nächstgelegene Werkstatt von hier aus keine fünfhundert Kilometer entfernt ist, sondern »nur« 375 Kilometer, und zwar in dem kleinen Ort Norseman, ist lediglich ein schwacher Trost. Was tun? Bei meinen Campingsachen befindet sich ein Reparaturset für Autoschläuche. Das kann ich jetzt gebrauchen. Ich klebe einen Flicken auf die Leitung, umwickle sie mit einem Meter Klebeband und hoffe, dass das Ganze hält.

Ohne anzuhalten fahre ich durch bis Norseman, dem Ende des Eyre Highway.

»Eh, keine Ahnung, *mate*«, sagt Steve, der einzige Automechaniker in der einzigen Autowerkstatt, die es in Norseman gibt, als ich ihn frage, ob es klug war, einfach weiterzufahren.

»Schau, das Loch ist nicht dicht.« Steve zeigt mir, wie das Benzin immer noch aus dem dünnen Schlauch tropft, vorbei an dem Klebeband, das durch die Hitze des Motors zu einem klebrigen

Brei geworden ist. »Wenn Benzin auf den heißen Motor tropft, entzündet es sich, und du hast ein hübsches Feuerchen unter der Motorhaube. Aber he, *no worries*, ist ja alles gut gegangen. Sei froh.«

Ich *bin* froh. Vor allem als Steve anfängt, von den Unfällen auf dem 90 Mile Straight zu erzählen, zu denen er als einziger Autoschlosser weit und breit gerufen wird.

Manchmal muss er dreimal am Tag raus, manchmal wochenlang nicht. Das größte Problem: Fahrer, die am Steuer einschlafen. »Vorgestern hatte ich davon noch einen. Ein älterer Mann, der schon eine halbe Stunde nachdem er losgefahren war, eingenickt ist und seinen nagelneuen Allradwagen total geschrottet hat.« Auch Wohnwagen sind laut Steve lebensgefährlich. »Wie oft habe ich nicht erlebt, dass die Dinger ein Rad verlieren ...«

Ich frage ihn, was der allerverrückteste Unfall war, den er je erlebt hat

Steve nennt zwei.

Der erste ist ein Unfall mit einem Wohnwagen. Die Szene, die Steve vorfand, nachdem er von der Straßenwacht herbeigerufen worden war, sah wie folgt aus: ein rundum zerbeulter und zerkratzter Wohnwagen in der Böschung, daneben ein Auto, das vollkommen normal aussah, wenn man einmal von den *Reifenspuren* auf dem Dach absah.

Steve: »Offensichtlich hat sich der Wohnwagen überschlagen und ist auf dem Dach des Autos gelandet.«

»Aber wie kann so etwas in Gottes Namen passieren?«, fragte ich erstaunt.

»Das haben wir leider nie herausbekommen.«

Sein zweiter Lieblingsunfall begann damit, dass ihm ein Totalschaden auf halber Strecke des 90 Mile Straight gemeldet wurde. »Der Sheriff hatte einen Anruf von einem leicht irritierten älteren Ehepaar bekommen. Die beiden hatten den Wagen gefunden, aber es saß niemand darin, und sie konnten auch keine Verletzten in der unmittelbaren Umgebung entdecken. Nun gut, der Sheriff und ich also hin, um den Wagen zu bergen und die Sache zu untersuchen. Während wir noch unterwegs waren, erhielt der Sheriff einen weiteren Anruf. Von denselben Leuten, die jetzt noch verwirrter waren. Sie hatten ein total zerstörtes Boot auf der Straße gefunden. Ein Boot mitten in der Wüste! Nun gut, was stellte sich heraus? Ein Lastwagenfahrer hatte seine Ladung nicht ordentlich verzurrt. Weil er das Radio sehr laut gestellt hatte, bemerkte er nicht, dass er unterwegs zuerst ein Auto und dann auch noch ein Boot verloren hatte.«

Nach einer Viertelstunde hat Steve die undichte Leitung ersetzt. Nach zwei Stunden fahre ich durch Kalgoorlie, das Ziel meiner Reise.

*

Kalgoorlie ist die einzige Stadt in den großen westaustralischen Goldfeldern. Kalgoorlie ist eine kleine Stadt; knapp dreißigtausend Menschen leben dort. Kalgoorlie ist eine einsame Stadt – die nächstgelegene größere Stadt, Perth, ist sechshundert Kilometer entfernt. Vor allem aber ist Kalgoorlie eine Goldstadt – das Leben eines jeden hier dreht sich um Gold. Kalgoorlie ist das wirkliche Ophir Australiens.

Kalgoorlie, von den Bewohnern kurz »Kal« genannt, liegt gleich neben der größten Goldmine des Landes, der *Fimiston Open Pit Mine*, besser bekannt unter dem Namen *Super Pit*. Der *Super Pit* ist eine gigantische Grube, ein riesiges graues Loch in der roten Erde. Die Grube ist dreieinhalb Kilometer lang, anderthalb Kilometer breit und Hunderte von Metern tief. Man kann sich kaum vorstellen, dass dieses Loch von Menschen gegraben wurde. Natürlich, der *Super Pit* ist eine groteske Narbe in der Landschaft, eine monströse Anomalie, die sogar vom Mond aus zu erkennen ist – manche bezeichnen die Grube als den Anus Australiens. Aber der *Super Pit* ist auch auf bizarre Weise schön. Je nachdem, wie hoch die Sonne über dem Horizont steht, ändern die Wände des *Super Pit* ihre Farbe. Von Dunkelgrau kurz vor der Morgendämmerung über Ocker zu tiefem Rotbraun am späten Vormittag bis Fahlgrau am Mittag. Und am Nachmittag wiederholt sich die Farborgie dann noch einmal, allerdings in umgekehrter Reihenfolge. Wenn man am Rande des *Super Pit* steht, hat man das Gefühl, der Grand Canyon liege einem zu Füßen, doch wenn man sich umdreht, sieht man Kalgoorlie – manche Häuser stehen nicht einmal zweihundert Meter von einem entfernt.

Rings um den *Super Pit* erheben sich die aus der Grube stammenden Abraumhalden, die sich im Laufe der Jahre zu einer regelrechten Berglandschaft entwickelt haben. Egal, aus welcher Richtung man sich der Stadt nähert, das Erste was man von ihr sieht, sind die Geröllhügel, auf denen kein Grashalm wächst. Zweimal am Tag wird der *Super Pit* mit Sprengstoff ein wenig vergrößert. Während der alltäglichen Explosionen fühlt man überall in der Stadt den Boden zittern. In Boulder, einer an Kalgoorlie fest gewachsenen Gemeinde, sind alle alten Gebäude eingerüstet. Ein Erdbeben hat hier im April 2010 großen Schaden angerichtet. Böse Zungen behaupten, das Erdbeben sei eine Folge der täglichen Sprengungen im *Super Pit*.

Die Hauptstraße von Kalgoorlie heißt Hannan Street und ist nach dem Mann benannt, der hier 1893 Gold entdeckte. Die breite Straße mit der Bebauung aus dem 19. Jahrhundert hat sich ihren Charakter bewahrt. Denkt man sich die Autos, die Reklameschilder und den Asphalt weg, wähnt man sich in einer Stadt im Wilden Westen. An der am meisten befahrenen Kreuzung der Hannan Street, eine der wenigen Kreuzungen in Kalgoorlie, die mit einer Ampelanlage versehen ist, steht das Palace Hotel, das wie die meisten historischen Hotels in Australien eher ein Pub als ein wirkliches Hotel ist. Auf dem Dach hat der Eigentümer eine Leuchtreklame anbringen lassen, die Tag und Nacht den aktuellen Goldpreis in australischen und amerikanischen Dollars anzeigt.

In der Hannan Street sieht man zu jeder Tageszeit Kumpel in orangefarbenen Overalls herumgehen oder, je nach Uhrzeit, herumtorkeln. In den Pubs werden die Minenarbeiter von *skimpies*, das sind mit Dessous oder Bikini bekleidete Serviererinnen, bedient. Zu Beginn des 20. Jahrhunderts nannte Kalgoorlie ein lebendiges Rotlichtviertel sein Eigen. Von den Dutzenden von Bordellen, über die die Stadt damals verfügte, sind noch drei übrig geblieben. Sie liegen nebeneinander auf einem etwas unheimlichen Abschnitt der Hay Street, der Straße hinter der Hannan Street. Das bekannteste Bordell, das Langtrees, ist ein gesichtsloser Backsteinbau, die beiden anderen, The Pink House und Red House, sind Wellblechschuppen. Abends leuchten an der Fassade rote Neonröhren auf. Man sagt, die Geschäfte dort liefen gut, doch während der Wochen, die ich in Kalgoorlie verbrachte, habe ich nicht einmal jemanden hineingehen sehen.

Ich ziehe in das Golddust Backpackers-Hostel mit Blick auf alle drei Bordelle. Das Hostel selbst war früher auch ein Bordell, wie mir die Managerin Lizzie erzählt. Ich hatte in einem Backpackerhostel Backpacker erwartet, doch das Gästehaus wird ausschließlich von einsamen arbeitslosen Männern bewohnt. Sie kommen von überall her: Neuseeland, Sydney, Deutschland und Schottland. So wie ich sind die Männer des Goldes wegen hier, doch für das Metall selbst interessieren sie sich nicht. Sie hoffen, Arbeit im *Super Pit* oder in einer der vielen anderen Minen in den Goldfeldern nördlich von Kalgoorlie zu finden. Arbeit, die hervorragend bezahlt wird. Ein Lastwagenfahrer in einer Goldmine im Outback (wo nur wenige arbeiten wollen) verdient rund 150 000 Dollar im Jahr.

Jeder, der hier im Hostel wohnt, hat Probleme.

Der Australier Jeffrey Michels, der mich anspricht, weil ich Niederländer bin und er niederländische Eltern hat, ist geschieden. Er ist in den Westen gekommen, um einen Neuanfang zu machen. Er hofft, in Kalgoorlie genug Geld zu verdienen, um seine Schulden im Osten bezahlen zu können. Wirklich weitergekommen ist er in dieser Hinsicht noch nicht. Ab und zu findet er für eine Woche einen Job. Um Geld zu sparen, isst er abends nichts anderes als Pfannekuchen.

Dave ist Elektriker. Er hat in Neuseeland eine eigene Firma gehabt, ist aber während der Wirtschaftskrise im Jahr 2009 pleitegegangen. Er sah keinen anderen Ausweg, als seine Frau und die schulpflichtigen Kinder zu Hause zu lassen und in Westaustralien Arbeit zu suchen. Um seine Ausgaben zu senken, teilt er sich mit fünf anderen Männern ein Zimmer.

Mit Jeffrey und Dave kann man klönen. Mit den meisten anderen ist das so gut wie unmöglich. Im Hostel wohnt ein muffig riechender, kettenrauchender Mann mit fettigen halblangen Haaren, der permanent im gemeinsamen Fernsehzimmer biwakiert, aber nie reagiert, wenn man ihn grüßt. Außerdem gibt es einen stark tätowierten Neuseeländer, der jeden Abend mit Kopfhörer Horrorfilme auf seinem Notebook ansieht. Dann ist da noch ein arbeitsloser Kumpel, der Abend für Abend eine halbe Kiste Bier leert. Und es wohnt hier ein Inder mit frühem Glatzenansatz, der jeden Tag um Punkt halb sieben in die Gemeinschaftsküche kommt, eine Tüte Instantnudeln aufwärmt und wieder in sein Zimmer verschwindet, um dort seine Mahlzeit zu verzehren.

Von allen Menschen im Golddust Backpackers ist Managerin Lizzie die Einzige, die sich für Gold, das Metall, begeistern kann.

An einer goldenen Kette um ihren Hals baumelt ein Goldklumpen, der so groß ist wie ein Zweieurostück. In ihren Ohrläppchen funkeln Stecker, die aus kleinen Goldkörnern gemacht sind. Sie überhäuft mich mit Tipps, wie ich meine Goldsuche angehen soll. Sie ist der Ansicht, dass ich Kalgoorlie verlassen und mein Glück im nahe gelegenen Coolgardie versuchen sollte. Dort hat ihr Ex das Gold gefunden, das sie nun um den Hals und an den Ohren trägt.

»*There's gold in the hills, love*«, flüstert sie mir zu. »Mein Ex hat immer gesagt: ›Wenn du nirgends mehr Gold findest, kannst du immer noch in Coolgardie suchen.‹«

Das Einzige, was man braucht, um in Westaustralien nach Gold suchen zu dürfen, ist ein *miner's right* – der Urenkel der verhassten *gold license* aus dem 19. Jahrhundert. Doch während die *gold license* die Goldsucher im Jahr 1851 noch ein kleines Vermögen kostete, bekommt man heute eine Genehmigung für nur 25 Dollar. Dafür begebe ich mich am Tag meiner Ankunft in Kalgoorlie zum Department of Mines, das in einem nagelneuen Gebäude in einem Industriegebiet am Rande der Stadt untergebracht ist. Eine freundliche Dame am Empfangsschalter überreicht mir eine Broschüre, in der die Rechten und Pflichten eines Goldsuchers aufgelistet werden, stellt mir Karten von der Umgebung zur Verfügung und erklärt mir geduldig, wo ich Gold suchen darf und wo nicht. Letzteres erweist sich als gar nicht so einfach. Der australische Outback mag vielleicht wie eine große Wildnis aussehen, aber diese Wildnis hat sehr wohl Besitzer oder, was meist der Fall ist, Pächter. Es gibt Land, das den Aborigines gehört. Es gibt Land, das dem Staat gehört. Es gibt Land, das von den großen Bergbaufirmen oder privaten Goldsuchern gepachtet wurde, die sogenannten *claims* oder *leases*. Und es gibt Land, das verwaltungstechnisch in einem schwarzen Loch gelandet ist – zum Beispiel weil vor Kurzem der Eigentümer gewechselt hat. Dieser *pending ground* ist laut Auskunft der Dame am Schalter der für mich am besten geeignete: Dort darf jeder sein Glück versuchen, während für alle anderen Gebiete die Zustimmung des Besitzers oder des Pächters eingeholt werden muss.

Ich höre ihr nur mit halbem Ohr zu, denn eigentlich will ich nur ein Ding: den lappigen Zettel im Format einer Ansichtskarte, auf dem mit schwungvollen Buchstaben mein Name steht – mein *miner's right*.

Ich überreiche der Dame am Schalter 25 Dollar …

»Bitte sehr«, sagt sie, »*it lasts a lifetime.*«

… und bin nun offiziell ein australischer Goldsucher.

»Moment«, sagt sie, als ich schon überglücklich hinauslaufen will, »haben Sie das schon gesehen?« Sie holt unter dem Schalter ein Foto hervor, das auf ein A4-Blatt gedruckt ist. Darauf ist ein strahlender Mann zu sehen, der einen Goldklumpen hält, so groß wie zwei geballte Fäuste.

»Mein Gott«, ist alles, was ich sagen kann.

»Zwei Kilo Gold«, sagt die Schalterangestellte. »Das sind locker 90 000 Dollar. Der Bursche kam vorige Woche vorbei, um uns das Foto zu zeigen.«

»Und wo hat er den Klumpen gefunden?«

»In Coolgardie.«

In Coolgardie hatten die Goldsucher William Ford und Arthur Bailey an einem einzigen Septembernachmittag des Jahres 1892 siebzehn Kilo Gold gefunden. Als sie damit einige Zeit später in der nächstgelegenen Siedlung, dem Dorf Southern Cross, ankamen, gab es kein Halten mehr. Innerhalb weniger Tage machten sich in Southern Cross alle auf den Weg, um Gold zu suchen. Der westaustralische Goldrausch hatte begonnen – es sollte der letzte Goldrausch Australiens werden, mehr noch, der letzte Goldrausch weltweit. Sechs Jahre später stand auf dem Gelände, das sich als eines der reichsten Goldfelder Australiens erweisen sollte, eine Stadt mit fünfzehntausend Einwohnern, in deren direkter Umgebung noch einmal zehntausend Menschen biwakierten.

Coolgardie liegt vierzig Kilometer westlich von Kalgoorlie. Das auffälligste Merkmal des Städtchens ist die Dutzende von Metern breite Hauptstraße. Sie ist so breit, damit die Kamelkarawanen, die Coolgardie im 19. Jahrhundert versorgten, auf der Straße wenden konnten. Jenseits der Hauptstraße liegen ein paar ausgestorbene kahle Straßen, an denen hier und da ein Fünfziger-Jahre-Bungalow errichtet wurde. Ende des 19. Jahrhunderts war Coolgardie die drittgrößte Stadt Westaustraliens, nach Perth und Fremantle. Damals gab es in Coolgardie siebenhundert Goldminen, sechsundzwanzig Hotels, vierzehn Kirchen (sowie eine Moschee und eine Synagoge), sieben Zeitungen, drei Bierbrauereien und das erste Schwimmbad Westaustraliens. Die Nachrichten aus Coolgardie hielt man für so wichtig, dass Reuters dort ein Büro eröffnete. Von all dem ist nur eine Handvoll imposanter neoklassizistischer Gebäude übrig geblieben. Coolgardie macht einen verschlafenen Eindruck. Das einzige, das etwas Leben bringt, sind die *road trains*, die durch die Hauptstraße, die natürlich Bailey Stret heißt, donnern. Die Goldstadt von früher ist zu einem öden Dorf mit nicht einmal achthundert Einwohnern verkommen.

Ich bin mit der Goldsucherin Kris verabredet, die ich in einem Internetforum für Goldsucher kennengelernt habe. Sie hat versprochen, mich einen Tag mitzunehmen. Als ich an einem Montagmorgen gegen acht mit meinem Land Cruiser vor ihrem Bungalow anhalte, sitzt sie bereits abfahrbereit in ihrem eigenen Land Cruiser.

»Fahr mir einfach nach!«, ruft sie.

Gleich hinter Coolgardie verlassen wir die planierte Straße und rumpeln auf einem Sandweg weiter. Der Busch sieht immer noch so aus wie vor hundertzwanzig Jahren, als die ersten Goldsucher ankamen: ein endloser Wald aus majestätischen Eukalyptusbäumen. Kris hat versprochen, mich zu einer Stelle, einem *patch*, mitzunehmen, wo sie Anfang des Monats ein paar Goldklumpen gefunden hat. Goldklumpen kommen selten allein, hatte Kris mir ein paar Tage zuvor am Telefon erklärt. Sie sind nicht gleichmäßig in der Erde verteilt, sondern liegen in Gruppen beieinander. Das heißt, dass dort, wo man einen Goldklumpen entdeckt, in der direkten Umgebung meist noch weitere zu finden sind. Solch ein Areal mit mehreren Goldklümpchen nennt man *patch*. Nach einem solchen *patch* ist der gute Goldgräber immer auf der Suche. Und es ist ein *patch*, zu dem Kris mich jetzt mitnimmt, nicht einmal zehn Minuten von ihrem Haus entfernt.

Ich brenne wirklich darauf, mit der Goldsuche anzufangen, und ich zweifele nicht daran, dass ich heute mein erstes Goldklümpchen finden werde. Die Überzeugung wird noch durch das bestärkt, was ich gestern Abend in *Gold & Ghosts* gelesen habe. Der Autor de Havelland berichtete von zahllosen guten Stellen in der direkten Umgebung von Coolgardie. Seine Karten waren nicht ganz deutlich, doch er ließ keinen Zweifel daran, dass es dort für den modernen Goldsucher noch jede Menge zu finden gibt. Das klingt alles sehr spannend und vielversprechend, aber das Problem ist, dass Kris nicht die Einzige ist, die von der Existenz ihres *patchs* weiß. Den Reifenspuren und den platt getretenen Blättern nach zu urteilen, haben Dutzende andere Goldsucher das Terrain auch schon besucht. Aber das darf das Vergnügen nicht trüben. *Nobody gets it all*, wie schon Mark vom Goldsucherkurs meinte.

Kris ist Anfang vierzig und grazil, sie trägt eine modische Brille, hat hellblondes Haar und lackierte Fingernägel. Nicht direkt das, was ich mir unter einer Goldsucherin vorgestellt hatte. Kris weiß, was sie tut. Sie sucht schon seit fünfundzwanzig Jahren nach Gold und kann davon gut leben. Der Schlüssel zu ihrem Erfolg ist ihre gute Vorbereitung. Sie verbringt mehr Zeit damit, in Büchern und im Internet zu stöbern, als mit der eigentliche Suche. Sie studiert die Geologie der Umgebung, liest Forschungsberichte von Bergbauunternehmen, recherchiert in Archiven und kennt sich in den Datenbanken des Department of Mines aus. Auf Basis dieser Informationen entscheidet sie, wo sie sich auf die Suche macht.

Kris' *patch* ist nicht größer als zweihundert mal vierhundert Meter. Wir schnüren uns beide die Metalldetektoren um und fangen an zu suchen. Kris arbeitet sehr methodisch und geht in geraden Linien über das Gelände, ich gehe einfach kreuz und quer.

Nach zwei Stunden kehre ich zu der Stelle zurück, wo wir die Autos geparkt haben. Kris hat inzwischen ein Lagerfeuer gemacht, auf dem ein paar Würstchen braten.

»Und? Was gefunden?«, fragt sie, als ich näherkomme.

»*Nah.*«

»Mach dir keine Sorgen. Nachher hast du bestimmt mehr Glück. *Hey, I just boiled the billy.*«

»Hä, *boiled the billy*?«

»Na, ich hab Tee gemacht. Möchtest du eine Tasse?«

Während Kris mir eine Tasse Tee einschenkt, taucht ein Pick-up-Truck auf, den die Australier als *ute* bezeichnen. Der *ute* zieht einen großen Wohnwagen. Ein älteres Ehepaar steigt aus. Freunde von Kris, wie sich zeigt, sie heißen Peter und Lindy. Campingstühle werden dazugestellt, und Peter kriegt Brot mit einem Würstchen in die Hand gedrückt. Peter ist ein braun gebrannter jovialer Sechziger, der in jedem Satz ein paarmal das Wörtchen *bloody* benutzt. Das Ehepaar war fünf Monate lang auf den Goldfeldern Westaustraliens unterwegs. Nun wollen sie nach Perth, wo sie wohnen. Vorher aber möchten sie ihrem *lucky spot* noch einen Besuch abstatten. Zu Beginn ihrer Reise hatten sie hier Dutzende von Goldkörnern gefunden.

Peter und Lindy bezeichnen sich selbst nicht als Goldsucher – *gold prospectors* im australischen Jargon –, sondern als Detektoristen. *Prospectors* sind professionelle Goldsucher. Die klassische Arbeitsweise eines *prospector* besteht darin, ein goldhaltiges Areal zu finden, dafür einen *lease* zu beantragen und es anschließend an eine Firma zu verkaufen, die dort eine Mine errichtet. Der *gold prospector* ist jemand, der *leases* hat, mit einem Bulldozer nach Gold gräbt und das Ganze etwas ambitionierter angeht als Leute wie Peter und Lindy. Der Detektorist hingegen arbeitet ausschließlich mit einer Metallsonde, hat keine Lust auf das ganze Theater mit Maschinen und *leases* und betrachtet die Suche nach Gold zumeist als Hobby. Die Trennungslinie ist einigermaßen künstlich, denn es gibt Detektoristen, die hauptberuflich nach Gold suchen, und es gibt keinen Prospektor, der nicht mit einer Metallsonde arbeitet.

»Detektoristen sind viel netter«, sagt Peter. »Prospektoren tun immer so geheimnisvoll, was Gold angeht. Sie würden dir nie sagen, wo sie Gold gefunden haben. Sie sind noch schlimmer als diese *bloody* Minenbetreiber. Denen ist es meistens egal, wenn man auf ihrem Gebiet sucht. Aber wenn du den *lease* eines Prospektors betrittst, dann sieh dich vor.«

Ich frage Peter, was Goldfieber ist.

»Es ist ein Gefühl ... Es ist das Gefühl, das man hat, wenn man ein Stück Gold findet. Man gräbt es aus, und es wird einem bewusst, dass man der erste Mensch ist, der dieses Gold sieht, es in den Händen hält. Und wenn man das einmal erlebt hat, *then you're hooked*. Dann hat man Goldfieber.«

Peter hat Goldfieber, so viel steht fest. Vor ein paar Jahren hat er sich mit einigen *mates* auf die Suche nach *Lasseter's Lost Reef* gemacht. Er hatte alles über Lasseter gelesen, was es zu lesen gab, und auf diese Weise ausklamüsert, wo sich die verlorene Goldader befinden musste. Doch ach, auch Peter war mit leeren Händen wiedergekommen.

Das ist jetzt allerdings nicht so. Nach einigem Bitten zeigt er das Gold, das er in den letzten Monaten gefunden hat. Er holt ein altes Erdnussbutterglas hervor, das zur Hälfte mit Gold gefüllt ist. Die meisten Goldkörner messen nur wenige Millimeter, aber etwa sieben sind so groß wie ein kräftiger Daumennagel. Die legt er vorsichtig auf meine Hand. Ich sehe das Titelbild von *Gold, Gem & Treasure* vor mir. Vor lauter Neid spüre ich Stiche im Bauch.

»Du solltest es mal dort unter den Büschen versuchen«, sagt Peter. Er deutet auf eine Senke im Gelände, wo ein paar armselige Sträucher wachsen. »Dort haben wir voriges Jahr viel gefunden, aber die Büsche waren damals viel dichter bewachsen. Jetzt kommst du viel besser heran.«

Mit frischem Mut begebe ich mich nach dem Mittagessen wieder auf die Suche, während Kris am Lagerfeuer sitzen bleibt, um Peter und Lindy Gesellschaft zu leisten.

Drei Stunden später kehre ich zu den dreien zurück. Müde, enttäuscht. Frustriert werfe ich meinen Metalldetektor auf den Boden.

»Was meinst du, Kris, werde ich jemals Gold finden?«

»Du scheinst auf jeden Fall Durchhaltevermögen zu haben«, meint Kris. »Das ist vielleicht die wichtigste Eigenschaft für den Erfolg. Wenn du weiterhin suchst, wirst du auch etwas finden.«

»Aber wo muss ich suchen?«

»Tja, wenn ich das wüsste … dann würde ich es dir nicht sagen, sondern selbst dort suchen«, sagt Kris lachend.

»*Mate, gold is where you find it*«, meint Peter. »Das ist das einzig Sinnvolle, was man sagen kann.«

Ich versuche, die anderen darüber auszuhorchen, wie ich ein guter Goldgräber werden kann, doch die drei sind nicht sehr gesprächig. Sie finden es schwierig, meine Fragen zu beantworten.

»Weißt du, ich habe sechs *bloody* Monate gebraucht, um mein erstes *bloody* Goldklümpchen zu finden«, sagt Peter schließlich. »Wusstest du, dass Goldklumpen seltener sind als Diamanten?« Eine Bemerkung, die aufmunternd gemeint ist, doch ehrlich gesagt, stimmt sie mich nicht sonderlich fröhlich. Eher im Gegenteil. Sechs Monate suchen, bis man das erste Gold findet! Das kann mir auch passieren. Aber bis jetzt habe ich daran noch keine Sekunde gedacht. Es wird mir doch nicht so ergehen, dass ich in einigen Monaten ohne Gold nach Hause fahren muss ...

THE FUN IS ... BEING OUT HERE

Ein Treffen mit Ted und Lecky vom Goldladen Natural Gold Nuggets – Der Sacred Nugget *von Kanowna – Goldsuche bei Six Mile – Die Diggers & Dealers-Konferenz – Eureka: der einzige bewaffnete Aufstand in Australien –* Pegging a lease *mit Ted und Ned*

Was nun? Ich bin in Kalgoorlie, dem Zentrum der australischen Goldindustrie, habe aber keine Ahnung, wo und wie ich mit der Suche beginnen soll. Während der letzten Tage haben verschiedene Leute gemeint, ich sollte am besten mal mit Ted reden, dem Inhaber von *Natural Gold Nuggets*, einem Goldladen in der Hannan Street in Kalgoorlie.

Ted ist zwar der Ladeninhaber, aber er verbringt so wenig Zeit wie möglich in seinem Geschäft und so viel wie möglich im Busch. Die unbarmherzige australische Sonne hat tiefe Furchen in seinem gebräunten, kahl rasierten Schädel hinterlassen. Ted ist ein Mann, der ständig ein breites Grinsen im Gesicht hat, ein Grinsen, das suggeriert, dass er mehr weiß als du. Und wenn es um Gold geht, stimmt das auch in jedem Fall. Ted ist die Spinne im Netz der Goldsucherszene von Kalgoorlie und Umgebung. Jeder Goldsucher kennt ihn und seine Frau Lecky. Im größeren Umkreis von Kalgoorlie ist ihr Laden der einzige Ort, wo Goldsucher ihre Funde verkaufen können.

Ted und Lecky interessieren sich vor allem für schön geformte Goldklumpen, die sie in ihrem Laden an Touristen weiterverkaufen. »Hässliches Gold« – Goldstaub und formlose Goldkörner – verkaufen sie an die Münzprägeanstalt in Perth, die das

Gold in Barren gießt. Doch Ted und Lecky handeln nicht nur mit Gold, sie besitzen auch Dutzende von *leases*, die sie zusammen mit einer Reihe von Partnern ausbeuten.

Ted unterhält sich mit mir in seinem kleinen Büro hinten im Laden, das mit einer schweren, elektronisch gesicherten Tür ausgestattet ist. Ich berichte ihm, dass ich Schriftsteller bin und in Kalgoorlie nach Gold suchen möchte.

»*Rightio*«, sagt Ted.»*No worries*. Und wo willst du suchen?«

»Ich habe ein paar Stellen ins Auge gefasst«, murmle ich, »Stellen, die ich ... nun ja, die ich in *Gold & Ghosts* gefunden habe. Das ist ein sehr seltenes Buch, weißt du.«

Ted bricht in schallendes Gelächter aus. Er öffnet eine Schublade unter seinem Schreibtisch und wirft ein abgegriffenes Exemplar von *Gold & Ghosts* auf die Tischplatte.

»*Mate*, alle Stellen in diesem Buch ... *every man and his dog* sind da schon gewesen.«

»Oh.«

»Absolut wertlos, dieses Buch«, sagt Ted. »Das heißt nicht, dass du es dort nicht auch noch einmal versuchen kannst, aber viel mehr als *very small gold* wirst du nicht finden. Nicht, dass solche kleinen Funde die Mühe nicht lohnten, aber ...«

»Hey, hast du überhaupt eine *gold bottle*?«, unterbricht Lecky ihn. »Wenn du auf Goldsuche gehst, musst du eine *gold bottle* haben.«

Ich sehe sie fragend an, eine Goldflasche? Was meint sie damit bloß?

»Eine Goldflasche, um dein Gold reinzutun«, sagt sie und überreicht mir ein Plastikdöschen, in dem einmal ein Rollfilm verpackt war.

»Ah ja. Okay. Vielen Dank.«

Wir unterhalten uns noch eine Weile, und ich muss dabei ziemlich verdattert dreingeblickt haben, denn als ich mich wieder einmal verabschieden will, sagt Ted: »Tja, weißt du was, du könntest dich ja mal ein wenig auf meinem *lease* in Six Mile umsehen. Mit dem Auto sind es von hier aus weniger als fünfzehn Minuten.«

Ted schickt mich zum Department of Mines, um mir dort eine Karte von allen *leases* in der Umgebung von Six Mile ausdrucken zu lassen, und als ich damit eine halbe Stunde später wieder in seinen Laden komme, markiert er genau, wo sich seine Parzelle befindet. Außerdem zeichnet er noch eine Wegbeschreibung auf den Ausdruck. Ich soll zuerst zur Geisterstadt Kanowna fahren, dann bei einem hohen Zaun links und an einer alten Geröllhalde rechts abbiegen. Dann würde ich mich schon zurechtfinden.

»*Good luck, mate*, bei Six Mile wirst du bestimmt fündig.«

Unter einer Geisterstadt hatte ich mir halb eingestürzte Häuser, zerbrochene Fenster, klappernde Türen, einen einsamen räudigen Hund und Wind, der durch verlassene Straßen weht, vorgestellt. Doch leider: nichts von alldem. Außer einem Friedhof mit ein paar umgefallenen Grabsteinen ist von Kanowna nichts übrig geblieben. Nicht einmal Ruinen. Weil im 19. Jahrhundert Baumaterial knapp war, wurden Gebäude oft abgebrochen und woanders wieder aufgebaut. Um doch noch einen Eindruck davon zu vermitteln, wie diese Stadt mit Tausenden von Einwohnern einst ausgesehen hat, wurden hier und dort Schilder aufgestellt, die erläutern, welches Etablissement sich wo befand: Hier stand das Hotel, dort war die Bank, hier hatte der Hufschmied seine Werkstatt, dort war der Pub.

Kanowna war für kurze Zeit die größte Stadt in den westaustralischen Goldfeldern, bedeutender als Kalgoorlie und Coolgardie. Doch 1898 wurde kaum noch Gold in der Umgebung von Kanowna gefunden, und die Leute begannen abzuwandern. Just in diesem Augenblick behauptete ein gewisser Pastor Long, eines seiner Gemeindemitglieder habe in der Nähe von Kanowna einen vierzig Kilo schweren Goldklumpen gefunden. Dieser Bericht ließ neue Leute in die Stadt strömen – Leute, die jedoch nur wenig Gold fanden. Die Goldsucher von Kanowna begannen zu murren. Sie wollten von Pastor Long wissen, wo sein Goldklumpen, den man inzwischen auf den Namen *Sacred Nugget* umgetauft hatte, denn gefunden worden war. Nach langem Zögern versprach Pastor Long, er werde am 11. August 1898 um zwei Uhr nachmittags den genauen Fundort bekannt geben.

Die vorherrschende Meinung war, dass es den *Sacred Nugget* nicht gab. Viele glaubten, Pastor Long sei von Geschäftsleuten in Kanowna dazu überredet worden, die Nachricht von einem spektakulären Goldfund in die Welt zu setzen, in der Hoffnung, so neue Kunden – und neue Gläubige – in die Stadt zu locken. Dennoch hatten sich am 11. August um ein Uhr bereits viertausend Männer vor dem Hotel versammelt, wo Long sein Wissen öffentlich machen wollte. Um zehn vor zwei war die Menge auf mehr als zehntausend ungeduldige Goldsucher angewachsen. Um Punkt zwei Uhr betrat Pastor Long den Balkon des Hotels. Der Journalist und Autor John Marshall war als Berichterstatter vor Ort. »Viele Jubelrufe erhoben sich, als Pastor Long erschien«, schrieb Marshall später in seinen Memoiren. »Er wartete, bis es wieder ruhig geworden war; blass und aufgeregt stand er da mit zitternden Beinen.« Long präsentierte eine verschwurbelte Erklärung, warum er die Identität des Finders nicht bekannt geben konnte, gab dann aber doch, nach vielem Wenn und Aber, den Fundort des Goldklumpens bekannt. Marshall: »Kaum hatten diese Worte den Mund des Sprechers verlassen, als ein lautes Grölen ertönte. Die riesige Menschenmenge, die dicht gedrängt, wie eine lebende Mauer, dagestanden hatte, zerbarst, stob auseinander, und alle rannten los, als hätte man tausend Teufel auf sie losgelassen, als würden sie vor dem bevorstehenden Weltuntergang fliehen. […] Seit der gelbe Teufel, das Gold, hier zum Tauschmittel geworden ist, hat es nie einen solch irrsinnigen, überstürzten Sturmlauf auf Grundlage von solch vagen, ungenauen und unzureichenden Angaben wie die von Pastor Long gegeben […] Was für eine schwache und unglaubwürdige Geschichte.«

Keiner der zehntausend Goldsucher fand Gold an der Stelle, die Pastor Long genannt hatte. Nach einer Woche gaben alle auf. Pastor Long starb bald darauf im Alter von siebenundzwanzig Jahren an Typhus.

Von Kanowna aus führen Dutzende von unbefestigten Wegen in den Busch. Aus Teds Wegbeschreibung werde ich nicht schlau. Innerhalb von fünf Minuten habe ich mich verirrt. Ich kann mich nicht orientieren. Um mich herum sieht alles gleich aus. Überall die gleichen Eukalyptusbäume, graugrüne Sträucher und rostbraune Erde. Welchen Weg mit lauter tiefen Schlaglöchern ich auch nehme, immer wieder stoße ich auf den Gitterzaun der Goldmine *Kanowna Belle*. Ich nehme *Gold & Ghosts* zur Hand. Ted hat vielleicht kein gutes Wort für dieses Buch übrig, aber die Karten darin sind um einiges deutlicher als das, was er für mich gezeichnet hat. Und tatsächlich: Indem ich die Kanowna-Karte gründlich studiere, finde ich nach einer Viertelstunde Six Mile.

Laut *Gold & Ghosts* ist Six Mile ein Goldfeld aus dem Jahr 1893, und in den Jahrzehnten, die seitdem vergangen sind, haben Goldsucher das Gebiet gründlich missbraucht. Six Mile ist eine Art Müllkippe im Busch. Überall liegen verrostete Büchsen – manche sehen aus, als lägen sie schon seit hundert Jahren dort. Ich finde einen alten Kühlschrank und zwei Autowracks. An machen Stellen wurde die Natur mit Bulldozern platt gewalzt, sodass nur noch eine zugige Fläche aus Steinen und roter Erde übrig geblieben ist. Über all dem ragt der hundertachtzig Meter hohe Schornstein des Gidji Roaster in den Himmel, einer Anlage, die das Erz aus dem *Super Pit* verarbeitet. Das Ding stößt weiße Rauchschleier aus, die als lang gezogene Wolken über der Landschaft hängen. Hier muss Gold zu finden sein, das will ich durchaus glauben. Die Goldmine *Kanowna Belle* zum Beispiel, die nicht einmal einen Kilometer entfernt ist, produziert pro Jahr fast neuntausend Kilo Gold, wie ich der Lokalzeitung *The Kalgoorlie Miner* entnehme. Aber ich finde nicht einmal ein Gramm.

Fünf Tage verbringe ich auf Teds *lease*. Einer reiht sich an den anderen. Morgens stehe ich bei Sonnenaufgang auf, gehe eine Dreiviertelstunde später mit meinem Metalldetektor auf Six Mile herum, um in der Abenddämmerung erschöpft in das Golddust Backpackers zurückzukehren, wo die Managerin Lizzie mich jedes Mal fragt: »Und? *Any luck?*«

»*Nah.*«

*

Eines Tages gehen keine Kumpel in Overalls, sondern Manager in Anzügen durch die Hannan Street. Die Diggers & Dealers-Konferenz, das alljährliche große Ereignis in Kalgoorlie, hat begonnen. Alle Hotels sind ausgebucht, und die Bewohner der Stadt vermieten für viel Geld ihre Gästezimmer. Jeden Abend sind die Pubs gerammelt voll, die *skimpies* machen blendende Umsätze, und die drei Bordelle gegenüber dem Golddust Backpackers lassen zusätzliches Personal einfliegen.

Diggers & Dealers ist das einmal im Jahr stattfindende Fest für den australischen Bergbau. Ein Manager nach dem anderen darf ans Pult treten, um seinen Betrieb zu präsentieren. Es sind ermüdende Vorträge, in denen die Begriffe *rate of return* und *shareholder value* wie Mantras wiederholt werden. Und während die Chefs reden, werden auf den Fluren Geschäfte gemacht. Als

Journalist habe ich Zugang zu der Konferenz erhalten. Ich bin der einzige Besucher, der keinen Anzug trägt. Und ich falle noch bei einer anderen Gelegenheit auf: Bei der Eröffnung der Konferenz werden alle aufgefordert, sich zu erheben und die Nationalhymne zu singen, doch ich bleibe sitzen und halte den Mund. Als ich später für das Mittagessen anstehe, füllt mir ein Bursche den Teller, der im Golddust Backpackers das Zimmer neben mir bewohnt.

Sehr bald wird deutlich, dass es dem Bergbau in Australien ganz hervorragend geht. Vor allem in der Goldindustrie werden dank des unglaublich hohen Goldpreises fette, fette Gewinne gemacht. Trotzdem herrscht eine verbissene Stimmung. Ein Industrieller namens Barry Eldridge, ein wütender korpulenter Mann, hält eine Rede, in der er seinem Ärger über Pläne der Regierung, eine neue Bergbausteuer einzuführen, Luft macht. Eldridge wirft der amtierenden Labour-Regierung »ökonomischen Terrorismus« vor und ist der Ansicht, der Bergbau werde vom Staat »vergewaltigt«. Als er den Saal dazu auffordert, bei der anstehenden Wahl das Kreuzchen unbedingt bei der konservativen Opposition zu machen, erhält er stehende Ovationen, die minutenlang andauern.

Der Gedanke hinter der neuen Steuer ist der, dass alle Australier etwas von den Gewinnen aus dem Bergbau haben sollen – nicht nur die Aktionäre. Mir scheint dies ein vernünftiges Vorhaben zu sein, vor allem wenn man bedenkt, dass die meisten Bergbauunternehmen, die in Australien aktiv sind, sich zum größten Teil in ausländischer Hand befinden. Noch plausibler wird die Absicht der Regierung, wenn man sich vor Augen führt, dass die Unternehmen bisher nur bescheidene zweieinhalb Prozent des Goldwerts an den Fiskus abführen müssen.

Aber die Bergbauunternehmer denken anders darüber. Für sie sind die Pläne der Regierung nichts anderes als Kommunismus – so drückt Eldridge es aus. Die Minenbetreiber betrachten sich selbst als Patrioten, als Retter des Vaterlands oder zumindest doch als Retter der heimischen Wirtschaft. Und eine neue Steuer würde die florierende Wirtschaft – Australien steckt nach der Finanzkrise als einziges westliches Land nicht in einer Rezession – abwürgen. Daher weckt es kaum Befremden, dass Eldridge Parallelen zwischen dem heutigen Widerstand gegen die neue Bergbausteuer und dem legendären Eureka-Aufstand des Jahres 1854 sieht, der einzigen Revolution, die es in Australien gegeben hat.

Das erste Mal hörte ich vom Eureka-Aufstand während meines Besuchs im Sovereign-Hill-Museum in Ballarat, Victoria. Nachdem ich beim Goldwaschen zwanzig kleine Goldkörner gefunden hatte, begab ich mich abends zur Kasse des Museums und kaufte eine Eintrittskarte für eine Licht- und Tonshow, deren Titel der Phantasie kaum noch Raum ließ: *Blood on the Southern Cross*. »Wirklich sehr spektakulär«, versicherte die Dame an der Kasse. »Direkt aus Hollywood! Und äh ... jeder richtige Australier muss es gesehen haben.« Die chinesischen und japanischen Touristen, die das Sovereign-Hill-Museum tagsüber bevölkert hatten, waren daher auch weggeblieben. Die weißen australischen Familien, Rentner und jungen Paare hingegen hatten sich vom Nieselregen nicht abschrecken lassen. Alle waren bereit für die *hottest show in town*, wie das patriotische Schauspiel überall in Ballarat angekündigt wurde. Das Spektakel hatte, wie uns bis zum Überdruss mitgeteilt wurde, sechs Millionen Dollar gekostet. Das sah man dem Ganzen nicht an, es sei denn, das Geld steckte in dem futuristisch aussehenden kleinen Zug, mit dem wir über das Museumsgelände gefahren wurden. Der Zug hatte sogar einen eigenen Soundtrack, der der Titelmelodie des klassischen Achtziger-Jahre-Films *Back to the Future* stark ähnelte.

Eine sonore Baritonstimme erläuterte, wie es zum Eureka-Aufstand gekommen war. 1854 waren die leicht zu findenden Goldvorkommen in Ballarat mehr oder weniger erschöpft. Viele Goldsucher hatten Probleme, die monatlich fällig werdenden 30 Shilling für die Schürfgenehmigung zusammenzukratzen. Der Widerstand gegen diese Genehmigung war groß, die Behörden, die den Besitz der Genehmigung kontrollieren mussten, waren verhasst. Die Polizei machte täglich Jagd auf Goldsucher ohne Lizenz. Die Schürfgenehmigung wurde als ungerecht empfunden, weil ihr keine Leistung gegenüberstand. Die Goldsucher mussten zwar Steuern bezahlen, hatten aber keine Vertreter im Parlament. Sie wollten die Grundstücke, auf denen sie arbeiteten, kaufen, doch das wurde ihnen durch allerlei absurde Bestimmungen so gut wie unmöglich gemacht. Das musste alles geändert werden, fanden die Goldsucher. Im Prinzip beklagten sie sich über dieselben Dinge wie ein Dreivierteljahrhundert zuvor die amerikanischen Kolonisten während der amerikanischen Revolution – auch hier lautete der Slogan *no taxation without representation*.

Eine ganze Reihe von Vorfällen ging dem eigentlichen Eureka-Aufstand voraus – ein Brand in einem Hotel, ein ermordeter Goldsucher, eine Protestversammlung, die zu einer weiteren Protestversammlung führte. Und all diese Ereignisse wurden in *Blood on the Southern Cross* haarklein in Dialogform nacherzählt und mit allerlei *special effects* versehen: Flammen, Explosionen und Rauchwolken. Da das Budget von sechs Millionen offenbar nicht reichte, um auch noch Schauspieler zu engagieren, wirkte die Dramatisierung ziemlich unbeholfen: So wurden Gespräche zwischen Minenarbeiter visualisiert, indem abwechselnd zwei Zelte oder zwei Minenschächte aufleuchteten.

Doch wie dem auch sei, das Ende vom Liede war, dass Tausende von Goldsuchern sich gegen die Genehmigungen auflehnten.

Die Lizenzen wurden öffentlich verbrannt. Angeführt von dem irischen Goldsucher Peter Lalor wurden »Forderungen« gestellt. Eine Rebellenfahne wurde entworfen – ein weißes Kreuz auf blauem Untergrund, das das Kreuz des Südens darstellen sollte –, und Lalor ließ seine Anhänger einen Treueeid schwören: »Wir schwören beim Kreuz des Südens, dass wir einander helfen und für unsere Rechte und unsere Freiheit kämpfen werden.« Rund um die Eureka-Goldader, nicht weit von Ballarat entfernt, wurden Barrikaden errichtet, und bewaffnete Goldsucher verschanzten sich während dieser sogenannten *Eureka Stockade* dahinter, um sich gegen die herbeigerufenen Truppen zu verteidigen. In der Nacht zum 3. Dezember 1854 endete diese erste bewaffnete Revolution auf australischem Boden. Der Aufstand wurde von britischen Soldaten niedergeschlagen. Es gab achtundzwanzig Tote.

In Sovereign Hill verzog sich der Rauch, die Lichter erloschen, und die Baritonstimme berichtete: »Die Goldsucher hatten ihren Kampf verloren, die Regierung hatte gesiegt.« Durch den Nieselregen wurde das betrübte Publikum zum Ausgang eskortiert.

Die Goldsucher waren jedoch nur vorläufig geschlagen. Die Aufständischen wurden in Melbourne vor Gericht gestellt, doch die Geschworenen weigerten sich, die Rebellen zu verurteilen. Daraufhin rief der Gouverneur eine königliche Kommission ins Leben, die untersuchen sollte, was in Ballarat alles schiefgelaufen war. Und was war das Ergebnis? Nach einem Jahr wurden die Forderungen der Rebellen erfüllt. Die *gold license* wurde abgeschafft und ersetzt durch ein *miner's right* zum Preis von nur einem Pfund pro Jahr. Das Wahlrecht wurde ausgeweitet, und der ehemalige Rebellenführer Peter Lalor wurde für Ballarat ins Parlament gewählt. Dort entwickelte er sich sehr bald zum Landaufkäufer in großem Stil. Innerhalb weniger Jahre erwarb er zahlreiche Ländereien und Goldminen, während er gleichzeitig im Parlament für die Gesetze verantwortlich war, welche die Großgrundbesitzer, wie er selbst einer war, schützen sollten, und es Einwanderern noch schwerer machten, Land zu erwerben. In späteren Jahren entblödete er sich nicht, während eines Arbeitskampfes in einer seiner Minen unterbezahlte Chinesen als Streikbrecher einzusetzen.

Wenn man den Eureka-Aufstand mit dem amerikanischen Unabhängigkeitskrieg oder der Französischen Revolution vergleicht, fällt er kaum ins Gewicht. Trotzdem wird in Australien bis heute über die Bedeutung und die Folgen des Eureka-Aufstands diskutiert. Ist Eureka »die Geburtsstunde der Demokratie in Australien«, wie man uns in Sovereign Hill glauben machen will? So sieht es jedenfalls die australische Arbeiterbewegung, die seit ihrem Entstehen der Ansicht ist, dass Eureka das Symbol für den Widerstand des einfachen Mannes gegen die zu Unrecht besitzende Klasse ist. Manches spricht für diese Sichtweise. Der Eureka-Aufstand war jedenfalls der erste organisierte und gewalttätige Aufstand gegen die Kolonialregierung. Die Goldsucher in Ballarat schlossen sich zur *Ballarat Reform League* zusammen, erklärten sich miteinander solidarisch und formulierten berechtigte Forderungen. Sie bildeten eine Art Gewerkschaft avant la lettre, und in späteren Jahren übernahmen Streikende und Gewerkschaften folglich auch die Flagge mit dem Kreuz des Südens und machten sie zu ihrem Symbol.

Manche revisionistischen Historiker sind jedoch anderer Meinung. So schreibt der australische Historiker Geoffrey Blainey: »Heute betrachtet man die noble Eureka-Flagge und den Aufstand von 1854 im Allgemeinen als Symbol für die australische Unabhängigkeit, als Symbol für den Drang nach Befreiung von Fremdherrschaft. Doch 1854 gab es viele, in deren Augen die

Rebellion eine Revolte Außenstehender war, die die Rohstoffe des Landes ausbeuteten und sich weigerten, ihren rechtmäßigen Anteil an Steuern zu bezahlen.«

In letzter Zeit werden Eureka und vor allem die Fahne mit dem Kreuz des Südens immer öfter von der extremen Rechten vereinnahmt. Immer häufiger ist die Flagge auf Zusammenkünften von Nationalisten und auch von Rassisten zu sehen. Das erscheint merkwürdig, ist es aber nicht, denn der Eureka-Aufstand sorgte schon gleich zu Beginn für ethnozentrische Tendenzen, die im Sovereign-Hill-Museum hartnäckig verschwiegen werden. 1854 waren zehn Prozent der Goldsucher chinesischer Herkunft, und die weißen Einwanderer hassten diese Tausende von Chinesen abgrundtief. Laut Ansicht der königlichen Kommission, die nach Eureka die Missstände auf den Goldfeldern untersuchen sollte, waren die Chinesen ausnahmslos Diebe und Glücksspieler. Die Chinesen seien »eine minderwertige und heidnische Rasse« und ihr Zustrom müsse eingeschränkt werden. Und das geschah dann auch: Es wurde eine spezielle Steuer für Asiaten eingeführt. Manche Historiker argumentieren, dass die antichinesische Gesetzgebung im Jahre 1854 der *White Australia Policy* des 20. Jahrhunderts zugrunde lag, die es nichtwestlichen Einwanderern jahrelang unmöglich machte, sich in Australien niederzulassen.

Außer von der Arbeiterbewegung, den Nationalisten und den Rassisten wird Eureka schließlich auch von den Liberalen vereinnahmt. In den Augen der Liberalen waren die Goldsucher des Jahres 1854 keine ausgebeuteten Arbeiter, sondern Kleinunternehmer, die sich gegen zu hohe Steuern wehrten. Der einzige Augenzeugenbericht, ein Buch mit dem Titel *The Eureka Stockade* aus der Feder des italienischen Einwanderers Raffaello Carboni, stützt diese Theorie. Carboni schreibt: »Unter den Ausländern gab es kein demokratisches Bewusstsein, sondern nur ein gemeinsames Gefühl des Widerstands gegen die Gebühr für die Schürfgenehmigung.« Mit anderen Worten: Die Erben der Eureka-Goldsucher sind nicht die Kumpel, die man auf der Hannan Street sieht, sondern die Manager im Anzug, die hier zur Diggers & Dealers-Konferenz zusammenkommen.

Wenn man mich fragt, dann sind weder die Bergarbeiter vom *Super Pit* noch die Geschäftsleute auf der Konferenz die Nachkommen der rebellierenden Goldsucher des Jahres 1854. Die wirklichen modernen Digger sind die Prospektoren und Detektoristen, Männer wie Ted – und sein Freund Ned.

*

Um fünf Uhr morgens parkt Ted seinen zerbeulten Land Cruiser vor der Tür des Golddust Backpackers. Der Wagen ist innen und außen mit rostbraunem Staub bedeckt. Auf dem Rücksitz und den Fußmatten liegen große und kleine Quarzsteine, zerknüllte Zigarettenpackungen, eine zerbrochene Spitzhacke, Karten und leere Coladosen.

»*Get in, mate, and let's find some gold!*«, ruft Ted, halb aus dem Fenster hängend.

Neben Ted sitzt ein Mann mit einem grauen Bart, der bis zu seinem Nabel reicht. Ein verschlissener Lederhut ruht auf seinem Hinterkopf.

»Das ist mein *mate* Ned«, sagt Ted.

Ich packe meinen Metalldetektor hinten ins Auto und steige ein.

Ted hatte mich ein paar Tage zuvor angerufen und gefragt, ob ich Lust hätte, ihn und seinen Kumpel Ned einen Tag lang zu begleiten und einen neuen *lease* abzustecken. Natürlich hatte ich Lust. Auch ich hege den unbestimmten Wunsch, einen *lease* zu beantragen. Es kann also nicht schaden, sich erst einmal anzusehen, wie das geht. Ted und Ned haben eine Parzelle im Auge, die rund siebzig Kilometer nördlich von Coolgardie liegt. Der Vertrag für das Areal ist am Tag vorher abgelaufen. Der Besitzer hat seine Abgaben nicht entrichtet, und nun wollen Ted und Ned, die schon seit Langem ein Auge auf dieses Grundstück geworfen haben, einen neuen Antrag einreichen. Doch zuvor müssen sie das Gelände abstecken. Mögen die Koordinaten und Abmessungen des betreffenden Flurstücks auch säuberlich in der Datenbank des Department of Mines verzeichnet sein, so sind sie dennoch verpflichtet, an jeder der vier Ecken des Terrains, das ein paar Hektar groß ist, einen Pfahl in den Boden zu schlagen. Erst wenn das geschehen ist und ein Formular an den Pfählen befestigt wurde, können sie sich als die neuen Besitzer bezeichnen. *Pegging a lease* oder *staking a claim* nennt man das. Es ist exakt die gleiche Handlung, die auch die Goldsucher im 19. Jahrhundert vornehmen mussten, ehe sie auf einem Grundstück tätig werden durften.

Ted rast mit hundert Sachen über die Sandwege nördlich von Coolgardie. Dreimal springt im letzten Moment ein Känguru vor uns ins Gebüsch.

»Hast du schon mal ein Känguru erwischt?«, frage ich Ted.

»Hey, Mann, drei, vier Mal im Jahr. Aber dafür hat man ja vorne am Auto eine *roobar*.

Eine *roobar* ist das, was wir als Bullenfänger bezeichnen: eine stabile Rohrkonstruktion an der Stoßstange, die den Wagen bei Zusammenstößen mit Tieren schützen soll, in Australien also vor allem bei Kollisionen mit Kängurus, auch *roo* genannt. Im australischen Outback haben nicht nur Geländewagen eine *roobar* (mein Land Cruiser hat auch eine), sondern auch Personenwagen. Bis in die siebziger Jahre wurde das Ding übrigens *boongbar* genannt. *Boong* ist das australische Äquivalent des amerikanischen Wortes *nigger*. Man sagt, das Wort *boong* ist dem Geräusch nachempfunden, das beim Aufprall eines Körpers gegen ein Auto entsteht.

Vom Rücksitz aus versuche ich, etwas mehr über Teds Freund Ned zu erfahren. Ned erzählt, dass er in einem ausrangierten Bus wohnt, der irgendwo im Busch steht.

»Und wohnst du ganz allein in dem Bus?«, frage ich ihn.

»Ja.«

»Ist das nicht einsam?«

»Nein, ich habe immer im Busch gearbeitet und gewohnt. Ich bin ganz gerne allein. Ich stehe nicht so auf Menschen.«

»Aber«, frage ich ihn, »hättest du nicht gern eine Beziehung, eine Familie?«

»*Been there, done that, mate.*«

»Erzähl«, sage ich.

»Ich habe einen Sohn. Der ist Lastwagenfahrer im *Super Pit*. Und ich habe eine Ex. Ich war dreißig Jahre lang verheiratet. Aber wir sind geschieden. Eines Tages sagte sie zu mir: ›Du bringst mich nie mehr zum Lachen.‹ Da hab ich sie eben verlassen.«

»Und vermisst du das nicht, weibliche Gesellschaft?«

»Nein.«

»Wirklich nicht?«

»Nein, wirklich nicht. Ich habe meine *mates*, das reicht.«

Wir sind von der sandigen Hauptstraße abgebogen und fahren (ziellos, wie mir scheint) durch den Busch. Überall dieselben Eukalyptusbäume, dasselbe sanft leuchtende Land, dieselben niedrigen Sträucher. Zwei Emus rennen vorbei, doch Ted und Ned achten nicht auf die Tiere.

»Haben wir uns verirrt?«, frage ich.

»*Nah, mate*«, sagt Ted und fällt dann wieder in sein gewöhnliches Schweigen.

Wir kommen zu einer Lichtung, wo drei Wege zusammenstoßen. Ted nimmt den Fuß vom Gaspedal.

»Hier müssen wir nach links«, ruft Ned.

»Nein, weiter geradeaus«, erwidert Ted.

»Mann, Jungs, ihr habt doch einen GPS-Empfänger«, sage ich. »Warum schaltet ihr den nicht ein? Dann seht ihr doch, ob wir bald da sind.«

»*Nah, mate. We'll be alright*«, sagt Ted und fährt wieder weiter.

So geht es noch zehn, zwanzig Minuten, bis Ted verkündet, dass wir nun da sind.

Jetzt wird der GPS-Empfänger doch eingeschaltet. Ned hat die Koordinaten des *lease* bereits in dem Ding programmiert, und laut dem Gerät sind wir noch hundertfünfzig Meter von der ersten Koordinate entfernt. Wir steigen aus, nehmen eine dünne hölzerne Messstange hinten aus dem Wagen und gehen in den Busch.

»Hoffentlich ist uns niemand zuvorgekommen«, sagt Ted.

»Wieso?«, frage ich.

»Nun ja, wenn heute Nacht hier bereits jemand Pfähle in den Boden geschlagen hat ... dann sind wir *fucked*. Dann können wir diesen *lease* in der Pfeife rauchen.

Wir gehen weiter in den Busch und nähern uns dem ersten Eckpunkt. Auf einmal entdeckt Ned einen Pfahl.

»*Fuck*«, sagt er.

»*No worries*. Ein alter Pfahl«, sagt Ted.

Der Pfahl sieht ziemlich verwittert aus. Das Holz ist grau geworden. Das muss ein Pfahl des vorigen Besitzers sein.

Einen Meter neben dem alten Pfahl schlägt Ned mit einigen wohlgezielten Schlägen einen neuen Pfahl in den Boden. Mit einer rosafarbenen Schnur bindet er ein Formular mit dem Titel *Notice of Marking Out a Lease* daran fest. Sobald der erste Pfahl im Boden ist, springen wir in den Wagen und fahren zum nächsten Eckpunkt der Parzelle, wo sich das Prozedere wiederholt. Nach dem vierten Pfahl sind Ted und Ned die Besitzer dieses *lease*.

Als ich Ted eröffne, dass ich auch gern einen *lease* hätte, reagiert er genauso wie damals in seinem Büro, als ich ihm erzählte, dass ich mich an *Gold & Ghosts* orientieren wollte: Er bricht in schallendes Gelächter aus.

»*Mate*, weißt du, worauf du dich da einlassen willst?«

»Äh, nein.«

Ted erklärt mir, dass alle guten *leases* vergeben sind, dass er dank jahrelanger Erfahrung und guter Kontakte weiß, welche Parzellen sich lohnen und welche nicht, dass mir aber dieses Wissen fehlt. Selbst wenn es mir unerwarteterweise gelingen sollte, einen guten *lease* zu ergattern, erwartet mich (wie er mir detailliert schildert) ein unglaublicher bürokratischer Hürdenlauf, bevor ich die Genehmigung erhalte, auf der betreffenden Parzelle tatsächlich nach Gold zu suchen. Manchmal dauert es Jahre, bis man tatsächlich anfangen kann. Und dann die Kosten. Zunächst muss man für einen solchen *lease* Pacht zahlen. Gibt es Gold in der Erde und man will graben, dann muss man Bulldozer mieten, Leute einstellen, das Erz irgendwo verarbeiten lassen. Insgesamt ist man dann schnell bei einigen Zehntausend, wenn nicht Hunderttausend Dollar ... Je länger Ted redet, umso schwindeliger wird mir.

»Halt, stopp, Moment«, unterbreche ich ihn. »Ich möchte auf einem solchen *lease* doch nur mit meinem Metalldetektor suchen. Ich will das Ganze gar nicht groß aufziehen.«

»*Mate*, wenn du das willst, brauchst du doch keinen eigenen *lease*. Mit einem Metalldetektor kannst du überall suchen.«

»Wieso überall? Ich kann doch nicht einfach so auf dem Grund und Boden anderer Leute suchen?«

»Nein, offiziell nicht. Doch wie groß ist die Gefahr, dass du erwischt wirst? Was glaubst du, wie neunundneunzig Prozent der Goldsucher die Sache angehen?«

Ned wartet währenddessen ungeduldig. »Hey, lasst uns nachsehen, ob dieser neue *lease* irgendwas abwirft«, ruft er und holt dabei demonstrativ seinen Metalldetektor aus Teds Land Cruiser.

Gute Idee.

Anderthalb Stunden später: nichts gefunden.

Als ich zum Land Cruiser zurückgehe, nähert auch Ned sich wieder dem Wagen. Er hat ebenfalls nichts gefunden. Ich frage ihn, wie man mit der Enttäuschung, nichts gefunden zu haben, umgeht.

»Leute, die damit nicht umgehen können, haben hier einfach nichts verloren. Ich habe schon mal gesehen, wie jemand seinen Metalldetektor an einem Baum in Stücke geschlagen hat. Ich sage dann: ›Geh angeln. Kauf dir ein *fucking* Kanu. Mach was anderes. Menschen ohne Geduld halten ein solches Leben nicht lange aus.‹«

Ned ist seit rund fünf Jahren hauptberuflicher Goldsucher. Wo er sucht, will er nicht sagen, wohl aber, dass er sechs Tage die Woche acht bis zehn Stunden pro Tag arbeitet und gutes Geld verdient. Er findet nach eigener Aussage durchschnittlich fünf Feinunzen, das sind circa hundertfünfzig Gramm Gold pro Monat.

»Gestern habe ich ein Goldkorn von 0,8 Gramm gefunden. Vorgestern vier mit insgesamt 2,3 Gramm.«

Ich frage ihn, warum er Gold sucht.

»Wegen des Lebensstils«, erwidert er. »Es ist ein schweres Leben, aber ein gutes Leben. Du arbeitest, wann du willst. Kein Chef.«

»Jaja, aber jetzt mal im Ernst: Was ist hieran schön? *What is the fun?*«, rufe ich verzweifelt aus, enttäuscht darüber, dass ich heute wieder kein Gold gefunden habe.

»*The fun is … being out here*. Der Duft der Eukalyptusbäume. Die rote Erde zwischen deinen Fingern. Die Fliegen, die dir um den Kopf schwirren. Am Abend hast du lauter Schrammen von den Dornenbüschen, du schwitzt den ganzen Tag, du streifst einfach ein bisschen umher. Wirklich, ich kann mir nichts Schöneres vorstellen.«

»Du willst keine Frau, keinen festen Job?«

»Nein, absolut nicht.«

»Kein Fernsehen? Kein neues Auto? Kein neues Handy?«

»*Hell no*. Ich mache das hier, um von dem ganzen Unsinn wegzukommen. Ich hasse Telefone. Ich muss hier keine Miete mehr zahlen und keine Rechnungen begleichen. Ich habe nicht das Bedürfnis nach teuren Restaurants oder tollen Klamotten. Ich interessiere mich nicht für die Welt *out there*«, sagt er und macht eine weit ausholende Geste mit dem rechten Arm in die Richtung, aus der wir gekommen sind. »Ich bin total glücklich, wenn die Welt mich in Ruhe lässt.«

Nach einer weiteren Viertelstunde kommt auch Ted zum Wagen zurück.

»Was gefunden?«, frage ich ihn.

»*Nah, mate*.«

Wir steigen ins Auto und fahren zu einer anderen Stelle, wo die beiden Freunde noch einen Versuch wagen wollen, eine Stelle, versichert man mir, wo Ned vor einer Woche Gold gefunden hat. Hinten im Wagen überdenke ich das, was Ned mir soeben über seine Lebensweise anvertraut hat. Manchmal phantasiere auch ich von solch einem einfachen Leben. Dem modernen *way of life* radikal abschwören und sich in eine Hütte auf der Heide zurückziehen. Einer der Gründe, warum meine Frau und ich für eine Zeit aufs platte Land in Australien gezogen sind, war, dass wir herausfinden wollten, ob solch ein unkompliziertes Leben uns gefallen könnte. Ein Jahrzehnt zuvor hatten wir sechs Jahre lang in New York gewohnt, in der *capital of the world*, wie die New Yorker gern behaupten; und nun wollten wir ausprobieren, wie es ist, an einem abgelegenen Ort zu leben. Und wo konnten wir das besser als in einem Land, das buchstäblich *down under* liegt.

»Sag, Ned, würdest du gerne mal einen richtig großen Goldklumpen finden?«

»Natürlich«, antwortet Ned.

»Das will jeder«, sagt Ted. »Insgeheim hofft man das an jeden Tag.«

»Aber was würdest du damit machen? Ihn verkaufen und dann nach Paris oder New York reisen?«

»*Nah, mate*«, sagt Ted.

»Einen neuen Wagen kaufen?«

»*Nah.*«

»Ein großes Haus?«

»*Nah.*«

»Und du, Ned, was würdest du tun?«

»Ich würde ihn in den Safe legen, zu meinem übrigen Gold.«

»Ich rede aber von einem wirklich großen Klumpen«, sage ich, »einem, der, sagen wir, eine Million Dollar wert ist!«

»Geld bedeutet mir nichts«, erklärt Ned.

»Ich würde es keinem sagen«, meint Ted.

»Wirklich nicht?«, frage ich.

»Wirklich nicht.«

»Ich würde es Ted sagen«, bekennt Ned.

»Ja, okay«, meint Ted, »dir würde ich es auch sagen. Und noch ein paar anderen guten Kumpeln. Aber mehr auch nicht.«

»Aber«, dränge ich weiter, »nach einiger Zeit, wenn du davon überzeugt bist, dass an der Stelle nichts mehr zu finden ist, würdest du es dann immer noch nicht sagen?«

»Nein, auch dann nicht.«

»Aber warum nicht?«

Ted denkt kurz nach und sagt dann: »Weißt du, es gibt zwei Arten von Goldfieber: eine gute und eine schlechte. Die gute Art habe ich: Ich mag den Lebensstil der Goldsucher, ich mache einfach nichts lieber, als im Busch umherzustreifen. Die schlechte ... wenn du die hast, dann bringt das Gold die schrecklichsten Dinge in dir an die Oberfläche. Menschen mit dieser Art von Goldfieber lügen und betrügen. Wenn du so was solchen Menschen erzählst, dann bist du deines Lebens nicht mehr sicher.«

Wir sind an der *good-gold*-Stelle angekommen. Ted stößt einen tiefen Seufzer aus – als habe er allen Mut, sich wieder mit dem Metalldetektor auf den Weg zu machen, verloren.

»*Okay, let's do it*«, sagt Ted.

Und weg sind wir, auf der Suche.

ORA BANDA

Der Autor kommt in Ora Banda an – Mord an einem Gypsy Joker – Und ein Bombenanschlag auf den Pub – Mit Vicky unterwegs – Bruce findet ein Oldtimerlager

Ora Banda liegt an der Kreuzung von zwei nicht planierten Sandwegen. Viel Verkehr herrscht auf diesen Wegen nicht. An einem ganz normalen Wochentag passieren vielleicht fünfzehn Autos das Dorf. Ora Banda ist umgeben von sechs verlassenen Goldminen – *open pits*, Tagebauminen also – mit wohlklingenden Namen wie *Sleeping Beauty*, *Slippery Gimlet* oder *Victorious Mine*. Das Erbe dieser Minen mit den schönen Namen besteht aus einer Ansammlung von Gruben und Abraumhalden – doch eigentlich müsste man sie als Krater und Berge bezeichnen. Die Krater sind so tief, wie die Berge hoch sind, manchmal Dutzende von Metern. Weder die Krater noch die Berge sind mit Zäunen gesichert. Man kann bis zum Rand der Gruben gehen und in den Abgrund schauen. Manchmal sind die Wände so steil und die Krater so tief, dass man den Boden nicht sehen kann. Den Boden der *Victorious Mine* kann man sehen. Am Grund des Kraters ist ein kleiner See entstanden. Das Wasser ist absinthgrün.

Touristen bezeichnen die Gegend als Mondlandschaft, was aber nicht ganz richtig ist. Zwar sind die Gruben und Halden öde, steinig und verlassen, doch wenn man eine etwas umfassendere Perspektive wählt, etwa vom Gipfel der am Rande von Ora Banda gelegenen *Gimlet South Mine*, dann sieht man etwas ganz anderes als kahle Berge und Täler. Dann schaut man auf die sich wiegenden Wipfel alter Eukalyptusbäume. Die Bäume bilden ein einziges großes wogendes dunkelgrünes Meer, das sich bis zum Horizont erstreckt. Und in diesem Meer gibt es hier und da verstreut rotbraune Inselchen: die Halden anderer erschöpfter Goldminen. Von der *Gimlet South*-Halde sieht die Landschaft aus, als hätte ein Riese einfach irgendwo in diesem unermesslichen Wald den Spaten in den Boden gestoßen und ausgegrabene Erde achtlos neben sich hingeschüttet. Die ständigen Bewohner von Ora Banda, sieben an der Zahl, sind dankbar für die Abraumhalden. Denn nur oben auf den Halden haben ihre Handys Empfang. Außerdem sind die Halden gut für jede Menge Spaß. Der Lieblingszeitvertreib in Ora Banda besteht darin, mit einem Quad Bike – kleine vierräderige geländegängige Fahrzeuge – über das Areal der verlassenen Minen zu crossen.

Der schönste Augenblick des Tages in Ora Banda ist, wie ich nach ein paar Wochen feststellte, der Sonnenuntergang an wolkenlosen Tagen. Je tiefer die Sonne sinkt, desto dunkler wird das Blau. Im Westen verschwimmt dieses tiefe Blau zu Hellgelb, und im Osten geht es über in Indigoblau – manchmal sogar in hellviolett oder rosafarbene Töne. Nie sind die sowieso schon eindrucksvollen Eukalyptusbäume eindrucksvoller, als wenn sie, vor dem Hintergrund dieses Amalgams aus Farben, von den letzten Sonnenstrahlen des Tages beschienen werden.

Und dann die Nacht. Bei Vollmond sieht man kaum Sterne. Doch wenn der Mond untergeht, oder bei Neumond oder zunehmendem Mond, verwandelt sich der Himmel über Ora Banda in eine Explosion von funkelnden Lichtern, in eine Ansammlung von Sternbildern, die den Bewohnern der nördlichen Halbkugel so exotisch erscheint, dass er das Gefühl hat, auf einem anderen Planeten gelandet zu sein. In solchen mondlosen Nächten sieht man fast immer zwei, drei Sternschnuppen vom Himmel fallen.

»Du bist bestimmt der Schriftsteller«, sagt Margie, die strohblonde Thekenfrau im Pub von Ora Banda.

»Äh ... ja«, murmle ich erstaunt.

»Warte kurz hier. Dann hol ich Rhonda.«

Kurz darauf kommt die Besitzerin des Pubs – die offiziell *The Ora Banda Historical Inn* heißt – aus ihrem Büro im hinteren Teil des Hauses. Rhonda ist eine untersetzte Frau mit kurzem dunkelbraunen Haar, in das goldgelbe Strähnchen eingefärbt sind. Eine Art Tigerfellfrisur. An ihren Handgelenken klimpern goldene Armbänder.

Ein paar Tage zuvor hatte ich Rhonda angerufen und ihr erklärt, dass ich gern ein paar Monate in Ora Banda verbringen möchte. *No worries*, hatte sie erwidert. Irgendwie ließe sich das schon regeln. Wenn ich ab und zu ihrem Mitarbeiter Bruce helfen könnte, würde sie für Kost und Logis sorgen.

Das klang sehr gut. Und jetzt stehe ich an der Theke des Pubs von Ora Banda.

Wieso Ora Banda? Vor allem deshalb, weil in der Umgebung dieses Ortes schon seit mehr als einem Jahrhundert Gold gefunden wird. Kris aus Coolgardie hatte mir Ora Banda empfohlen, ihre Freunde Peter und Lindy hatten hier im vorigen Monat noch Gold entdeckt, und auch Ted und Ned hatten mir erzählt, dass Ora Banda ein hervorragender Ort sei, um mein Glück als Goldgräber zu versuchen. Aber, wenn ich ehrlich sein soll, ich bin vor allem wegen des Pubs hier. Die Suche nach Gold ist ein einsames Geschäft, und daher schien es mir wichtig, ein Basislager zu haben, wo ich nach getaner Arbeit die Einsamkeit bei einem Bierchen an der Theke vertreiben könnte. Und ich bin nicht der Einzige, der so denkt. Ora Banda hat vielleicht nur sieben ständige Einwohner, doch da das Dorf über einen Campingplatz und den Pub verfügt, lockt es viele Goldsucher aus der weiten Umgebung an. Und gerade diese Goldsucher hoffe ich hier zu treffen.

Denn nach ein paar Wochen in Westaustralien ist mir klar geworden, dass ich über die Suche nach Gold noch bitterwenig weiß. Ich möchte mehr Goldgräber kennenlernen, um zu erfahren, wie ich suchen – oder besser noch: finden – muss.

Außer Margie arbeiten zwei unzertrennliche Backpacker hinter der Theke und in der Küche: Katie und Abby, beide zweiundzwanzig und beide aus Manchester.

»Komm mit, dann zeige ich dir deinen *donger*«, sagt Katie.

»Meinen was?«, frage ich, weil ich glaube, sie nicht richtig verstanden zu haben. Wenn ich recht informiert bin, dann ist *donger* ein grober Ausdruck für Penis.

»Deinen *donger*«, wiederholt sie, »dein Zimmer. Du wirst sehen, *really lovely*.«

Als wir den Pub durch den Hintereingang verlassen und vorbei an den Motelzimmern zum Rand des angrenzenden Campingplatzes gehen, sehe ich, was sie meint: Etliche Kunststoffkabinen stehen dort in Reih und Glied. Aha, das also sind *dongers*.

»Abby und ich schlafen auf dieser Seite, dein Zimmer ist dort am Ende.«

Mein *donger* misst zwei mal drei Meter. In der Ecke steht ein Einzelbett, es gibt ein Waschbecken und einen Kühlschrank. Die Wände sind aus einem Nut-und-Feder-Imitat aus Plastik, von der Decke hängt eine nackte Glühbirne. Die ideale Unterkunft! Wirklich, denn die meisten Bergarbeiter übernachten in ähnlichen Zimmern. Die Kumpel, die man in Kalgoorlie auf der Hannan Street sieht, dürfen sich glücklich preisen. Sie können abends nach der Arbeit in ihr eigenes Haus zu ihren Familien gehen. Das tägliche Leben der meisten anderen Bergarbeiter jedoch sieht ganz anders aus. Das Gros der Minen liegt tief im Outback, weit entfernt von Dörfern oder gar Städten. Bergleute, die in solchen Minen arbeiten, werden mit dem Flugzeug zu ihrer Arbeitsstelle gebracht, schuften zwei Wochen lang zwölf Stunden pro Tag an einem Stück und haben dann eine Woche frei, die sie zu Hause bei ihren Familien verbringen. *Fly-in, fly-out* nennt man das. Diese Arbeit wird sehr gut bezahlt, aber es gibt nur wenige Menschen, die das lange aushalten. Familien leiden unter diesen bizarren Arbeitszeiten, viele Bergleute nehmen Speed und haben Alkoholprobleme.

Zu behaupten, der Pub sei das wichtigste Gebäude in Ora Banda ist eine Untertreibung. Ora Banda *ist* der Pub: Fünf der sieben ständigen Einwohner arbeiten im Pub, und für die Handvoll Campinggäste ist er sowieso der einzige Grund, in Ora Banda zu bleiben. Außer dem Pub, dem einzigen aus Steinen errichteten Gebäude des Dorfes, gibt es in Ora Banda – wie soll ich mich ausdrücken? – nicht sonderlich viel von Bedeutung zu sehen. Es gibt den *beer garden* (so ziemlich das einzige Stück grüner Rasen im Umkreis von hundert Kilometern und daher ein ziemlicher Publikumsmagnet), den Campingplatz, eine Handvoll Motelzimmer, die *donger*, das Wohnhaus von Rhonda und ihrem Mann Mike, das Mobilheim von Margie und ihrem Freund Dwayne. Ansonsten noch: eine alte Rennbahn gegenüber dem Pub und auf einem Hügel hinter dem Pub zwei verlassene Häuser. Daneben die alte *battery*; das ist eine Maschine, mit der in früherer Zeit das goldhaltige Quarzgestein gemahlen wurde. Und auf der anderen Seite des Hügels schließlich steht das Haus von Tim und seiner Freundin; sie sind die einzigen Einwohner von Ora Banda, die nichts mit dem Pub zu tun haben.

Am späten Nachmittag, nachdem ich mich eingerichtet habe, trinke ich an der Theke ein Bier, das ich schon wegen seines Namens inzwischen zu meiner Stammmarke gemacht habe: XXXX Gold. Ein Mann mit einer schmuddeligen Mütze und einem grau werdenden Bart kommt herein. Er riecht säuerlich.

»Das ist Albert«, flüstert Margie. »Er wohnt irgendwo *out there*«, und sie deutet in Richtung Coolgardie, »du weißt schon ... im Busch.«

»Ein *wanker*«, sagt Rhonda.

»Er trinkt zu viel«, meint Margie.

»Und raucht schon vor dem Frühstück einen Joint«, fügt Bruce, der Haushandwerker, noch hinzu.

»Hey, Albert«, ruft Margie quer durch den Pub, »wir haben hier einen Schriftsteller zu Besuch.«

»Ah ja«, murmelt Albert, offenbar nicht interessiert. Albert beschäftigt etwas anderes. Er strahlt. Er bestellt einen halben Liter Bier und holt ein Plastikdöschen hervor, in dem früher einmal Medikamente waren. Er schüttelt das rasselnde Döschen an seinem rechten Ohr.

»*Nice rattle, aye?*«

Albert trinkt einen großen Schluck Bier. Er öffnet das Döschen und schüttet den Inhalt auf die Theke: ein größeres Stück Gold und noch ein Dutzend kleinere. Die Goldstücke sind dünn, als hätte sie jemand mit dem Hammer platt geschlagen.

»Whow!«, sage ich.

»Die heutige Ausbeute. Zweiundzwanzig Gramm. Das macht 856 Dollar. Nicht schlecht, oder? Für einen Tag Arbeit.«

Bis auf den Cent hinter dem Komma kennt Albert den Goldpreis, den er mehrmals am Tag im Internet checkt. Margie, Rhonda, Katie und Abby gehen hin und bewundern das Gold. Bruce ist nicht interessiert.

»*Ugly gold*«, stellt Rhonda fest.

Albert zuckt mit den Achseln. »Ich sitze auf gutem Gold. Ich habe gerade einen *patch*. Was kümmert es mich, dass dies hässliches Gold ist.«

»Und wo hast du diesen *patch* gefunden?«, frage ich.

»*Out there*«, murmelt Albert und deutet mit dem Kopf in Richtung Eingang. Mit ein paar Zügen trinkt er sein Glas leer, schiebt die Goldplättchen in die Tablettendose und stapft nach draußen. Er ist nicht einmal zehn Minuten im Pub gewesen.

Inzwischen ist Mike angekommen. Mike ist Rhondas Mann, er hat einen Job in Kalgoorlie, eine gute Autostunde von Ora Banda entfernt. Er verkauft Pumpen an Bergbaubetriebe. Nur am Wochenende, wenn viel los ist, hilft er im Pub und bedient dann die Friteuse in der Küche. Mike hat einen großen Schnurrbart und einen noch größeren Bauch. Wenn er sich ein paar Whiskey-Tonics, sein Lieblingsgetränk, hinter die Binde gegossen hat, scheint sein Bauch ein Eigenleben zu führen. Wenn Mike dann durch den Schankraum geht, sieht es so aus, als würde er hinter seinem eigenen Bauch herstolpern, als wäre Mike ein Anhängsel seines Bauchs und nicht umgekehrt.

Katie und Abby, von Rhonda stets *the girls* genannt, servieren das Abendessen: Kartoffelbrei, Würstchen und Salat. Jeden Abend isst das Personal am Stammtisch in einer Ecke des Pubs. Vom Stammtisch aus blickt man auf ein Stück rußgeschwärzte Mauer.

»Weißt du, was das ist?«, fragt Mike.

Ich sehe ihn fragend an.

»So sah der ganze Pub aus, nachdem er mit Brandbomben in die Luft gejagt wurde.«

»Ein Bombenanschlag? Hier?«

»Ja. Hast du schon mal von den Gypsy Jokers gehört?«

In Australien sind schon seit Jahrzehnten diverse Motorradbanden aktiv. Während in den meisten anderen westlichen Ländern die Hells Angels die einflussreichste Motorradgang sind, gibt es in Australien viele Clubs nebeneinander: die Finks, die Comancheros, die Coffin Cheaters, die Bandidos und die Gypsy Jokers. Letztere ist die wichtigste Motorradgang in Westaustralien.

Der 1. Oktober 2000 war ein schöner Frühlingssonntag in Ora Banda. Die Sonne schien, der Biergarten war voller Touristen und Tagesausflügler aus Kalgoorlie. Don Hancock, der damalige Besitzer des Pubs, hatte den Morgen damit verbracht, in der Umgebung nach Gold zu suchen, und trank nun nach dem Mittagessen mit ein paar Freunden Bier. Hancock war eine auf den Goldfeldern bekannte und umstrittene Figur. Bis zu seiner Pensionierung vor einigen Jahren war er der Kripochef von Westaustralien gewesen. Böse Zungen behaupteten, dass er es als Polizist mit den Vorschriften nicht so genau genommen hatte. Als Kriminalbeamter soll er Verdächtigte misshandelt und Schweigegeld von Prostituierten genommen haben.

Gegen Mittag fuhren mit einem Höllenlärm vier Mitglieder der Gypsy Jokers vor. Vor dem Pub, mitten auf der Rennbahn, schlugen die *bikies* ihre Zelte auf. Sie fällten mit einer Kettensäge einen Baum und entzündeten ein Freudenfeuer. Gegen vier begaben sie sich in den Pub und nahmen am Stammtisch Platz. Ein Gypsy Joker beschimpfte einen Goldsucher, der friedlich an der Theke saß und ein Bier trank, als *fucking wanker*. Ein anderer Biker belästigte Hancocks Tochter. Daraufhin wurde der ehemalige Kriminalbeamte, der inzwischen ordentlich einen in der Krone hatte, so wütend, dass er die Bar schloss und die Biker rausschmiss. »*He cracked a shit.*« So umschrieb der Koch später der Polizei gegenüber diese Aktion. Die Motorradfahrer zogen sich an ihr Lagerfeuer zurück.

Um viertel vor acht ertönte der erste Schuss. Vom Hügel gleich neben der *battery* wurde auf die *bikies* geschossen. Ein paar Minuten später noch ein Schuss, diesmal ein Treffer. Gypsy

Joker Billy Grierson lag blutend am Boden, das Rückgrat zerschmettert. Seine Kumpel brachten ihn noch zu einer nahegelegenen Mine, wo es eine Erste-Hilfe-Station gab, aber leider war es zu spät. Als sie dort ankamen, war Grierson bereits gestorben.

Inzwischen war in Ora Banda die Polizei eingetroffen. Hancock weigerte sich, mit den Beamten zu reden. Er verlangte sofort nach seinem Rechtsanwalt. Die Polizei ordnete an, dass niemand den Pub oder den Biergarten verlassen dürfe, aber dennoch machte Hancock sich heimlich aus dem Staub. Die Polizisten eilten zu seinem Haus. Dort stellte sich heraus, dass Hancock sich geduscht und frische Kleider angezogen hatte. Er verzehrte gerade eine triefende Apfelsine, und die Beamten vermuteten, dass er das tat, damit die Säure im Apfelsinensaft eventuelle Schmauchspuren an seinen Händen zerstörte. Für die inzwischen zurückgekehrten *bikies* gab es nur eine Schlussfolgerung: Hancock hatte Grierson erschossen. Aber die Polizisten machten keine Anstalten, ihn zu verhaften.

Am Tag nach dem Mord zogen Hancock und seine Frau sich in ihr Haus in Perth zurück. Sie schlossen den Pub und den Campingplatz. In der Nacht des 13. Oktobers zündeten zwei Gypsy Jokers ein paar Bomben aus Plastiksprengstoff. Die halbe Fassade wurde zerstört. Drei Wochen später kamen sie wieder: Hancocks Haus in Ora Banda wurde angezündet, die *battery* wurde gesprengt, und auch der bereits schwer beschädigte Pub ging in Flammen auf.

Hancock wusste, dass sein Leben in Gefahr war, er wusste, dass die Gypsy Jokers ihn beobachteten, aber dennoch lehnte er jeden Polizeischutz ab. Am Ende wurden er und sein bester Freund in ihrem Auto in der Einfahrt zu Hancocks Haus mit einer Bombe ermordet. Durch die Wucht der Explosion wurde Hancocks Körper in zwei Stücke gerissen. Sein Torso landete neben dem Schwimmbad hinter dem Haus.

Ein paar Gypsy Jokers wurden ein paar Jahre später wegen der Bombenanschläge und der Ermordung von Hancock und seinem Freund verurteilt. Aber der Mord an Billy Grierson wurde offiziell nie aufgeklärt, auch wenn die meisten Ermittler, die mit dem Fall befasst waren, Hancock für den Täter halten.

In Ora Banda denkt man auch nach zehn Jahren anders darüber.

»Ich glaube nicht, dass Hancock den Biker ermordet hat«, meint Mike. »Er war kein kaltblütiger Killer. Meine Theorie ist, dass der Tod von Billy Grierson eine Abrechnung innerhalb der Gypsy Jokers selbst war. Grierson war ein Informant der Polizei, der kurz davor stand, seine Kumpel zu verraten. Er wurde von Mitgliedern seiner eigenen Gang um die Ecke gebracht.

Aber wie dem auch sein mag«, beendet Mike seine Ausführungen, »und eigentlich darf ich das natürlich gar nicht sagen, aber die ganze Geschichte war das Beste, was uns je passieren konnte.«

»Wieso?«, frage ich.

»Die Affäre war jahrelang auf den Titelseiten der Zeitungen. Dank der Bomben und der Mordanschläge hat ganz Australien von Ora Banda gehört. Viele Menschen wollen den Ort, wo es passiert ist, mit eigenen Augen sehen.«

Und tatsächlich: Eine Stunde später steht ein Mann an der Theke, der tags zuvor auf dem Campingplatz angekommen ist. »Sag mal, ist das nicht der Pub, der vor einiger Zeit in die Luft gesprengt wurde?«

*

Im *donger* gegenüber meinem wohnt Vicky aus Victoria. Jedes Jahr entflieht sie dem Winter im kalten Osten, indem sie im warmen Westen Gold sucht. Vicky trägt jeden Tag dasselbe Outfit: schwarze Trainingshose, dunkelgrünes Oberhemd und derbe Wildlederstiefel. Sie fährt einen *ute*, den sie so umgebaut hat, dass sie hinten drin schlafen kann. Das machte sie auch bis vor Kurzem, doch Rhonda fand, im Auto zu schlafen sei nichts für eine Frau mittleren Alters, und bot ihr einen *donger* an. Als Gegenleistung putzt Vicky die Toiletten des Campingplatzes.

Vicky hat heute Morgen schlechte Laune: »*I spat the dummy*«, wie sie es selbst ausdrückt. Ein *dummy* ist ein Schnuller, *to spit the dummy* bedeutet so viel wie sich benehmen wie ein Baby, das seinen Schnuller ausgespuckt hat. Oder anders ausgedrückt: Sie ist wütend. Sie ist so böse, weil ihr *mate* Rudi, mit dem sie während der letzten Monate Gold gesucht hat, sie hat sitzen lassen. Aber darüber später mehr.

Vicky hat mich eingeladen, sie heute zu begleiten. Wir sitzen in ihrem *ute* und sind auf einer der Pisten aus losem Sand unterwegs, die den Busch rund um Ora Banda durchschneiden. Wir wollen zu einem *pending ground* nicht weit außerhalb des Dorfes, einem *lease*, dessen Besitzer vor Kurzem gewechselt hat. Wir fahren im Schneckentempo, aber dennoch bin ich etwas beunruhigt. Vicky sucht nämlich ein Feuerzeug, um ihre Mentholzigarette anzünden zu können, während sie gleichzeitig auf eine entfaltete Karte blickt – mit der Lesebrille auf der Nasenspitze, die ihre Sicht auf den Weg behindert.

»Hey, pass auf!«, rufe ich und reiße das Steuer kräftig herum, damit der Wagen nicht in der Böschung landet.

»Oh, okay. Danke«, brummt Vicky und schweigt.

»Du hast also noch nie Gold gefunden?«, fragt sie mich.

»Noch nie, das heißt, ein winziges Stück während eines Anfängerkurses für Goldsucher in Victoria«, erwidere ich.

»Aha. Und wie hast du es gefunden? Hat der Typ, der den Kurs leitete, dir Anweisungen gegeben? In der Art von: ›Such doch dort mal unter den Sträuchern?‹«

»Äh, ja…«

»Dann hat er das Gold dort vorher versteckt«, sagt sie entschieden. »Das geht natürlich nicht, dass ein Journalist vorbeikommt, der über die Goldsuche schreibt, und dann nichts findet.«

Keine Ahnung. Mir war seinerzeit derselbe Gedanke gekommen, und ich hatte daher den Kursleiter Mark gefragt, ob er das Gold dort für mich verbuddelt hat. Das hatte er weit von sich gewiesen, was Vicky allerdings nicht beeindruckt.

»Glaub mir ruhig, ich kenne in Victoria einige Leute, die solche Kurse veranstalten. *Hell*, ich selbst habe das früher auch gemacht, und wir haben immer Gold versteckt. Das ist gut fürs Geschäft. Menschen, die Gold finden, kommen wieder. Sie gehen noch einmal mit dir auf die Suche, sie kaufen ihren Metalldetektor bei dir… Nein, eigentlich hast du wirklich noch nie Gold gefunden.«

Wir biegen nach links in einen Sandweg ein und dann rechts ab. Vicky studiert ihren GPS-Empfänger, sie schaut auf die Karte und erklärt dann feierlich: »Hier muss es sein.« Ich selbst bin nicht sonderlich überzeugt von diesem *pending ground*. Zum Beispiel liegt hier kein einziger Quarzstein auf dem Boden. Doch laut Vicky hat das gar nichts zu sagen. Zwar werde Gold oft in Kombination mit Quarz gefunden, doch gebe es unendlich viel Quarz, in dem überhaupt kein Gold sei. Und außerdem könnten auch andere Gesteins- und Bodenarten auf Gold hindeuten. Etwa *Greenstone* (Grünstein) oder *ironstone* (Raseneisenstein). Vicky holt ein Exemplar der *Geological Survey of Western Australia: Kalgoorlie* hervor, eine Karte voller fröhlich bunter, schraffierter und gepunkteter Flächen mit mir unverständlichen Symbolen. Diese geologische Karte, so erklärt Vicky mir, zeige genau, welche Gesteins- und Mineralienarten wo zu finden sind.

»Du musst auf das Symbol *Czl* achten«, sagt Vicky.
»Wofür steht es?«
»Weiß ich eigentlich nicht so genau.«
»Oh, aber warum sollen wir dann darauf achten?«
»*Mate, no worries*. Alle sagen, dass Gold immer in der Nähe von *Czl* liegt.«
»Ach so, ja.«

Jetzt, da ich schon etwas länger in den Goldfeldern bin, fange ich allmählich an, die verschiedenen Gesteins- und Bodenarten zu erkennen. Anfangs sah alles gleich aus: rote Erde mit hier und da ein paar Steinen. Je besser man aber sehen lernt, umso deutlicher wird einem, dass der Boden manchmal alle hundert Meter seine Konstellation ändert. Mitten auf einer Ebene aus roter Erde ist der Boden zum Beispiel plötzlich mit einer Schicht verwitterter Quarzsteine bedeckt, die weiß wie Schnee sind. Ein Stapel Granitfelsen wechselt mit einem ausgetrockneten Salzsee.

Geologen nennen das Gebiet hier Yilgarn Kraton (Kratone sind die alten und stabilen Teile eines Kontinents, die die Verschiebungen und Kollisionen der Erdplatten mehr oder weniger unbeschadet überstanden haben). Der Yilgarn Kraton ist 2,8 Milliarden Jahre alt, und damit gehören die australischen Goldfelder zu den ältesten Landschaften der Welt. Im Lauf der Jahrhunderte wurde durch Erosion und Verwitterung eine etwa einen Kilometer dicke Schicht an der Erdoberfläche abgetragen. Die oberste Schicht verschwand, aber das (schwere) Gold blieb liegen. Dies ist auch eine der Erklärungen dafür, warum man hier so viel Gold an der Erdoberfläche findet.

Bis jetzt habe ich mich kaum mit der Geologie der Goldfelder beschäftigt. Ich verfolge immer noch die Strategie, die mir Mark im Rahmen des Kurses in Victoria vermittelt hat, nämlich dort nach Gold zu suchen, wo bereits früher Gold gefunden wurde. Aber Vicky ist anderer Ansicht. »Dann machst du nichts anderes, als die Reste einsammeln. Ich finde es schöner, neue Gegenden zu erforschen.«

Wir schnüren uns unsere Metalldetektoren um.

Wir suchen ein paar Stunden lang.

»Warum warst du so wütend auf deinen *mate* Rudi?«, frage ich, als Vicky das Mittagessen auspackt.

»Oh, der geheime Männerclub.«

»Was ist das?«

»Rudi und ich kennen uns aus früheren Jahren, als wir hier in Westaustralien gesucht haben. Wir hatten verabredet, in diesem Jahr gemeinsam zu suchen. Es ist schöner, mit anderen Menschen auf die Suche zu gehen, man lernt voneinander, und es ist nicht so langweilig. Wir hatten also eine Verabredung. Aber vorige Woche sagte Rudi plötzlich, er werde ein paar Tage mit Albert unterwegs sein. Er könne ein Menge von Albert lernen, meinte er. Albert könne ihm sagen, wie er ›den Boden lesen‹ müsse und ähnlichen Blödsinn. Und mich haben sie nicht gefragt. Das meine ich mit Männerclub, sie wollen nicht, dass Frauen dabei sind.«

»Ja, ich kann mir vorstellen, dass du dich übergangen fühlst«, sage ich, »aber ich kann auch Rudi verstehen, dass er sich die Chance, mit einem erfolgreichen Goldsucher unterwegs zu sein, nicht entgehen lassen wollte.«

»*Ich* verstehe das nicht«, erklärt Vicky entschieden. »Rudi und ich hatten eine Verabredung. Und wenn dann ein anderer kommt und fragt, ob man ihn begleiten will, dann sagt man: ›Ja, prima, wenn mein *mate* auch mitkommen kann.‹ Und wenn der nicht genehm ist, lehnt man dankend ab. So gehen *mates* miteinander um. So würde ich es jedenfalls machen. Aber das war noch nicht alles. Denn wie sich herausstellte, ging es gar nicht darum, ›den Boden lesen‹ zu können. Die beiden haben einen *patch* entdeckt und gutes Gold gefunden. Und diesen *patch* wollten sie nicht mit mir teilen. Also, *I spat the dummy*. Ich habe zu Rudi gesagt: ›Du solltest einmal tief in dein Herz schauen, mein Freund.‹«

»Und dann?«

»Nichts. Er findet Gold, und schon ist auf einmal alles aus und vorbei.«

Die Geschichte erinnert mich an den Hollywoodklassiker *Der Schatz der Sierra Madre* von John Huston. Der Vater des Regisseurs spielt darin einen durch Schimpf und Schande klug gewordenen Goldsucher. Am Anfang des Films erklärt er seinen potenziellen Partnern, Humphrey Bogart und Tim Holt, seine Vorstellungen über Goldsuche mit anderen. »Noch besser wäre es, allein zu gehen. Aber da ist die verdammte Einsamkeit. Mancher hält's nicht aus. Aber mit einem Partner ist mir das zu gefährlich. Messer sitzen da sehr locker. Nee, Kinder, bei Gold, da hört die dickste Freundschaft auf. Solange man nichts findet, bleibt die Brüderschaft bestehen. Doch wenn so ein Berg voll Gold erst da ist, wird die Sache schwierig.« Als Zuschauer spürt man da bereits, dass die Partnerschaft zwischen Huston, Holt und Bogart keinen Bestand haben wird, genauso wie das *mateship* zwischen Rudi und Vicky nicht gehalten hat.

Möglicherweise ist Rudi ein gieriger Opportunist und Albert ein Frauenfeind. Es würde mich nicht wundern, doch mehr als dem Goldfieber oder ihrem Geschlecht verdankt Vicky die Nichtbeteiligung ihrer Egozentrik. Vicky ist eine Frau, die viel und gern redet – vor allem über sich selbst. Backpackerin Katie sagte später einmal zu mir: »Ich weiß, wie alt Vickys Tochter ist und wo sie zur Schule gegangen ist. Ich weiß, wie viel Gold Vicky gefunden hat und wie ihr Hund heißt. Aber ich denke nicht, dass Vicky etwas von mir weiß. Ich kann mich nicht erinnern, dass sie mir jemals eine Frage gestellt hätte.

Doch Vicky hat auch recht, wenn sie sagt, die Goldsucher sind ein Männerclub. Goldsucher sind und waren vorwiegend Männer. Vor allem die Goldräusche des 19. Jahrhunderts waren ausschließlich eine männliche Angelegenheit. Das ist jedenfalls die Vorstellung, die wir davon haben: Männer, die Schulter an Schulter im Matsch nach Gold graben. Einerseits stimmt dieses Bild tatsächlich. 1852 kamen innerhalb von drei Wochen dreißigtausend chinesische Immigranten in Australien an. Darunter drei Frauen. Aber von den zwölftausend Menschen, die im selben Jahr auf den Goldfeldern von Ballarat lagerten, waren ein Drittel Frauen. Es gab also sehr wohl eine ganze Menge Frauen auf den Goldfeldern – sie waren allerdings keine Goldsucher. Die Suche nach Gold war eine schwere, kraftraubende Arbeit und deshalb Männern vorbehalten. Frauen kümmerten sich um den Haushalt, arbeiteten als Prostituierte oder verkauften illegal gebrannten Schnaps. Aber Frauen (und Kinder) erwiesen sich auch als überraschend erfolgreich bei der Goldsuche. So waren es Frauen, die das erste Gold in Ballarat fanden – woraufhin die Männer die Sache rasch selbst in die Hand nahmen. Heutzutage gibt es unter den Goldsuchern viel mehr Frauen als früher, so wie Kris in Coolgardie und Vicky. Auf dem Campingplatz in Ora Banda sind mehr als die Hälfte der Gäste goldsuchende Ehepaare, und wenn man nachfragt, gibt jeder Mann sehr bald zu, dass seine Frau bei der Goldsuche besser ist als er, weil sie geduldiger und sorgfältiger ist.

Vicky und ich suchen noch ein paar Stunden weiter, finden nichts und fahren, als die Sonne langsam untergeht, nach Hause. Die Sache mit Rudi ärgert sie immer noch.

»Weißt du, Jeroen, *I don't take a shit from anybody*. Wenn Rudi mich derart hängen lässt, dann sehe ich eben zu, wie ich allein zurechtkomme. Ich habe es zwanzig Jahre geschafft, unverheiratet zu bleiben, und ich habe nicht vor, daran etwas zu ändern.«

»Aber du warst mal verheiratet?«, frage ich.

»Ja, das war ein großer Fehler. Ich habe eine einundzwanzigjährige Tochter, ein herzensgutes Kind, aber auf ihren Vater habe ich mich nie verlassen können.«

Nach einigen Minuten des Schweigens fragt Vicky mich: »Weißt du, wie Babys gemacht werden?«

»Äh, ja ... ich denke schon«, erwidere ich zögernd.

»Champagner.«

»Champagner?«

»Ja, Champagner. Wenn ich nicht vom Champagner sturzbetrunken gewesen wäre, *he would never have gotten in my panties*.«

⋆

Am nächsten Morgen klopft Bruce an die Tür.

»*Aye*, ich brauche Hilfe. Wir müssen eine Ladung Quarz holen.«

Rhonda möchte die Auffahrt zu den Motelzimmern verschönern und denkt, Geröll aus weißem Quarzstein könne für die richtige Ausstrahlung sorgen.

Bruce fährt einen Mitsubishi Pajero, der schwarze Rauchwolken ausstößt und keinen TÜV mehr hat. Hinten an dem Geländewagen ist ein Anhänger befestigt. Auto und Hänger klappern so laut, dass man Bruce auf Hunderte von Metern kommen hört. Der Pajero ist voller Werkzeug, alter Flaschen und verrosteter Metallteile unbekannter Herkunft. Als ich einsteigen will, muss ich zuerst jede Menge Krempel beiseiteschieben.

Bruce ist Ende sechzig, sieht aber zehn Jahre jünger aus. Seine Arme sind voller Tätowierungen, die sich im Laufe der Jahre verwischt haben. Die einzige noch deutlich zu erkennende Tätowierung ist das Bild einer nackten Frau. Die unzertrennlichen Backpacker Katie und Abby haben mir gestern erzählt, dass Bruce auch eine Tätowierung gleich über seiner Schamgegend hat. Ein Paar Frauenlippen. Manchmal, wenn seine Hose runterhängt, kann man sie über seinem Gürtel sehen.

Bruce hatte früher einmal ein Haus, einen Job und eine Frau. Doch seit seiner Scheidung vor rund zehn Jahren – die er mit keinem weiteren Wort erwähnt – reist er mit seinem Land Cruiser und Wohnwagen *fulltime* durch Australien. Manchmal bleibt er eine Weile irgendwo hängen, um etwas Geld zu verdienen. Er hat den Kontinent schon vier Mal umrundet.

Wir überqueren die Rennbahn und folgen einer kurvenreichen Sandpiste, bis wir bei einer verlassenen Grube ankommen – einer kleinen, die nicht mehr als zehn Meter tief ist. Am Rand der Grube liegen hellweiße Quarzsteine, Format Ziegelstein, die wir auf den Hänger werfen.

»Ob vielleicht Gold in diesem Quarz ist?«, frage ich.

»Keine Ahnung, *mate*, könnte schon sein.«

Bruce sucht kein Gold. Er dürfte der einzige Mensch in der weiteren Umgebung von Ora Banda sein, der sich nicht für Gold interessiert. Oder besser gesagt: nicht besonders.

»Albert hat hier die Gegend gründlich abgesucht. Hat er mir mal erzählt«, sagt Bruce.

»Ah, Albert, den habe ich vor ein paar Tagen an der Theke getroffen.«

»Yeah, genau. Aber sei auf der Hut vor diesem *wanker*«, sagt Bruce. »Weißt du, was der macht? Er harkt jeden Tag die Auffahrt zu seinem Grundstück. Dann kann er sehen, ob jemand gekommen ist, während er nicht zu Hause war. An den Reifenspuren, verstehst du. Nun, eines Tages kommt Albert in den Pub gestürmt und brüllt: ›Welchem dreckigen Wichser gehört der *ute*, der draußen vor der Tür steht?‹ – ›Mir‹, sagt ein älterer Tourist, der ruhig an der Theke sitzt und ein Bier trinkt. ›Wenn du noch einmal einen Fuß auf mein *lease* setzt, werfe ich dich in einen verlassenen Minenschacht.‹ Der Tourist erwidert: ›Immer mit der Ruhe, Mann, ich weiß gar nicht, wovon du sprichst. Ich bin noch nie auf deinem *lease* gewesen.‹ – ›Und ob!‹, brüllt Albert. ›Ich habe deine Reifenspuren wiedererkannt. Ich meine es ernst, wenn ich dich noch mal sehe, verpasse ich dir ein hübsches rundes Loch in die Stirn.‹ Danach hat Rhonda ihm ein halbes Jahr Lokalverbot erteilt.«

Als wir den Hänger voll Quarz geladen haben, nehmen wir einen anderen Weg nach Hause. Wir rumpeln durch den Busch, und dann sieht Bruce zehn Meter neben dem Weg etwas glitzern.

»Alte Flaschen!«, ruft er erfreut.

Wir sind nicht weit von der Stelle entfernt, wo das »erste« Ora Banda gegründet wurde. Ein Jahr nachdem der Goldrausch in Australien begonnen hatte, wurde hier Gold gefunden. Doch erst im Jahr 1910 entstand eine Niederlassung in nennenswerter Größe. Dieses erste Ora Banda wurde aber bereits sehr bald wieder aufgegeben, zugunsten des heutigen, besser gelegenen Ortes, zwei Kilometer von hier. Den Namen Ora Banda haben sich zwei Einwanderer ausgedacht, die aus Ceylon, dem heutigen Sri Lanka nach Australien gekommen waren. Sie hatten nach einem möglichst exotisch klingenden Namen für ihre soeben eröffnete Goldmine gesucht, und hatten sich für Ora Banda entschieden, was so viel heißt wie »goldenes Band« (*oro* ist das spanische Wort für Gold, *banda* bedeutet Band).

Ora Banda war ein längeres Leben beschieden als den meisten anderen Städten auf den Goldfeldern – über die Jahre hinweg wurde immer wieder aufs Neue Gold gefunden. Doch in den fünfziger Jahren des vorigen Jahrhunderts begann der Abstieg. In der Umgebung ging eine Mine nach der anderen pleite, die Menschen zogen weg, und schließlich musste auch der Pub, das einzige Gebäude, das dem Zahn der Zeit widerstanden hatte, dichtmachen. Erst dreißig Jahre später, Anfang der achtziger Jahre, als immer mehr Tagebauminen in der Umgebung gegründet wurden, wurde der Pub restauriert und wieder eröffnet. Das bewerkstelligte ein Niederländer, ein gewisser Albert Klaassen, ein Widerstandskämpfer aus dem Zweiten Weltkrieg, der das Konzentrationslager Dachau überlebt hatte und in den sechziger Jahren nach Australien ausgewandert war. Viel weiß man nicht über diesen Mann, der vor etwa zehn Jahren gestorben ist.

Neben einigen Sträuchern liegen Dutzende von zerbrochenen Flaschen auf einem Haufen. Manche sind noch einigermaßen heil, ihnen fehlt nur der Hals. Als ich eine in die Hand nehme, fällt mir auf, wie dick das Glas ist. Neben den kaputten Flaschen liegen etliche verrostete Konservendosen: ovale, viereckige und längliche Büchsen.

»Das ist ein Oldtimerlager«, sagt Bruce.

»Oldtimer?«

»Ja, von Goldsuchern aus dem 19. Jahrhundert.«

»Willst du damit sagen, dieser Müll liegt schon seit über hundert Jahren hier?«

»Ja, klar. Die ersten Goldsucher mussten ihr ganzes Essen und Trinken mitbringen. Damals war alles in Glas oder Konserven verpackt. Und sie ließen ihren Müll dort liegen, wo sie nach Gold suchten.«

Über die Angewohnheit, überall seine Flaschen herumliegen zu lassen, wurde sogar schon im Jahr 1855 berichtet. Vor meiner Abreise nach Westaustralien hatte ich den Reisebericht *Land,*

Labour and Gold or: Two Years in Victoria von William Howitt gelesen. Der Autor ärgert sich über den Müll, den die Goldsucher machen: »Ich glaube nicht, dass ich auch nur einen Baum gesehen habe, unter dem keine Scherben lagen – die Überreste von Flaschen, die, nachdem sie leer getrunken waren, am Stamm zerschlagen wurden. Sogar ganze Flaschen sehe ich überall herumliegen, und niemand macht sich die Mühe, sie aufzuheben.« Der Flaschenmüll verblasst aber angesichts der stinkenden Kadaver von Pferden und Ochsen, denen der Autor überall auf dem Weg begegnet.

In einem gemäßigteren Klima als in Ora Banda hätten Pflanzen die Flaschen längst überwuchert, doch hier im trockenen Outback liegen sie herum, als hätte man sie erst gestern weggeworfen. Bruce holt seine Spitzhacke aus dem Wagen und macht sich daran, an einer scheinbar willkürlichen Stelle den Boden aufzuhacken.

»Siehst du, dass der Boden hier eine hellere Farbe hat als drum herum?«, sagt er. »Das bedeutet wahrscheinlich, dass hier ein Lagerfeuer gebrannt hat. In den alten Feuerstellen findet man meistens etwas Interessantes.« Und tatsächlich, kurze Zeit später stößt er auf eine kleine viereckige Flasche. »Da waren Medikamente drin.«

Bruce entpuppt sich als ein fanatischer Sammler von Artefakten, die die Goldsucher des 19. Jahrhunderts zurückgelassen haben. Daheim in seinem Wohnwagen zeigt er mir seine Sammlung: ein Dutzend perfekt erhaltene Flaschen, Hufeisen, halb verrottete Schuhe, Flaschenstopfen, Schnallen und Knöpfe.

»Hier, das wird dich bestimmt interessieren«, sagt er und reicht mir eine grüne viereckige Flasche. Im Glas sind erhabene Buchstaben angebracht: »Udolpho Wolfe's Aromatic Schnapps – SCHIEDAM«, steht da.

Holländischer Genever im australischen Outback?

»Wie kommt der hierher?«, rufe ich aus. »Ob die Flasche einem niederländischen Goldsucher gehört hat?«

»Wer weiß.«

Ich frage Bruce, ob er schon einmal etwas Wertvolles gefunden hat. Die Frage ärgert ihn ein wenig. Bruce hängt sehr an seinem Sammelsurium von Krempel aus dem 19. Jahrhundert. Er findet lieber eine schöne Flasche als einen Goldklumpen. Erst nach langem Drängen beantwortet er meine Frage: »Einmal habe ich einen Goldklumpen gefunden. Der war vielleicht sieben oder acht Gramm schwer. Lag genau unter einem Stapel verrosteter Konserven. Er war nicht zu übersehen.«

DER AUFRÄUMKÖNIG

Eine Begegnung mit »Aufräumkönig« Tim und seiner Freundin CJ – Quecksilber, Gold und ein Destillierkolben – Hank the Wank – *Der Autor schaut sich Siberia an*

»Sag mal, Tim, hast du Goldfieber?«

»Nein, *mate. I fucking hate the stuff.*«

Tim und seine Freundin wohnen in einem alten Holzhaus, ein paar Hundert Meter vom Pub entfernt, am nicht planierten Weg nach Davyhurst. Auf dem Grundstück liegen mannshohe anthrazitfarbene Sandhaufen. Im Garten stehen rostige Maschinen und ein paar baufällige Wellblechschuppen. Leere Ölfässer liegen herum. Der Anblick erinnert an eine Szene aus dem australischen Endzeitfilm *Mad Max*.

»Für mich ist Gold einfach nur Geld«, sagt Tim. »Das Zeug versetzt mich wirklich nicht mehr in einen Rausch. Beim ersten Mal schon, ja. Als ich das erste Mal ein Goldkorn fand … Mann, ich war so aufgeregt, dass ich mir einen hätte runterholen können. Aber jetzt betrachte ich es, nun ja, nicht als Job, sondern eher als Arbeit. Eine Scheißarbeit manchmal. Es gibt Tage, an denen ich mich kaputtschufte, und am Ende habe ich vielleicht fünfzig Dollar verdient.«

Wir sitzen an einem Holztisch auf der Veranda von Tims Haus. CJ, Tims Freundin, schenkt einen Becher Kaffee ein. Ich frage, wofür CJ die Abkürzung ist. »Es ist keine Abkürzung, sie heißt einfach so: SiDschi.«

»Tim war einmal mit einem zehn Kilo schweren Goldbarren

auf dem Weg nach Perth«, berichtet CJ. »Dafür hatte er zusammen mit ein paar Kumpels monatelang gearbeitet. Und was macht er? Er steckt den Barren in eine Tasche und wirft sie hinten in seinen Geländewagen. Und nicht nur das. Er hält unterwegs auch noch an, um ein Bierchen zu trinken.«

»*Aye*, und aus einem Bierchen wurden ein paar«, setzt Tim ihre Erzählung fort. »Und noch ein paar. Und während ich so halb betrunken an der Theke sitze, fällt mir plötzlich ein: *Fuck*, da draußen liegt eine Viertelmillion Dollar quasi zum Mitnehmen. Nun ja, glücklicherweise lag die Tasche noch hinten in meinem Wagen, aber was ich damit sagen will: Du gewöhnst dich an Gold, irgendwann ist es etwas ganz Normales.«

Tim hat rötliches Haar, das allmählich dünner wird. Ich schätze ihn auf Ende vierzig (später erzählt er mir, dass er erst siebenunddreißig ist). Tim säuft wie ein Loch, raucht zwei Schachteln Zigaretten am Tag und flucht wie ein Ketzer. Ich mag ihn.

Tim ist der *Clean-Up-King*, wie CJ es ausdrückt. Wenn eine Mine dichtmacht, und früher oder später ist jede Mine erschöpft, kommt er vorbei, um aufzuräumen. Nun ja, aufräumen … ihm geht es natürlich ums Gold. In einigen der Maschinen bleibt eine ganze Menge davon zurück, und er weiß genau, wie er da rankommt. Eine andere Spezialität von ihm ist die Gewinnung von Gold aus Minenabfällen. Er versteht es, Gold aus den Halden von seit Jahrzehnten geschlossenen Minen zu holen. Kurzum: Er sieht Gold, und er versteht es, Gold an Stellen und in Material zu finden, worauf andere abfällig hinabblicken.

Tim hat schon immer im Busch gewohnt. In der Stadt fühlt er sich nicht nur unwohl … nein, er leidet regelrecht körperlich. Der dichte Straßenverkehr macht ihn nervös, und inmitten der Menschenmassen in einer Einkaufsstraße bekommt er Schweißausbrüche. CJ hingegen liebt die Stadt. Sie kann nicht genug

Menschen um sich haben. Manchmal, wenn die Geschäfte in Ora Banda gut laufen, fliegt sie samstags von Kalgoorlie aus nach Perth und zurück, nur um zum Friseur zu gehen.

CJ trägt kurz abgeschnittene Jeans und eng sitzende Hemdchen, die ihr Dekolleté gut zur Geltung bringen, Klamotten, die die Männer in Ora Banda regelrecht verrückt machen. CJ hat jahrelang in Perth gewohnt, in Sydney und sogar in Tokio. Sie hasst den Busch. Sie träumt davon, in Perth eine Firma für Innenarchitektur zu gründen. Und dennoch ... und dennoch begleitet sie Tim zu den unwirtlichsten Orten – Orte, die noch einsamer sind als Ora Banda –, um dort mit den Maschinen, die in ihrem Garten abgestellt sind, Gold zu gewinnen. Das macht sie aus Liebe, wie sie selbst sagt. Alle anderen hier im Ort sind jedoch der Ansicht, dass Goldfieber der Grund für ihre Aufopferung ist.

»Tim ist ein Jahrhundert zu spät geboren«, sagt CJ.

»*Aye*, das ist wahr«, stimmt Tim ihr zu. »Die Oldtimers ... Mannomann, wie viel Gold diese Burschen gefunden haben! Die ersten Prospektoren, das war die wahre Arbeit. Wir heute machen nur noch Kleckerkram, wir sammeln die Reste ein.«

Das mag stimmen. Tims Methode, Gold zu gewinnen, unterscheidet sich im Wesentlichen nicht von der vor hundert Jahren. Die dunkelgrauen Sandhaufen auf Tims Grundstück stammen aus einer Goldmine, die ein paar Hundert Kilometer entfernt liegt. Man sollte es nicht glauben, aber in dem schmutzigen Sand steckt Gold, viel Gold. Die Kunst besteht darin, es von dem wertlosen Sand zu trennen. Das geht folgendermaßen: Zuerst muss der Sand fein gemahlen werden. Das geschieht in einer Art Betonmischer, der mit einer Art Außenbordmotor angetrieben wird. Tim wirft ein paar tüchtige Schaufeln Sand in den Mischer und gibt dann ein Dutzend faustgroße Eisenkugeln dazu. Dann lässt er den Mischer so lange laufen, bis der Sand zu einer puderartigen Substanz geworden ist. In einem anderen Betonmischer wird dieser Sandpuder mit Wasser und Quecksilber gemischt. Auch diese Mischung darf anschließend ein paar Stunden in der Maschine rotieren, bis das Gold, wenn alles glattgeht, eine Verbindung mit dem Quecksilber eingegangen ist. Es bildet dann ein sogenanntes Amalgam. Das Gold ist sozusagen in dem flüssigen Quecksilber gelöst. Und dieses Amalgam kann man, weil es ein relativ hohes Gewicht hat, leicht von dem Sandschlamm im Mischer trennen. Der einzige Grund, weshalb Tim Gold aus diesem Erzsand gewinnen kann, was den alten Prospektoren offenbar nicht möglich war, ist der, dass er das Erz feiner mahlen kann als seine Vorgänger: Je feiner der Sand, umso leichter bildet das Quecksilber ein Amalgam mit dem Gold.

Tim führt mich über sein Gelände. Er zeigt mir, wie er sein Quecksilber aufbewahrt: in einem haushaltsüblichen Plastikeimer unter einer Wasserschicht. Quecksilber ist ein gefährlicher Stoff. Es verdunstet leicht, und die Dämpfe sind äußerst giftig. Wenn man Quecksilber einatmet, bewirkt es allerlei schreckliche Dinge im Körper, insbesondere schädigt es das Nervensystem. Im Englischen gibt es den Ausdruck *mad as a hatter*, der auf die Quecksilbervergiftungen zurückgeht, an denen die Hutmacher oft litten. Bei der Verarbeitung von Pelz wurde früher Quecksilber verwandt, und die Hutmacher atmeten die giftigen Dämpfe ein. Symptome des *mad hatters disease* waren Angstanfälle, stotternde Sprache, Halluzinationen, Schwindelanfälle, Depressionen und mangelnde Bewegungskoordination.

»Machst du dir keine Sorgen wegen des Quecksilbers?«, will ich von Tim wissen.

»Aber nein, *mate*«, sagt Tim.

»Wenn du weißt, was du tust, schadet es nicht«, meint CJ.

»Man muss nur aufpassen, dass man es nicht einatmet«, sagt Tim.

Wenn dann ein Amalgam aus Quecksilber und Gold entstanden ist, ist man noch nicht am Ziel: Das Gold muss nun noch vom Quecksilber getrennt werden. Früher geschah das, indem man das Amalgam einfach erhitzte: Das Quecksilber verdampfte, und das Gold blieb übrig. Viele illegale Goldsucher in afrikanischen und südamerikanischen Ländern gehen heute noch so vor. Diese Methode ist schädlich und gefährlich. Die Gefahr, die Dämpfe einzuatmen, ist riesengroß, und außerdem gelangt das Quecksilber, wenn es schließlich wieder kondensiert, in den Boden.

Tim verwendet bei der Trennung von Quecksilber und Gold eine Art Destillierkolben: einen luftdichten Metallbehälter mit einem langen Rüssel. Das Amalgam kommt in den Behälter und wird erhitzt, worauf die Quecksilberdämpfe durch den Schlauch entweichen. Weil der Schlauch mit Wasser gekühlt wird, kondensieren die Dämpfe zu flüssigem Quecksilber, das aufgefangen und anschließend wiederverwendet wird. Tim zeigt mir, wie es funktioniert. In einem aufgesägten Ölfass entzündet er ein Holzfeuer und hängt dann den Destillierkolben in die glühende Hitze, anschließend steckt er den Schlauch in einen Eimer mit Wasser. Nach einer halben Stunde fallen die ersten Quecksilbertropfen aus dem Schlauch ins Wasser.

»*Aye*, und jetzt müssen wir das Feuerchen die ganze Nacht brennen lassen«, sagt Tim, »wenn dann alles klappt, haben wir morgen eine hübsche Menge Gold.«

Am nächsten Morgen begebe ich mich um neun Uhr zu Tim. Seine Freundin und er haben auf mich gewartet, um in meinem Beisein den Metallbehälter des Destillierkolbens zu öffnen. Nachdem Tim die beiden Hälften des Behälters auseinandergeschraubt hat, fällt ein rußgeschwärzter Klumpen Rohmetall auf den Boden.

»Ist das Gold?«, frage ich ungläubig.

Tim sagt nichts, sondern nimmt eine Drahtbürste, bürstet ein paarmal über das Metallstück und zeigt es mir dann erneut. Jetzt sehe ich es an einigen Stellen goldfarben aufleuchten. Tim wiegt den Goldbrocken in seiner Hand und sagt: »Ich tippe auf hundertzwanzig Gramm.« Er holt eine digitale Waage. Das Ding wiegt hundertfünfzehn Gramm. Tim schätzt, dass in diesen hundertfünfzehn Gramm zwei Wochen Arbeit stecken. Beim aktuellen Goldpreis hat er 3500 Dollar verdient.

»Du bist allerdings ein Glückspilz, dass wir dir das alles zeigen«, sagt CJ

»Wieso?«, frage ich.

»Wir erzählen nie jemandem, was wir hier machen«, erwidert CJ. »Über Gold spricht man nicht. Schau, dir können wir es sagen, du bist nicht von hier, du fährst wieder weg. Doch Leuten, die hier wohnen, erzählt man nie, was man macht. Man kümmert sich nicht um andere.«

»Warum nicht?«

»*Gold does funny things to people.*«

Vielleicht hat sie an meinem Gesichtsausdruck gesehen, dass ich von den *funny things*, die Gold bei den Menschen bewirkt, nicht hundertprozentig überzeugt bin. Sie wechseln einen Blick, und dann legt Tim los.

»Ich habe anderthalb Jahre auf den Philippinen für einen fünfundsechzigjährigen Typen aus Australien gearbeitet, der dort eine illegale Goldmine betrieb. Er war mit einer achtzehnjährigen Einheimischen verheiratet. Ich war noch jung und hatte keine Ahnung vom Goldgeschäft. Der Typ sagte, es sei kaum Gold im Erz, und er könne mich nicht bezahlen. Schließlich fand ich heraus, dass er ein Betrüger war. Das Erz war sehr gut. Er schwamm im Geld, im Haus lagen Säcke voller Dollar. Ich verlangte mein Geld, aber er wollte nichts rausrücken. Ich dachte: Meinetwegen kannst du im Geld ersticken, ich fahre nach Hause. Aber ich war mit einem Touristenvisum eingereist. Mein Pass war abgelaufen. Ich konnte nirgendwo hin. Auch das australische Konsulat konnte ich nicht um Hilfe bitten, denn ich hielt mich illegal im Land auf. Am Ende habe ich 30 000 Dollar Bestechungsgeld bezahlen müssen, um aus dem Land herauszukommen. Hinzu kam, dass ich in dieser Zeit die Hypothek für mein Haus in Australien nicht mehr bezahlen konnte, und das war ich dann auch los.«

»Mein Gott, was für eine Geschichte«, murmle ich.

»*Aye*. Tja, *you live and learn*«, sagt Tim.

Kurze Zeit später, nachdem ich überlegt habe, was genau die beiden mir eigentlich klarmachen wollen, sage ich: »Aber was ist mit jemandem wie diesem Albert, der mir vor ein paar Tagen im Pub sein Gold gezeigt hat ... Im Pub reden alle über nichts anderes als Gold.«

»Die am wenigsten erfolgreichen Goldsucher sind *full of shit*«, erklärt Tim. »Ständig geben sie an. Wenn sie ein drei Gramm schweres Stückchen Gold gefunden haben, ist es ein *one ouncer*. Wenn sie einen *one ouncer* finden, sagen sie, es sei ein *ten ouncer*. Dieser Albert raucht zu viele Joints. Hat er dir so ein flaches Goldstück gezeigt?«

»Äh, ja.«

»Damit rennt er schon seit Monaten rum.«

»Wirklich ernsthafte Prospektoren triffst du nicht im Pub«, sagt CJ. »Kennst du Hank aus Siberia?«

»Vom Hörensagen.«

Am ersten Abend im Pub hatte Rhonda mir über die Goldsucher erzählt, die in der Umgebung von Ora Banda wohnen. Dieser Hank, von Rhonda *Hank the Wank* – Hank der Wichser – genannt, hat einige *leases* in der Geisterstadt Siberia, mit dem Auto eine Viertelstunde von Ora Banda entfernt. Überall in Siberia hat Hank Warnschilder aufgestellt: KEEP OUT! METAL DETECTING AND PROSPECTING PROHIBITED, YOU WILL BE PROSECUTED. *Hank the Wank* schien mir kein angenehmer Zeitgenosse zu sein.

»Hank geht nie in den Pub«, sagt CJ. »Er wohnt in Perth, und er kommt her, um zu arbeiten, nicht um zu saufen. Ein sehr freundlicher Mann. Aber er möchte nicht, dass andere sich mit seinem Gold aus dem Staub machen. Vor einiger Zeit hat er in Siberia einen zwei Kilo schweren Nugget gefunden. Sein Partner hat 1992 einen sechzehn Kilo schweren Goldklumpen ausgebuddelt. Der wurde damals für eine halbe Million Dollar verkauft. Verstehst du jetzt, warum Hank nicht über sein Gold spricht? Wenn er jeden Abend im Pub Bier trinken würde, würde es auf seinem Gelände innerhalb kürzester Zeit vor Touristen mit Metalldetektoren nur so wimmeln.«

Am Tag darauf nehme ich meinen Metalldetektor und schaue mir Siberia an. *Hank the Wank* mag zwar überall Schilder aufgestellt haben, die Neugierige fernhalten sollen, doch ich habe entdeckt, dass nicht alle *leases* in Siberia ihm gehören. Am Morgen habe ich auf dem Gipfel der *Gimlet South*-Halde, wo ich einen hervorragenden mobilen Internetempfang habe, die Datenbanken des Department of Mines durchgesehen. Und daraus ging hervor, dass zwei Grundstücke in Siberia den Status *pending ground* haben. Und auf einer dieser Parzellen fahre ich jetzt herum. Ganz Siberia ist durchzogen von unwegsamen Allradwegen, und nicht weit von einem solchen halb zugewachsenen Weg entfernt – Äste kratzen über den Lack meines Wagens –, entdecke ich plötzlich Dutzende von Löchern in der Erde. Frisch gegrabene Löcher. Hier ist vor nicht langer Zeit ein Goldsucher gewesen. Ich nehme meinen Metalldetektor und fange an zu suchen.

Eine halbe Stunde später, so gegen zwei, nach ein paar vergeblich gegrabenen Löchern, tropft mir der Schweiß von der Stirn. Siberia ... eigentlich ein seltsamer Name für einen Ort mitten in einer Halbwüste, wo im Sommer die durchschnittliche Temperatur bei fünfunddreißig bis vierzig Grad liegt.

Es gibt verschiedene Versionen darüber, wie Siberia zu seinem Namen gekommen ist. Eine besagt, der Name verweise auf die Abgeschiedenheit des Gebiets. Der Entdeckungsreisende und Goldsucher David Carnegie vertritt in seinem klassischen Reisebericht *Spinifex and Sand* (1898) die Ansicht, dass sich das Siberia-Goldfeld als *frost* erwies. *Frost* bedeutet sowohl Flop als auch Frost. Kein strengerer Frost oder auch kein größerer Flop als in Siberia. Laut *Gold & Ghosts* wurde in Siberia 1893 Gold gefunden. Im Oktober jenen Jahres kamen zwei Männer nach Coolgardie, die fünfzig Pfund Gold bei sich hatten, das sie siebzig Meilen nordwestlich des Orts gefunden hatten. Sofort machten sich Hunderte von Hoffnungsvollen auf den Weg, doch einmal in Siberia angekommen, zeigte es sich, dass auf den ersten Blick kaum Gold zu finden war. Und was noch wichtiger war: Es gab keinen Tropfen Wasser in der näheren Umgebung. Aus dem Zustrom wurde eine panische Flucht. Neue Goldsucher, die von Coolgardie und Kanowna nach Siberia zogen, trafen unterwegs dehydrierte Männer. Carnegie sah »geschwollene Zungen und blutende Füße«. Andere stießen auf Goldsucher, die halb wahnsinnig geworden waren und all ihre Kleider ausgezogen hatten. Ein aufmerksamer Gemeindebeamter in Coolgardie hatte sich inzwischen mit einer Kamelkarawane, die mit Wassersäcken beladen war, auf den Weg gemacht und konnte so die meisten Goldsucher retten. Offiziell starben zehn Männer durch Verdursten, die tatsächliche Opferzahl lag wahrscheinlich viel höher. Die Probleme in Siberia wurden damals in den Zeitungen ausführlich geschildert, und dies machte den Behörden bewusst, dass auf den Goldfeldern ein eklatanter Mangel an Trinkwasser herrschte. Erst 1903 wurde dieses Problem durch den Bau einer Pipeline von Perth nach Coolgardie und – später – Kalgoorlie gelöst. Diese *golden pipeline* versorgte die Gegend nicht nur mit Trinkwasser, sondern sie machte zugleich den Bergbau in großem Maßstab (für den sehr viel Wasser benötigt wird) in Kalgoorlie möglich. Die Pipeline versorgt Kalgoorlie und Umgebung bis heute mit Wasser.

Ich verbringe den ganzen Tag in der Nähe der frisch gegrabenen Löcher und finde nichts. Als die Sonne sich allmählich dem Horizont nähert, begebe ich mich auf den Heimweg. Ich fahre durch den Busch. Was die Richtung angeht, orientiere ich mich nach der Sonne, achte ansonsten aber nicht darauf, wo ich gerade bin. Nachdem ich eine Viertelstunde auf einer Sandpiste unterwegs war, bemerke ich zwei glänzende Geländewagen, die gleich neben dem Weg parken. Mein Gott, wenn das mal nicht *Hank the Wank* ist …

Neben den Autos stehen zwei Paare, ich schätze sie auf Mitte fünfzig. Sie tragen saubere Kleider, sie haben nagelneue Metalldetektoren dabei. Nein, ich glaube nicht, dass das *Hank the Wank* ist. Ich steige aus und begrüße die vier. Sie sehen mich ängstlich an. Einer von ihnen kommt auf mich zu.

»*Sorry, mate*, wir packen gerade ein. *No worries*.«

Ich schau ihn an und fange an zu lachen. »Von mir habt ihr nichts zu fürchten. Ich fahre hier auch nur ein bisschen durch die Gegend.«

Auf dem Gesicht des Mannes erscheint ein Grinsen. »Ich dachte, so ein junger Typ in so einem mitgenommenen Land Cruiser, das ist bestimmt derjenige, der all die Schilder aufgestellt hat.«

Die beiden Ehepaare sind Detektoristen aus Kalgoorlie, echte Amateure, die, wie sie berichten, drei-, viermal im Jahr einen Tag auf Goldsuche gehen.

»Und ... was gefunden?«, frage ich.

»Nicht hier«, sagt der Mann. »Aber heute Morgen.«

Auch sie hatten die frisch gegrabenen Löcher gesehen, und auch sie hatten gedacht: Hier hat jemand Gold gefunden, also wird es hier auch noch mehr geben. Der Mann holt ein Plastikdöschen hervor. Drei kleine Goldbrocken haben sie gefunden, insgesamt zehn Gramm.

NARRENGOLD

Die Goldmine von Davyhurst – Der Autor findet Narrengold – Das goldene Loch der Londonderry Gold Mine *– Zwei legendäre Schwindler: Horatio Bottomley und James Whitaker Wright*

Wichtig für eine Goldmine sind zwei Kriterien: der nachweisliche Erzvorrat und die Qualität des Erzes. Die Qualität des Erzes, der *grade*, wird in Gramm pro Tonne ausgedrückt. Moderne Goldminen arbeiten mit Erz, das manchmal nur ein Gramm Gold pro tausend Kilo Gestein enthält. Wenn der Goldpreis niedrig ist, muss die Qualität des Erzes gut sein, um das Gold noch auf wirtschaftliche Weise gewinnen zu können. Steht der Goldpreis aber hoch, dann bringen auch qualitativ weniger gute Erze noch Gewinn.

Zurzeit steht der Goldpreis hoch.

Daher prüfen viele Bergbaubetriebe gerade, ob sie alte Goldminen wieder in Betrieb nehmen können. So zum Beispiel die Goldmine in der Geisterstadt Davyhurst, fünfzig Kilometer südlich von Ora Banda. Die Mine wurde vor einigen Jahren geschlossen. Seit einem halben Jahr versuchen die Eigentümer in Perth, sie – mit dem Geld von Investoren – wieder zu eröffnen. Vorerst aber arbeitet nur ein Mann in Davyhurst: Matt, der sowohl Hausmeister als auch Mechaniker ist. Matt ist ein freundlicher, etwas schüchterner Mann in den Dreißigern. Seine Frisur ist eine Variation von der Rhondas: Die untere Hälfte seines Schopfes ist braun, die obere blond gefärbt. Wenn Matt ein Schwätzchen halten und ein Bier trinken will, ist er auf den Pub in Ora Banda angewiesen, eine gute Stunde Autofahrt auf kurvigen, verlassenen Sandpisten entfernt. Trotzdem ist Matt oft im Pub zu finden. Dann trinkt er zu viel und fängt an, über Eheprobleme zu reden.

Matt hat Rhonda eingeladen, sich »seine« Goldmine einmal anzusehen. Und Rhonda ihrerseits hat mich eingeladen. In der vergangenen Woche bin ich jeden Tag mit meinem Metalldetektor unterwegs gewesen und finde, ich habe mir einen kleinen Ausflug verdient. Wir fahren morgens um acht in Rhondas Geländewagen los. Bruce und Campingplatzgast Pete sind auch mit von der Partie.

»Jeroen, mein Herz hängt am Busch«, sagt Pete. »Erinnert mich an Vietnam.«

Ich sitze zusammen mit Pete hinten im Wagen. Pete ist blass, hat tiefe Furchen im Gesicht und ist total mager. Pete ist ein Mann, nach dem man die Uhr stellen kann. Jeden Abend um halb sechs lässt er sich im Pub sein Abendessen (Hamburger mit Pommes frites) servieren. Er sitzt immer auf demselben Platz an der Theke. Und immer trägt er die gleichen Kleider: Tarnhose, Tarnhemd und Armeestiefel.

»Ah, Vietnam«, murmelt Pete. »Das war *mateship* ... Gute Zeiten ... schwere Zeiten, aber gute Zeiten.«

»Ich wusste nicht, dass in Vietnam auch Australier gekämpft haben«, sage ich.

Das kommt nicht gut an. Pete wettert über schlaffe, feige amerikanische Soldaten und lobt die zähen, unbeugsamen Australier. Er kann genau sagen, wie viele australische Soldaten gefallen sind (521). Er wirft mit Jahreszahlen, Ortsnamen und Namen von Offensiven nur so um sich.

»Ich kann dir sagen, Jeroen, Charlie, das war ein schrecklicher Gegner. Diese Schlitzaugen ...«

Ich weiß wenig über Vietnam, und was ich weiß, habe ich vor allem aus Hollywoodfilmen, wo mir nie ein australischer Soldat untergekommen ist. Daher versuche ich das Gespräch auf ein andere Thema zu lenken.

»Sag mal, Pete, hast du schon ein wenig Gold gefunden?«

»Nur ein paar kleine Körner«, brummt Pete. »Ich kann nicht lange an einem Stück mit einem Metalldetektor herumgehen.«

»Warum nicht?«

»Ich habe Schmerzen, beim Gehen. Vietnam, weißt du.«

Vorne im Wagen stößt Bruce einen tiefen Seufzer aus.

»Was ist denn passiert in Vietnam?«, frage ich.

»Ich wurde verletzt.«

»Oh, und was ist passiert?«

»Darüber kann ich nicht reden«, sagt Pete und starrt aus dem Fenster.

Kurze Zeit später stehen wir vor dem Schlagbaum zur Mine von Davyhurst. Als wir aussteigen, nimmt Bruce mich beiseite. »Um Gottes willen, fang bloß nicht von Vietnam an«, zischt er mir zu. »Wenn dieser *dickhead* einmal loslegt, hört er nicht wieder auf.«

»Aber was ist ihm denn dort passiert?«

»Das weiß niemand. Offenbar hat ihn jemand aus dem Hubschrauber gestoßen. Das jedenfalls hat er Rhonda erzählt, aber weißt du, was ich glaube? Ich glaube, er ist überhaupt nicht in Vietnam gewesen.«

Rhonda hupt ein paarmal.

Nach fünf Minuten taucht Matt auf.

Der Grund, warum Rhonda Matt besucht, ist nicht, dass sie ihm Gesellschaft leisten will oder sich für die Arbeitsweise einer Goldmine interessiert. Rhonda hofft – und ist sogar davon überzeugt –, dass Davyhurst geschlossen bleibt. Sie hat ein Auge auf alte Materialien der Mine geworfen und geht davon aus, dass sie den Mineneigentümern viele der Dinge zu einem geringen Preis abkaufen kann. Daher beginnt unser Rundgang auch in der Kantine. Rhonda interessiert sich für die Salatbar aus Edelstahl und versucht Matt dazu zu bewegen, das Ding dem Pub zu stiften. Ich schaue mich ein wenig in dem Gebäude um. An der Kasse hängt ein Poster mit der Aufschrift *Snakes of the Goldfields*. »Jetzt kommt wieder die Zeit des Jahres, in der die Schlangen aktiv und aggressiv sind«, lautet der Anfang des Textes auf dem Plakatrand. »Pro Jahr werden in Australien dreitausend Menschen von Schlangen gebissen ...«

In Australien gibt es eine schwindelerregende Zahl lebensgefährlicher Schlangen. Von den zehn giftigsten Schlangen der Welt kommen sieben in Australien vor. In dieser Gegend, so lese ich auf dem Plakat, muss man sich vor allem vor einer Schlange mit dem ominösen Namen *death adder* in Acht nehmen. Diese Schlange, es handelt sich um die Todesotter, besitzt die Eigenschaft, innerhalb von 0,13 Sekunden aus der vollkommenen Bewegungslosigkeit einen Angriff ausführen zu können. Das bedeutet buchstäblich, dass man nicht einmal mit den Augen blinzeln kann, ehe man gebissen wird. Hat die Todesotter einmal ihre Zähne in dein Fleisch gebohrt, beginnt das Gift zu wirken: Durch Lähmung wird allmählich die Atmung zum Erliegen gebracht, deine Lungen füllen sich mit Wasser, und du erstickst. Die gute Nachricht ist: Es kann durchaus zwölf bis vierundzwanzig Stunden dauern, bis du wirklich tot bist.

Die meisten Schlangenbisse in Westaustralien gehen auf das Konto der Braunschlange *(Pseudonaja nuchalis)*. Der Grund dafür ist, dass ihre bevorzugte Beute Mäuse sind. Daher lebt sie recht oft in der Nähe von Gebäuden und somit auch von Menschen. Das Gift dieses Tierchens lässt dir buchstäblich das Blut in den Adern gerinnen. Durch das Schlangengift entstehen Blutpfropfen, und dadurch sinkt der Blutdruck rapide. Das Opfer stirbt schließlich an einem Herzinfarkt.

»Hey Matt, hast du schon mal eine Schlange gesehen?«, frage ich.

»*Yeah mate*, vor zwei Wochen habe ich eine Mulgaschlange gesehen. Sie lag vor der Tür eines *donger*. Man sagt, sie sei die giftigste Schlange Australiens.«

»Und, was hast du gemacht?«

»*Killed the bastard*. Ich habe ihr einen großen Stein auf den Kopf geworfen, und da war sie hinüber.«

Auf den ersten Blick sieht es so aus, als könnte die *Davyhurst Gold Mine* sofort wieder in Betrieb genommen werden. Außer der Kantine stehen auf dem Gelände Dutzende *donger* und mobile Bürogebäude. Es gibt Sportplätze und sogar ein Schwimmbad. Auch die Maschinen zur Verarbeitung des Erzes stehen noch da. Doch je weiter wir auf unserem Rundgang vorankommen, umso deutlicher wird, dass der Schein trügt. Der Beton im Pool weist große Risse auf, und alle Maschinen haben eine dicke Rostschicht. Auf den Betten in den *dongers* liegen zerwühlte Laken. Im *crusher* befindet sich noch Erz. Es sieht aus, als wären alle Minenarbeiter von einem Tag auf den anderen verschwunden und als habe sich danach niemand mehr um die Mine gekümmert.

»Soll das alles hier wieder in Betrieb genommen werden?«, frage ich Matt.

Er seufzt tief. »Ja, das ist geplant.«

Wir gehen an den Maschinen für die Erzverarbeitung vorbei: eine Ansammlung von riesigen Geräten, Fließbändern und Sammelbehältern. Matt erklärt mir, wie eine moderne Mine arbeitet. Das Prozedere unterscheidet sich nicht sonderlich von Tims Vorgehensweise. Lastwagen kippen große Brocken von goldhaltigem Erz in einen *crusher* – eine Art riesige Pfeffermühle –, der das Erz zu kleineren, handlicheren Stücken zermahlt. Wenn das Geröll zu Steinchen von einem Zentimeter Durchmesser zerkleinert ist, wandert das Erz über ein Fließband zur *ball mill*. Das ist ein großes sich drehendes Fass, in dem sich schwere Metallkugeln befinden. Wie in Tims Betonmischer wird hier das Gestein zu Pulver gemahlen. Anschließend wird diesem Pulver Wasser hinzugefügt, sodass eine schlammige Substanz, *slurry* genannt, entsteht. Aber anstatt mit Quecksilber mischt man diesen Schlamm in einer modernen Mine mit Cyanid. Dieses Salz ist effizienter und besser beherrschbar als Quecksilber. Das Gold, das in dem zermahlenen Erz steckt, löst sich im Cyanid. Anschließend wird das Cyanid-Gold-Gemisch mit Hilfe eines chemischen Prozesses vom pulverisierten Erz getrennt, das als Grubenabfall (*tailings* genannt) entsorgt wird. Zum Schluss werden auch Cyanid und Gold wieder getrennt, und Letzteres wird zu Barren gegossen.

Der Rundgang nähert sich dem Ende. Während Rhonda versucht, mit Matt ins Geschäft zu kommen, verteilt sich die übrige Gesellschaft über das Gelände. Am Rand der Grube liegen mannshohe braungrüne Felsen. In einem der Felsen sehe ich etwas in der Sonne funkeln. Ich gehe hin … und schaue nach, was dort so funkelt …

Mein Herz setzt ein paar Schläge aus: GOLD!

In diesem Stein stecken sehr gut sichtbare kleine Goldstücke. Ihn durchzieht sogar eine hauchdünne glänzende Ader. Mein Gott, in diesem Stein muss für Zehntausende von Dollar Gold stecken.

Ich schaue mich um, keiner zu sehen.

Ich denke: Wie schaffe ich es, dass ich das Gold selbst behalten kann? Ich stelle mir vor, wie ich mit meinem Land Cruiser wiederkomme, diesen Stein irgendwie hinten in den Wagen wuchte und mit Tim einen *deal* mache. Bestimmt kennt er jemanden, der diesen Fels zermahlen kann.

Ich denke: Wie kommt es, dass niemand sonst das bisher entdeckt hat?

Ich denke: Hier stimmt was nicht.

»Maaaaaaaaaaaaatt!«, rufe ich.

Matt hat mich gehört und kommt angetrabt.

»Was ist? Was ist passiert? Hat dich eine Schlange gebissen?«

Ich zeige ihm meinen Goldfund.

Er fängt an zu lachen.

»*Fools gold, mate*. Tut mir leid.«

Was ich gefunden habe, ist Narrengold, Pyrit, ein praktisch wertloses Mineral, das allerdings ebenso gelblich glänzt wie richtiges Gold.

Mit sechs *stubbies* – Flaschen – Heineken schaue ich am Abend mit Bruce bei Tim und CJ vorbei. Tim weiß diese Geste vermutlich zu schätzen, aber er trinkt dennoch lieber seine eigene Marke: Emu Export.

»Mann, der Bursche aus Davyhurst hockt aber ziemlich oft im Pub«, sagt Tim auf einmal. »Ich sehe ihn jeden Abend vorbeifahren. Bestimmt ist er in eine von den Backpackerinnen verknallt.«

»Wisst ihr, was er mir heute Morgen gesagt hat?«, fragt CJ, wobei sie sich an Bruce und mich wendet. »Der Typ aus Davyhurst fährt jetzt jeden Tag eine Stunde zum Pub hin und eine Stunde wieder zurück. Bestimmt kriegt der von einem der Backpackermädels jedes Mal einen geblasen.«

Tim schaut wie ein Schaf grinsend zu Boden. Er zündet sich noch eine Zigarette an.

»O nein, *mate*«, meint Bruce, »die Mädels sind Lesben, wenn ihr mich fragt. Unzertrennbar die beiden.«

»Ähm, sie wollen die Davyhurst-Mine wieder in Betrieb nehmen«, werfe ich ein in der Hoffnung, das Gespräch in eine andere Richtung zu lenken.

»Das versuchen sie schon seit Jahren, aber glaube mir, die Mine ist wertlos«, sagt Tim. »Ich habe den Krempel dort aufgeräumt. Der Goldgehalt des Erzes ist winzig, die Maschinen fallen vor lauter Elend auseinander. Jeder weiß, dass Davyhurst erschöpft ist, und darum haben sie den Namen der Mine geändert. Wenn du da Geld reinsteckst, bist du nicht ganz bei Trost.«

Auf der Website der Firma, der die *Davyhurst Gold Mine* gehört, heißt es: »Die erzverarbeitenden Maschinen sind in einem guten Zustand und können, wenn sie wieder an den Strom angeschlossen werden, sehr leicht und mit geringem Kostenaufwand erneut in Betrieb genommen werden.« Das scheint mir eine zumindest etwas zu optimistische Darstellung der Situation zu sein. Es wäre übrigens nicht das erste Mal, dass Investoren falsche Tatsachen vorgespiegelt würden. Mehr noch: Aktien an wertlosen Goldminen anzubieten ist eine Tradition, die so alt ist wie die australischen Goldfelder selbst.

Die berühmteste pleitegegangene Mine in Westaustralien war die *Londonderry Gold Mine*. Anfang 1894 sah die Zukunft für die Goldfelder rund um Coolgardie düster aus. Nachdem Arthur Bailey und William Ford zwei Jahre zuvor in Fly Flat märchenhafte Mengen an Gold gefunden hatten, war in Coolgardie eigentlich kein weiteres bedeutendes Vorkommen mehr entdeckt worden. Gleichzeitig war das Land in eine tiefe wirtschaftliche Krise geraten, und Zehntausende von Männern, die ihre Arbeit verloren hatte, zogen hoffnungsvoll zu den vielversprechenden westaustralischen Goldfeldern, um dort ihr Glück zu versuchen. Einmal dort angekommen, machten viele die Erfahrung, dass sie mit der Suche nach Gold unmöglich ihren Lebensunterhalt bestreiten konnten. Deshalb sorgte wohl die Entdeckung der *Londonderry Gold Mine* im Jahr 1894 für so großen Wirbel. Die Mine brachte Hoffnung.

In Siberia sind Goldsucher mit Metalldetektoren unerwünscht.

Der Autor mit seinem Minelab GPX4000-Metalldetektor in der Nähe von Siberia

Feierabend nach erfolgloser Goldsuche bei Ora Banda

Endlich Erfolg! Die beiden in Murrin Murrin gefundenen Nuggets

Der *Super Pit* in Kalgoorlie ist die größte Goldmine Australiens.

Eine Reihe Caterpillar 793F am Rand des *Super Pit*

Blick auf die Great Australian Bight vom Eyre Highway aus

Auf dem Eyre Highway in der Nullarbor-Wüste – ein sehr einsames Erlebnis, da es hier keinerlei Spuren menschlicher Zivilisation gibt.

Der Pub von Ora Banda

Im Pub von Ora Banda. An der Wand die Spuren des Bombenanschlags der Bikergang Gypsy Jokers im Jahr 2000

Ziggy und Scotty alias *Doodledick* (rechts)

Tim zeigt das Gold, das er durch Amalgamierung gewonnen hat.

The big one: ein 23,26 Kilo schwerer Goldklumpen, der bei Ora Banda gefunden wurde

Nach einer Partie *Two-up* zahlt ein Buchmacher ein paar erfolgreichen Spielern ihren Gewinn aus.

Die Hannan Street in Kalgoorlie. Ihre Architektur aus dem 19. Jahrhundert erinnert an den Wilden Westen.

Auf der Straße zwischen Mount Ida und Ora Banda

Die *Londonderry Gold Mine*, anfangs unter dem Namen *Golden Hole* bekannt, wurde von sechs Männern entdeckt, die von ihrem letzten Geld ein Pferd und Lebensmittel gekauft hatten und monatelang durch den Busch gezogen waren, ohne auch nur ein Körnchen Gold zu finden. Sie wollten gerade aufgeben, als ein gewisser John Mill in dem Felsen, auf dem er saß und seine Pfeife rauchte, etwas glitzern sah. Es stellte sich heraus, dass er auf einer goldhaltigen Quarzader saß, die jedes Vorstellungsvermögen überstieg. Die Quarzsteine waren buchstäblich mit Gold zusammengeleimt. Die Männer gruben einen Schacht, und innerhalb weniger Wochen hatte die Gruppe achttausend Unzen (225 Kilo) Gold aus ihrem *Golden Hole* geholt. Je tiefer sie kamen, umso goldhaltiger wurde das Erz. Ein Stück Quarzfelsen, das sie *Big Ben* tauften, wog 115 Kilo und bestand zu einem Drittel aus purem Gold. Mills berichtete später, sie hätten so viel Gold gefunden, dass ihn der Anblick von noch mehr Gold regelrecht krank machte, weil es so eine Heidenarbeit war, das Gold aus dem Quarz zu holen. Wochenlang arbeiteten die Männer unter strengster Verschwiegenheit in ihrem Schacht, der nicht größer war als zwei mal zwei Meter. Sie wollten natürlich nicht, dass die Neugierde anderer geweckt wurde, denn angenommen, es gab noch mehr goldene Löcher in der Gegend? Leider sickerte die Neuigkeit dennoch durch, so wie solche Neuigkeiten immer durchsickern. Einer der sechs hatte sich eines Abends in einer Kneipe in Coolgardie volllaufen lassen und mit seinem schier unerschöpflichen Schatz angegeben. Innerhalb einer Woche war jeder Quadratmeter Boden in der weiteren Umgebung in Besitz genommen worden.

Als klar wurde, wie unglaublich reich die *Londonderry Gold Mine* war, wurden die sechs von Spekulanten belagert, die die Mine kaufen wollten. Der Brite Arthur Plunkett, Earl of Fingall inspizierte die Mine und erblickte in dem Schacht einen »goldenen Boden«, es sah so aus, als verliefen die Erzadern in alle Richtungen. Nach Rücksprache mit kapitalkräftigen Investoren kaufte Fingall die Mine für 180 000 Pfund. Das Loch wurde daraufhin mit einer Eisenplatte verschlossen und Tag und Nacht bewacht, während der Earl nach England reiste, um die Mine an die Börse zu bringen. Im Prospekt stand: »Es ist unwahrscheinlich, dass der Reichtum des Erzes in der *Londonderry Mine* zurzeit an irgendeinem Ort des Universums übertroffen werden kann.« Der Börsengang erbrachte 750 000 Pfund. Analysten rechneten ernsthaft damit, dass die Mengen von Gold, die in der Mine gefördert werden würden, ein weltweites Absinken des Goldpreises zur Folge haben könnten.

Wieder zurück im Outback ließ Fingall die Abdeckplatte der Mine entfernen und erklärte die *Londonderry Mine* offiziell für eröffnet. Das Loch war so klein, dass nur zwei Männer zugleich darin arbeiten konnten, und was sie sahen, war ... nicht viel. Der »goldene Boden« erwies sich als nur wenige Zentimeter dick, die vielversprechenden Erzadern versiegten alle bald.

Am 1. April 1895 schickte der Earl ein Telegramm an alle Großaktionäre in London: »Zu meinem großen Bedauern muss ich Ihnen mitteilen, dass die reichen Erzadern sich nicht fortsetzen. Es sieht danach aus, als gebe es nichts mehr von Wert.« Die Nachricht wurde von den Direktoren in London ein paar Tage zurückgehalten, sodass sie ihre Anteile verkaufen konnten. Als auch die Masse der Kleinaktionäre Wind von der tatsächlichen Lage in der *Londonderry Mine* bekam, fiel der Kurs ins Bodenlose.

Womöglich war es einfach Pech, dass die *Londonderry Mine* sich als weniger ergiebig erwies als zunächst angenommen. Das behaupteten jedenfalls Mills und seine Gefährten sowie Fingall und die britischen Direktoren der Mine. Wie dem auch sei, die ersten Jahre des westaustralischen Goldrauschs waren ein feuchter Traum für so manchen Schwindler. Wie etwa Horatio Bottomley – Anwalt, Journalist, Zeitungstycoon, Parlamentsmitglied und Aktienguru avant la lettre. Bottomley war um 1895 Direktor der Associated Gold Mines, einem der größeren Goldproduzenten von Kalgoorlie. Schamlos manipulierte er den Aktienkurs seines eigenen Unternehmens. Mal befahl er seinen Minenaufsehern, reiches Erz zurückzuhalten, dann wieder wies er sie an, den Goldgehalt des Erzes überzubewerten. Jede Neuigkeit machte er in der *Financial Times* publik, einer Zeitung, die er selbst ein paar Jahre zuvor gegründet hatte. Daher wusste er genau, wann der Aktienkurs steigen und wann er fallen würde, und so konnte er ein Vermögen anhäufen. Jahrelang krähte kein Hahn nach diesem Betrug. Bottomley wurde 1906 sogar ins britische Parlament gewählt. Später wurde er etliche Male angeklagt, doch erst 1922 verurteilte man ihn wegen Untreue.

Vielleicht noch infamer war James Whitaker Wright, der nicht weniger als zwanzig völlig wertlose australische Minen in London an die Börse brachte – ohne übrigens auch nur ein einziges Mal in seinem Leben die Goldfelder besucht zu haben. Es war nicht zu seinem Nachteil: 1897 wurde das Vermögen, das er in der westaustralischen Goldindustrie gescheffelt hatte, auf 1,2 Millionen Pfund geschätzt. Geld, mit dem er unter anderem das südlich von London gelegene Landgut Lea Park in Surrey kaufte. Das Haus, das er dort errichten ließ, verfügte über zweiunddreißig Schlafzimmer, elf Badezimmer, zwei Speisezimmer, eine Bibliothek, einen Ballsaal, ein Theater, ein Observatorium, eine Rennbahn, Ställe für fünfzig Pferde und eine Privatklinik. Doch ein größenwahnsinniges Haus reichte nicht: Um die Aussicht zu verschönern, ließ er Hügel abtragen und künstliche Seen anlegen. In einem dieser Seen befand sich unter Wasser ein gläsernes Billardzimmer.

Mehr durch Glück als durch Verstand fielen Wright im Laufe der Jahre zwei überaus erfolgreiche Minen in Kalgoorlie in den Schoß: die *Ivanhoe* und die *Lake View Consols*. Letztere war 1899 die größte Mine der Welt. Auch Wright versuchte den Aktienkurs seiner Minen zu manipulieren. Eines Tages teilte sein Minenaufseher ihm mit, man sei auf eine außergewöhnlich reichhaltige Erzader gestoßen. Wright wollte schlau sein, hielt die Nachricht zurück, steckte sein ganzes Kapital in Aktien seiner eigenen Mine und glaubte, er könne sich nun bequem zurücklehnen und steinreich werden. Aber er hatte die Rechnung ohne den Minenaufseher gemacht, der fand, dass auch er die Kurse beeinflussen könnte, und ihm die Geschichte von der ergiebigen Erzader nur vorgeflunkert hatte. Der Kurs fiel in den Keller, Wright verlor ein Vermögen. 1904 wurde er nach einem längeren Prozess wegen Betrug verurteilt, und er beging noch im Gerichtsgebäude Selbstmord – mit Cyanid, dem Gift, dem er indirekt seinen Reichtum zu verdanken hatte.

Seltsamerweise dauerte es lange, bis die Begeisterung britischer Investoren für westaustralische Minen abkühlte. Im letzten Jahrzehnt des 19. Jahrhunderts gab es Jahre, in denen in London *jeden* Tag eine westaustralische Mine an die Börse ging. Allein im Monat April des Jahres 1896 wurden einundachtzig Goldminen an die Börse gebracht. Von den 780 australischen Goldminen, die bis 1896 an der Londoner Börse notiert wurden, gab es fünf Jahre später noch einhundertvierzig. Zu Beginn des 20. Jahrhunderts war die Party vorbei, die meisten Minen waren pleite, und von so lebendigen Orten wie Kanowna, Broad Arrow und Davyhurst waren nur noch Ruinen übrig.

Nachdem ich bei Tim meine *stubbies* ausgetrunken habe, wanke ich zurück zum Pub. Auf dem Weg zu meinem *donger* treffe ich Rudi, Vickys Ex-*mate*. Rudi ist recht eigenbrötlerisch, außer um auf Goldsuche zu gehen, verlässt er seinen Wohnwagen nur selten. Im Pub bin ich ihm nie begegnet. Wir schwatzen ein wenig miteinander. Ich habe ein paar Bierchen zu viel getrunken, und plötzlich rutscht mir heraus:

»Wie ist das jetzt mit Vicky und dir?«

Rudi sieht mich an.

»Sie hat mir erzählt, du hättest sie im Stich gelassen ... irgendwas von einem geheimen Männerclub.«

»*Mate*, ich bin hier, um Gold zu suchen. Und mit Vicky habe ich nichts gefunden ... Komm mal mit, dann zeige ich dir was.«

Wir gehen zu seinem Wohnwagen. Aus einer Schublade unter der Spüle holt er einen schwarzen Samtbeutel hervor. Und daraus rollt der größte Goldklumpen, den ich bisher gesehen habe, ein *three ouncer*.

»Gestern gefunden. Mit Albert.«

DER AUTOR, DER *WANKER* UND DER DOODLEDICK

Albert will nicht viel verraten – An der Theke mit Scotty – Bruce zeichnet eine mud map *– Ein Versuch, Scotty zu besuchen – Noch ein Versuch – Und schließlich ein Besuch auf Scottys* lease

Neben mir an der Theke sitzt Albert, der Mann mit dem »flachen Goldstück«, das er laut Tim schon seit Monaten mit sich herumträgt. Albert, der Mann, der laut Bruce jeden Morgen einen Joint zum Frühstück raucht. Albert, der von Rhonda immer nur *wanker* genannt wird (und den wir natürlich nicht mit *Hank the Wank* verwechseln dürfen). Albert, der Mann, der einem Touristen damit drohte, ihn in einen alten Minenschacht zu stürzen. Albert, der Mann, der sich, wie ich soeben von der Thekenfrau Margie erfahren habe, jeden Nachmittag um drei *Playschool* ansieht – das australische Äquivalent zu *Sesamstraße*. Aber vor allem Albert, der Mann, mit dem Rudi einen *three ouncer* gefunden hat. Das möchte ich auch.

Diesen Albert habe ich soeben auf einen halben Liter XXXX Gold eingeladen. Und nun erwarte ich eine Gegenleistung: eine Einladung, ihn einmal zu begleiten. Oder zumindest: Tipps.

»Hey, was macht die Goldsuche?«, frage ich ihn. »Du und Rudi, ihr seid ziemlich erfolgreich, nicht?«

»Och, ich kann nicht klagen.«

Albert will nicht viel verraten. Schweigend starrt er in sein Bier. Ich versuche alles Mögliche. Ich umgarne ihn, ich schmiere ihm Honig ums Maul, sage, dass er der beste Goldsucher von Ora Banda ist und dass die anderen eine hohe Meinung von ihm haben. Aber eine Einladung ist nicht drin. Er möchte nicht einmal, dass ich ihn zu Hause besuche. »Ich kann Topfgucker nicht leiden«, meint er. Und als ich ihn frage, wo es in der Umgebung gute Stellen zum Suchen gibt, erwidert er: »*Gold is where you find it.*« Das Einzige, was er für mich hat, ist eine Binsenweisheit, oder genauer gesagt: eine Analogie.

»Nach Gold suchen ist wie Angeln«, sagt Albert. »Wie beim Angeln kann man ein Vermögen für die Ausrüstung ausgeben, aber wenn du nicht an der richtigen Stelle bist, wird es nie was. Und so wie beim Angeln kommt ein Fang nie allein. Wenn du einen Fisch gefangen hast, weißt du, dass es noch mehr Fische in der Nähe gibt. So ist das bei Nuggets auch.«

»Tja«, murmle ich, »das habe ich schon öfter gehört. Ich dachte eher an einen konkreten Tipp.«

Albert sieht mich böse an.

»Es gehört eine Menge dazu, wenn man Gold suchen will, *mate*«, sagt Albert. »Es gibt viele *ins and outs*.«

»Was heißt das?«

»Viel herumgehen. Ich gehe zwanzig Kilometer pro Tag. Immer weitergehen, immer weitersuchen.«

»Und ...?«

»Du musst den Boden lesen können. Wo sind die Bruchlinien? Du musst auf die Veränderungen in der Landschaft achten, auf die Veränderungen des Bodens ... Aber, *mate*, jetzt verrate ich dir doch alles Mögliche. Wenn ich dir erkläre, wie man Gold suchen muss, dann schreibst du das in deinem Buch, und dann wissen alle es. Und das können wir natürlich nicht gebrauchen.«

Albert gießt sich den letzten Schluck seines Biers hinter die Binde und stiefelt zum Pub hinaus.

Dann setzt sich Scotty zu mir. Scotty ist ein Mann mit einem mausartigen Gesicht und struppigem rötlichem Haar, das an manchen Stellen auszufallen beginnt. Er ist wettergegerbt, braun gebrannt und muskulös. Auf seinem linken Oberarm hat er sich einen Männerkopf mit einem langen spitzen Bart tätowieren lassen. Auf seinem rechten Unterarm: eine Ansammlung von irgendwelchen verschnörkelten Mustern. In seinem Nacken: ein Yin-und-Yang-Zeichen. Scotty treibt sich fast jeden Abend im Pub herum, und wenn die Theke schließt, meistens gegen halb neun, kauft er jedes Mal noch eine Flasche Port. »Für unterwegs.«

Scotty blickt mich mit seinen scharfen hellblauen Augen durchdringend an.

»*Aye*, ich muss mit dir reden. Ich habe gehört, du schreibst ein Buch.«

Wie Albert kann Rhonda auch Scotty auf den Tod nicht ausstehen. Bezeichnet sie Albert als *wanker*, so nennt sie Scotty konsequent *Doodledick* – ein unübersetzbares Schimpfwort, das (bei mir jedenfalls) Assoziationen an jemanden weckt, der mit seinem Penis spielt. Sie nennt ihn sogar in seinem Beisein *Doodledick*. Nach Auskunft von Bruce hat Scotty irgendwo in der Nähe einen *lease*. Was er dort genau macht, weiß niemand. Vorgestern erzählten Abby und Katie – und sie machten dabei ein angewidertes Gesicht –, dass Scotty sie eingeladen hatte, nach der Arbeit zu ihm auf die Terrasse zu kommen und die Sterne anzusehen.

Sie hatten freundlich dankend abgelehnt.

»Komm kurz mit raus, eine rauchen«, sagt Scotty im Verschwörerton.

Als wir wenig später draußen stehen, fragt er mich: »Worum geht es in deinem Buch?«

Ich habe überhaupt keine Lust, ihm das zu erzählen.

»Nun ja, über die Suche nach Gold, über Goldfieber«, antworte ich vage. »Eigentlich über Menschen wie dich.«

»Du musst über die Oldtimer schreiben. Das ist interessant. Nicht über *wanker* wie diesen Albert. Die haben keine Ahnung. Penner mit Metalldetektoren, pah.«

»Reden wir lieber über dich«, sage ich. »Ich habe gehört, du hast einen *lease* hier in der Gegend. Was treibst du da eigentlich?«

»Die Oldtimer mussten ihr Wasser überallhin mitnehmen«, fährt Scotty unbeirrbar fort. »Sie machten alles zu Fuß und mussten all ihre Sachen auf dem Rücken tragen. Du musst diesen Menschen Respekt entgegenbringen. Du musst leben, wie sie gelebt haben. Wenn du nicht selbst durchgemacht hast, was sie durchgemacht haben, dann kannst du kein Buch schreiben.«

»So kann man das sehen«, erwidere ich. »Aber ich interessiere mich mehr dafür, wie Goldsucher heute arbeiten. Also: Was treibst du so die ganze Zeit?«

»Was weißt du über Geophysik?«

»Äh, na ja ... nichts.«

»Dann kann das mit deinem Buch auch nichts werden.«

Ich gehe nicht auf diese Bemerkung ein und frage ihn erneut, wie das nun mit seinem *lease* ist.

»Weißt du, ich stamme von John Lister ab, dem Mann, der als erster in Australien Gold gefunden hat.«

Ich schaue Scotty mit hochgezogenen Augenbrauen an, doch er fährt erregt fort:

»... Kevin Rudd, der vorige Premierminister von Australien, und ich, wir haben einen gemeinsamen Ururgroßvater.«

Ich verschlucke mich an meinem Bier.

»... und mein Urgroßvater mütterlicherseits hat Pluto entdeckt.«

Ich seufze tief und versuche das Gespräch wieder zurück zu Scottys Arbeit zu lenken, aber er lässt mich nicht zu Wort kommen. Mein Gott, was für ein Schwätzer!

»Hey, ich geh mal wieder rein«, sage ich schließlich.

»Nein! Warte! Ich wirke vielleicht ein bisschen aggressiv, aber eigentlich bin ich ein ganz umgänglicher Bursche. Ich weiß, dass die im Pub mich nicht leiden können, aber weißt du, mein Hund ist gestorben, überfahren, und seitdem will ich nicht mehr allein in meinem Trailer sein. Ich muss mit Menschen reden, sonst werde ich wahnsinnig. Wirklich. Ich hatte auch ein paar Kängurus auf meinem Gelände. Wirklich liebe Tiere. Ich habe sie gefüttert. Sie kamen jeden Tag vorbei, und ich hatte sie ein bisschen gezähmt. Vorige Woche hat jemand zwei von ihnen erschossen. *Oh man*, Menschen sind ... Tiere.«

Scotty wirkt sehr überzeugend; ich sehe, dass er gegen die Tränen kämpft. Er tut mir leid, und ich hole noch zwei Gläser Bier an der Theke. Als wir wieder zusammen unter dem Sternenhimmel stehen, sagt er: »Früher habe ich jeden Monat um die 3000 Dollar für Huren ausgegeben. Ich war Investmentbanker und verdiente 200 000 im Jahr.«

»Und warum gibt man einen solchen Job mit einem derartigen Einkommen auf und wird Goldsucher?«, frage ich. Und dann, zum ersten Mal an diesem Abend, gibt Scotty eine Antwort auf eine Frage.

»Ich habe einen *lease*, zwanzig Minuten von hier. Das Gelände links von mir gehört Barricks, das rechts Paddington. Mit anderen Worten: Ich bin eingeklemmt zwischen den beiden größten Bergbaubetrieben der Welt. Ich schätze, dass auf meiner winzigen Parzelle Gold für mindestens zwei Millionen Dollar im Boden steckt. Das Einzige, was ich tun muss, ist warten, bis eine der Minen alles aufkauft, und dann brauche ich für den Rest meines Lebens nicht mehr zu arbeiten.«

»Klingt gut«, sage ich. »Aber woher weißt du so genau, dass so viel Gold in der Erde ist?«

»Hey, Mann, du hast keine Ahnung von Geologie. Wie soll ich es dir da erklären?«

»Versuch es doch einfach«, schlage ich vor.

»Hey, ich habe noch mit Pearl Jam in Seattle zusammengearbeitet. Ja, ich war Schlagzeuger. Ich habe ein *custom-made* Schlagzeug für 10 000 Dollar in meinem Trailer stehen.

Auch Bruce ist von Scotty nicht sonderlich angetan. Daher zögert er auch, als ich ihn am nächsten Morgen frage, wie ich zu Scottys *lease* komme.

»Was versprichst du dir von diesem Schwätzer?«

Tja, darauf habe ich keine richtige Antwort. Der Mann interessiert mich, und ich will mit eigenen Augen sehen, ob sein *lease* die Mühe lohnt. Ohne dass ich ihn erneut bitte, kommt Bruce ein paar Stunden später mit einem Zettel vorbei.

»Hier, ich habe dir eine *mud map* gezeichnet.«

»Eine *mud map«,* erklärt Bruce, als ich ihn verständnislos ansehe, »ist eine gezeichnete Karte.«

Wenn man im Outback nach dem Weg fragt, bekommt man nur selten Anweisungen, wie es auf der übrigen Welt üblich ist: an der dritten Ampel links, geradeaus, bis du zu McDonald's kommst, und dann ist es die Straße rechts. Eigentlich nicht verwunderlich angesichts der Tatsache, dass es hier nicht so viele Ampeln, McDonald's-Restaurants und Straßen gibt. Früher wurde dann eine Karte in den Staub oder den Schlamm gezeichnet, heutzutage bekommt man die *mud map* auf einem Blatt. Die handgezeichneten Karten in *Gold & Ghosts* sind *mud maps*, wird mir auf einmal bewusst; auch die Wegbeschreibung nach Six Mile, die Ted für mich gezeichnet hatte, war eine *mud map*. Bruce hat seine *mud map* mit detaillierten Anweisungen versehen: wie viele Kilometer ich fahren muss, bis ich auf den nächsten *bush track* stoße, bei welcher Halde ich rechts abbiegen muss und ... dass ich durch *Grant's Patch* fahren muss.

Das ist, was *Gold & Ghosts* über *Grant's Patch* zu berichten weiß: »*Grant's Patch* wurde 1894 von einem Goldsucher namens Grant entdeckt.« Diese doch sehr knappe Beschreibung wird diesem Gebiet nicht gerecht. *Grant's Patch* war bis vor Kurzem der Besuchermagnet von Ora Banda. Dort fand man außergewöhnlich viel Gold, und der Besitzer machte den Metalldetektoristen keinerlei Schwierigkeiten. Doch vor einem Jahr wurde *Grant's Patch* von heute auf morgen geschlossen. Seither stehen überall Schilder, die darauf hinweisen, dass die Suche nach Gold auf dem Gelände verboten ist. Der Besitzer, die *Paddington Gold Mine*, hat sogar einen Aufseher eingestellt. Nun ja, eingestellt ... ein gewisser Roger hat eigenmächtig beschlossen, dass er fortan Herr und Meister auf *Grant's Patch* ist. Er hat einfach seinen Wohnwagen auf dem Gelände abgestellt und kontrolliert seitdem mit einem Moped die Umgebung. Paddington lässt ihn machen. Das Unternehmen findet einen solchen kostenlosen Aufpasser offensichtlich bequem, und außerdem ist Roger effektiv: Er jagt jeden auf wenig sanfte Weise davon. So hatte er vor ein paar Wochen Vicky auf frischer Tat ertappt. Er hatte sein Moped vor ihrer Nase abgestellt, eine Videokamera herausgeholt und angefangen, sie zu filmen. Anschließend drohte er damit, das Filmmaterial zur Polizei zu bringen. Als Vicky sich von all dem wenig beeindruckt zeigte, zog er sein Jagdgewehr hervor. In diesem Augenblick hielt Vicky es für das Klügste, das Hasenpanier zu ergreifen.

Fast alle Goldsucher der Umgebung sind inzwischen mit ihm aneinandergeraten. Er hat sogar Mike und Rhonda gegen sich aufgebracht, indem er ihnen untersagte, ihr geliebtes Hobby – mit Quad Bikes durch den Busch zu brettern – auf *Grant's Patch* auszuüben. Seitdem ist Roger im Pub nicht mehr willkommen.

Als ich auf der durchgehenden Piste durch *Grant's Patch* fahre, sehe ich schon nach wenigen Kilometern einen Mann auf einem Moped in meinem Rückspiegel auftauchen. Er schließt auf, fährt neben mir her und signalisiert mir, dass ich anhalten soll. Ich bemerke, dass er meinen Metalldetektor auf dem Rücksitz entdeckt hat. Ich halte an und kurbele das Fenster runter.

»Was willst du hier?«, möchte er wissen.

»Dir auch einen guten Tag«, sage ich. »Du bist bestimmt Roger?«

»Wenn du vorhast, hier nach Gold zu suchen: Das ist verboten.«

»Ich bin auf dem Weg zu Scotty.«

»Oh ... na dann, dann kannst du weiterfahren.«

Scotty hat rund um seinen *lease* mit einem Radlader einen Wall aufgeschüttet, sodass man selbst mit einem Allradwagen nicht auf sein Grundstück kommt. Die Einfahrt ist durch zwei Schlagbäume gesichert, die mit schweren Ketten aneinander festgemacht sind. Ich drücke ein paarmal auf die Hupe, doch es kommt niemand. Mit Klebeband befestigte ich einen Zettel an einem der Schlagbäume. Ich schreibe, ich sei zufällig in der Gegend gewesen. Dann fahre ich wieder nach Hause.

Am Abend hockt Scotty im Pub.

»Hey, ich habe deine Nachricht gefunden. Du bist jederzeit willkommen«, sagt er jovial.

Wir verabreden uns für ein Uhr am nächsten Tag.

Am nächsten Tag stehe ich um fünf vor eins wieder vor den – geschlossenen – Schlagbäumen. Ich lasse meinen Wagen vor der Absperrung stehen und schaue mir Scottys Gelände zu Fuß an. Wie sich zeigt, ist er erstaunlich gut organisiert. Auf der einen Seite seines *lease* lagert allerhand Material: Schläuche, Rohre, Maschinenteile, alles ordentlich sortiert. Auf der anderen Seite stehen neben den erzverarbeitenden Maschinen ein paar Hochseecontainer und ein rostiger Bulldozer. Dazwischen ein etwa fünf Meter hoher Schachtturm. Am Fuß des Hügels schließlich ein Wohnwagen und ein *donger*. Frisch gewaschene Wäsche hängt an der Leine. Es gibt einen kleinen Garten. Aber von Scotty keine Spur. Ich hinterlasse erneut einen Zettel an den Schlagbäumen.

»Ja, ich habe eine halbe Stunde auf dich gewartet!«, ruft Scotty, als ich am Abend in den Pub komme. Vor ihm steht ein halber Liter Bier.

Arschloch, denk ich, sage aber nichts. Ich setze mich ans andere Ende der Theke, doch Scotty schnappt sich sein Bier und nimmt auf dem Hocker neben mir Platz.

»Hey, Jeroen, wirklich, ich musste nach Kalgoorlie, Mann. Um halb zwei musste ich los.«

»*Whatever*«, murmle ich. Einen Moment lang ist es still, dann: »Hey, habe ich dir schon erzählt, dass ich einen Abschluss in semiotischer Analyse habe?«

Ich habe große Lust, Scotty eine zu kleben.

»Du kennst doch bestimmt Ted? Aus dem Goldladen in Kalgoorlie?«

»Äh ... ja, wieso?«

»Das Logo seines Geschäfts ... das habe ich entworfen. Ich habe auch professionell als Fotograf gearbeitet.«

Was ist los mit diesem Kerl? Warum gibt er so an? Will er mich ärgern? Ist er verrückt? Hochbegabt? Und dann, ganz unvermittelt, kommt so etwas: »Jeroen, vor vierzehn Monaten hat meine Frau mich sitzen lassen. Ich habe eine Tochter, sie ist ...« Und Scotty starrt vor sich hin, in Gedanken versunken. Das macht er oft, mitten im Satz hört er plötzlich auf zu reden, und es hat den Anschein, als befinde er sich in einer anderen Dimension, in der ... tja, in der seltsame Dinge passieren.

»Sie ist …?«

»Drei Jahre alt«, nimmt Scotty den Faden wieder auf. »Ich darf sie nicht mehr sehen. Meine Ex hat keine Ahnung, was ich hier mache. Sie glaubt, ich würde hier ein bisschen mit einem Metalldetektor rumlaufen. Sie hat keine Ahnung, wie reich ich in ein paar Monaten sein werde, wenn ich meine Goldmine verkauft habe.«

»Wo wohnen deine Ex und deine Tochter eigentlich?«, frage ich.

»Einsam. Ich werde wahnsinnig vor Einsamkeit. Da …«, sagt er noch einmal und deutet mit einer trägen Armbewegung nach draußen, »keine Frauen, Mann, das ist das Schlimmste. In der Musikindustrie … ich habe in der Musikindustrie gearbeitet, da hatte ich massenhaft Frauen. Sie lagen mir zu Füßen. Als sie mich hat sitzen lassen, meine Frau, da habe ich 100 000 Dollar für Prostituierte ausgegeben. Es ging mir nicht um den Sex. Nein, Mann. Ich wollte die Lücke zwischen Intimität und Betrug schließen.«

Schwätzer, denke ich und seufze einmal tief.

»Hey, habe ich dir schon erzählt, dass ich auch schreibe? Gedichte. *Really dark shit, man*. Über das Fleisch, das die Seele verschlingt. Und über die Verbindung zwischen den beiden, zwischen dem Fleisch und der Seele.«

Ich trinke den letzten Schluck Bier und rutsche vom Barhocker herunter.

»Morgen um zehn?«, ruft Scotty mir hinterher. »Du bist herzlich willkommen, wirklich. Dann lernst du auch Ziggy kennen, meinen *driller*. Er wird Löcher bohren, um herauszufinden, was genau im Boden steckt.«

Morgens um zehn Uhr sind die Schlagbäume offen. Scotty hat sich rasiert und wirkt gut gelaunt. Er führt mich auf seiner Parzelle herum und wirft mit geologischen Begriffen um sich. »Schau, das ist Gabbro«, sagt er, während er einen hell gefärbten Stein aufhebt, um ihn gleich wieder fallen zu lassen. »Und da Dolerit« – ein schwarz-weiß gefärbter Felsen. »Der Boden hier besteht aus mafischem und ultramafischem Gestein. Außerdem gibt es noch felsischen, vulkanischen Sandstein und natürlich ein bisschen Schiefer.« Es bereitet Scotty ein sardonisches Vergnügen, mich nach Kräften in Verwirrung zu bringen. Oder mich mit Wissen zu beeindrucken, dessen Richtigkeit ich nicht kontrollieren kann. Sein Grundstück ist nicht viel größer als zwei Fußballfelder. Wir besteigen einen Hügel und sehen in ein paar Kilometern Entfernung die *Paddington Mine*. Scotty hat seine Parzelle im Jahr zuvor mit einem Partner gekauft. Von einem Mann, dem laut Scotty nicht klar war, wie wertvoll sein Grundstück ist. Und der außerdem nicht wusste, wie er Geld verdienen konnte. Scotty weiß all das natürlich. Wenn ich ihn recht verstehe, liegt sein Grundstück genau über einer Bruchlinie, und deshalb ist der Boden voller Gold. Er hat ein paar Geologen kommen lassen. Die waren jedoch nicht seiner Ansicht. Aber das kümmert ihn alles nicht, denn wenn sein Freund Ziggy hier erst einmal mit der Bohrausrüstung zugange gewesen ist, dann stehen die Bergbauunternehmen in null Komma nichts Schlange, um seinen *lease* zu kaufen.

Auf der anderen Seite des Hügels befindet sich eine kleine längliche Tagebaumine, gerade groß genug für einen kleinen Bagger. Wir gehen in die Grube hinein, und Scotty hebt einen cremefarbenen Stein auf.

»Porphyr, da ist garantiert Gold drin.«

Porphyr ... das ist eine Gesteinsart, von der ich schon mal gehört habe. Bei einem Besuch des Pantheon in Rom vor einem Jahr war mein Blick auf den karminroten Marmorfußboden gefallen. Dieser Marmor wird Porphyr genannt, lernte ich damals. Aber der Stein, den Scotty jetzt in der Hand hält, sieht der tiefroten Gesteinsart aus der römischen Antike nicht im Entferntesten ähnlich.

»Ich dachte, Porphyr ist dunkelrot«, werfe ich ein. »Diese Farbe hatte er jedenfalls in Rom.«

Scotty lässt sich durch die beiläufige Verwendung der Wörter »Rom« und »Pantheon« keine Sekunde aus dem Konzept bringen. Mit Hinweisen auf die Antike erzielt man im Outback keine Punkte.

»Hier ist Porphyr cremefarben«, sagt er entschieden.

Scotty ist so selbstgewiss und meine geologische Unwissenheit so riesig, dass ich allmählich zu glauben beginne, dass Scotty möglicherweise nicht der Blender ist, für den ich ihn hielt. Wir stoßen auf verlassene Bergwerksschächte, die voll Wasser gelaufen sind. Laut Scotty stammen diese Schächte und Gänge aus den neunziger Jahren des vorletzten Jahrhunderts und die Tagebaugrube aus den Siebzigern des vorigen. Und obwohl hier schon seit hundertzwanzig Jahren nach Gold gegraben wird, ist Scotty davon überzeugt, dass noch genug übrig geblieben ist.

»Woher weißt du so genau, dass in diesem Stein, in diesem Porphyr, Gold ist?«, frage ich ihn.

»Komm mit, dann zeige ich es dir.«

Ich kann es kaum glauben: eine direkte und klare Antwort auf eine Frage, in der es um Gold geht! Wir gehen zu seinem Wohnwagen. Dort holt er einen *dolly pot* heraus, einen metallenen Mörser mit einem Durchmesser von etwa dreißig Zentimetern. Scotty legt den Stein in den Mörser und fängt an, ihn mit einem großen Eisenstab zu zermahlen. Dann schüttet er den pulverisierten Stein in eine Goldpfanne und macht sich daran, in einem Wassertrog den Steinstaub vom Gold zu trennen. Jedoch: Sooft er auch wäscht, es ist kein Körnchen Gold in der Pfanne zu sehen.

»Na ja, Pech gehabt ... es hätte Gold darin sein können.«

Gerade jetzt, als er mich fast überzeugt hatte! Ha! Doch ein Spinner!

Ein großer Mercedes fährt auf das Grundstück. Das ist das erste Mal, dass ich auf den westaustralischen Goldfeldern einen Mercedes sehe. Ein Mann mit Schnäuzer und Bierbauch steigt aus: Ziggy, der *driller*. Oben auf dem Kopf ist er kahl, die Strähnen an den Seiten seines Schädels hat er hinten zu einem Pferdeschwanz zusammengebunden. Um den Hals: eine schwere goldene Kette. Am Ringfinger: ein goldener, mit kleinen Goldklumpen verzierter Ring. An den Handgelenken: ein goldenes Armband und eine goldene Uhr. Aus dem Kofferraum holt er einen Karton Dosenbier, den er Scotty überreicht.

»Wenn du jemanden im Busch besuchst, darfst du nie mit leeren Händen kommen«, sagt Ziggy zu mir, als ihm klar geworden ist, dass ich Ausländer bin. »Ein paar aktuelle Zeitungen, eine Flasche Schnaps, etwas, das einsame Männer zu schätzen wissen.«

Ziggy glaubt an Scotty. Er will mit einer mobilen Bohranlage Dutzende von Löchern bohren, sodass sie sich einen genauen Eindruck darüber verschaffen können, wie viel Gold im Boden ist. Die Bohrungen kosten jede Menge Geld, doch Scotty hat mit Ziggy vereinbart, dass er für seine Arbeit ein Viertel dessen bekommt, was der *lease* einbringt.

Ich fange wieder an zu zweifeln. Dieser Ziggy mit seinem Goldschmuck scheint mir nicht der Mann zu sein, der seine Zeit mit einem Schwätzer verschwendet. Andererseits wartet Scotty nun schon seit zwei Monaten darauf, dass Ziggy endlich loslegt. Und auch heute bringt er keine guten Nachrichten: Vielleicht im nächsten Monat, vielleicht auch nicht. Es sieht so aus, als räume Ziggy den Arbeiten Priorität ein, für die er bezahlt wird, und wenn er dann einmal ein paar Wochen nichts zu tun hat ... dann bohrt er bei Scotty.

Es ist fast elf, und nachdem Ziggy wieder abgefahren ist, macht Scotty für uns beide eine Dose Bier auf.

»Hast du Goldfieber, Scotty?«

»Nein.«

»Aber wenn du kein Goldfieber hast, warum bist du dann hier?«

»Des Geldes wegen, *mate*. Ich würde so gern von hier weggehen. Aber ich habe mein ganzes Geld in diesen Krempel gesteckt. Ich kann nicht weg. Aber lass es dir gesagt sein, in ein paar Monaten habe ich ein Penthouse in Perth. Und dann muss ich nie, nie wieder für jemand anderen arbeiten.«

DIE KUMPEL AUS DEM SUPER PIT

Der Autor überdenkt das Ziel seiner Reise – Die unerträgliche Langeweile des Suchens nach Gold – Die Kumpel aus dem Super Pit – *Paddy Hannan, der Entdecker von Kalgoorlie – 20 Dollar in die* Titty Kitty

Seit einem Monat bin ich jetzt in Ora Banda. Eines gefällt mir auf jeden Fall: Immer gibt es jemanden, der sich mit dir unterhalten will. Wenn man die Goldsucher von Ora Banda auf ein Bier einlädt, sind sie stets bereit, dir eine Geschichte zu erzählen. Allerdings: Viel schlauer werde ich durch diese Geschichten nicht. Keiner verrät mir sein Geheimnis, keiner präsentiert mir mehr als Gemeinplätze wie *Gold is where you find it*.

Es gibt auch Dinge, die mir in Ora Banda nicht gefallen. Der Ort ist manchmal ein wenig, nun ja ... ruhig. In Ora Banda folgt ein Tag auf den anderen, und alle ähneln sie einander. Ich bin nicht der Einzige, dem diese Eintönigkeit Probleme bereitet. Die Backpacker Katie und Abby haben in ihrem *donger* eine Schultafel aufgehängt, worauf steht: *... days to: on the road*. Jeden Tag tragen sie die genaue Anzahl der Tage ein, die sie noch in Ora Banda bleiben müssen. Die Zählung steht im Moment bei 67.

Und dann die Suche nach Gold. Was soll ich dazu sagen? Als ich meine Frau im Laufe der Woche anrief, fragte sie mich: »Was machst du eigentlich den ganzen Tag?«

Tja, gute Frage.

Seit ich hier angekommen bin, sehen meine Tage wie folgt aus: Ich stehe bei Sonnenaufgang auf. Ich mache mir ein paar

Butterbrote, packe mein Zeug in den Land Cruiser und fahre zu einer vielversprechenden Stelle in der Umgebung. Ich hänge mir mein Goldgräberzaumzeug um – kräftige Gurte, an denen ich mit einer elastischen Kordel den Metalldetektor befestige. Der Minelab GPX4000 ist mir inzwischen so vertraut, dass er sich wie eine Prothese anfühlt. Das Gerät ist zu einem Teil meines Körpers geworden oder ich zu einem Teil der Maschine, als wäre ich eine Art Cyborg.

Ich hänge mir eine kleine Spitzhacke an den Gürtel und stecke den GPS-Empfänger, eine kleine Schaufel und eine Wasserflasche in meine Tasche. Dabei zieht sich mein Magen zusammen, der Adrenalinspiegel steigt, und ich sage zu mir selbst: »Ja, heute wirst du Gold finden.« Dann setzte ich den Kopfhörer auf, schalte den Detektor ein, steuere die Kontrolleinheit aus und ... mache mich auf die Suche.

Ein ausgeklügeltes Suchsystem habe ich nicht. Immer wieder frage ich andere Goldsucher: »Wie gehst du vor? Wie suchst du?« Und alle erwidern sie: »Wenn ich eine Stelle gefunden habe, die mir gefällt, gehe ich einfach drauflos.« Also mache ich es auch so. Ich streune durch den Busch. Ich schnüffele unter Sträuchern, irre durch ausgetrocknete Flussbetten, klettere über Quarzfelsen. Das klingt vielleicht verlockend und beruhigend, eins sein mit der Natur und so weiter ... Aber die praktische Suche nach Gold ist unerträglich langweilig.

Ich hatte gedacht: Es macht nichts, wenn du nichts findest, denn das ziellose Herumgehen ist an für sich schon eine angenehme Beschäftigung. Ich hatte gedacht: Beim Umherschweifen durch den Busch kann ich auch meine Gedanken schweifen lassen. Ich hatte gedacht: Die Suche nach Gold ist eine Art Zen-Meditation. Doch die Goldsuche ist keine Zen-Meditation, sondern knochenharte Arbeit. Und dabei rede ich nicht einmal von der körperlichen Arbeit beim Graben von Löchern, sondern von der Konzentration. Denn auch wenn man nur ein bisschen herumschweift, so muss man sich dabei doch aufs Äußerste konzentrieren, um die Geräusche, die der Detektor von sich gibt, richtig zu interpretieren. Ständig muss man sich fragen: Ist das *ground noise*, ist das ein Nagel, eine Konserve oder ist das Gold? Gold hat einen ganz eigenen Klang, fast eine Art Flüstern, habe ich mir des Öfteren sagen lassen. Und wenn du deinen Gedanken nachhängst, wenn deine Aufmerksamkeit nachlässt, dann entgeht dir dieses Flüstern. Zwei Stunden, das ist die maximale Zeitspanne, die man sich konzentrieren kann.

Okay, morgens zwei Stunden. Eine halbe Stunde Frühstückspause. Noch einmal zwei Stunden. Eine Stunde Mittagspause, und wieder zwei Stunden. Nach einer Tasse Tee gehe ich meistens nochmals für eine Stunde los. Um halb vier sitze ich im Auto und fahre zurück nach Ora Banda. Dann das Abendessen mit dem Personal des Pubs, ein Bier an der Theke. Vor dem Schlafengehen blättere ich noch ein wenig in *Gold & Ghosts*, studiere geologische Karten der Umgebung und fahre manchmal auf die Halde der *Gimlet South Mine*, um mit meinem Laptop die Datenbanken des Department of Mines zu konsultieren oder mit Frau und Kind zu telefonieren. Und am nächsten Morgen beginnt dieses Ritual wieder von vorn.

Das Resultat meiner Arbeit: nichts.

Die Suche nach Gold ist die schwierigste und schwerste Arbeit, die ich jemals gemacht habe. Die Enttäuschung des Nichts-Findens – und des Immer-noch-nichts-gefunden-Habens. Jedes Mal wieder neue Hoffnung – die ständig wieder zerstört wird. Nie habe ich das Gefühl: Heute hast du etwas erreicht, etwas geschafft, so gering es auch immer sein mag. Beim Goldsuchen gibt es keinen Fortschritt. Selbst wenn man etwas finden würde, am nächsten Tag finge man wieder ganz von vorne an ... bei null. Verzweifelt frage ich mich, wie ich das aushalten soll. Als ich diese Frage meiner Frau vorlegte, meinte diese: »Ich würde viel lieber wissen: Warum machst du das?«

Ja, warum?

Reich werden … das ist ein Gedanke, der mir nur noch selten kommt. Was mich weitertreibt, ist pure Sturheit. Ich bin in den Westen gekommen, um Gold zu finden, also werde ich auch Gold finden. Was mich jetzt weitertreibt, ist Geltungsdrang. Ich will nicht aufgeben, bis ich mir bewiesen habe, dass ich Gold finden kann.

Was ich mir natürlich heimlich wünsche, ist ein *short cut*. Eine einfache Methode, mit Gold Geld zu verdienen. Und die gibt es: indem ich mir etwa einen Job als Kumpel in einer Goldmine suche. Und welche Mine liegt da näher als der *Super Pit* in Kalgoorlie?

Echte Kumpel gibt es im *Super Pit* nicht mehr – und mit echten Kumpels meine ich: Männer mit schmutzigen Overalls und einem Schutzhelm auf dem Kopf, Männer mit staubverklebten Gesichtern, die schwitzend in unterirdischen Gängen Erz schürfen. Die Nachfahren dieser Art von Kumpel sind die Lastwagenfahrer in orangefarbenen Overalls, die mit riesigen Muldenkippern das Gestein aus dem *Super Pit* nach oben bringen. Die modernen Bergarbeiter gehören zu den bestbezahlten Arbeitnehmern Australiens, Arbeitnehmer, die außerdem gegen die wirtschaftliche Rezession immun zu sein scheinen. Wie gut geht es den modernen Kumpels? Folgendes sagte Russel Cole, der Manager des *Super Pit*, in diesem Jahr dem *Kalgoorlie Miner*: »Finanzkrise? Wir sahen sie uns auf unseren neuen Plasma-Fernsehern an und hörten im Radio davon, während wir in unseren nagelneuen Autos zur Arbeit fuhren.«

Ich bin neugierig, wie diese Krösusse leben. Und darum bin ich auch begeistert, als die Kalgoorlie Consolidated Gold Mines

(KCGM), der Besitzer der Mine, mir gestattet, die Arbeiter einen Tag lang zu begleiten.

Jedes Jahr werden rund fünfundachtzig Millionen Tonnen Gestein aus dem *Super Pit* gefördert – anders ausgedrückt: 1,6 Millionen Tonnen pro Woche. Jede Menge von dem Geröll landet sofort auf der Halde: Nur bei fünfzehn Prozent des Materials, das hochgeholt wird, handelt es sich um Golderz. Und in diesem Erz ist nur eine winzige Menge Gold, durchschnittlich etwa zwei Gramm pro Tonne. Aber weil eine so gigantische Menge Gestein abgegraben wird, produziert der *Super Pit* trotzdem jeden Tag gut sechzig Kilo Gold, die beim heutigen Goldpreis rund zwei Millionen Euro wert sind.

Um die fünfundachtzig Millionen Tonnen aus der Grube zu holen, ist eine ganze Armee von Lastwagenfahrern an 365 Tagen des Jahres vierundzwanzig Stunden im Einsatz. Ich bin heute der B-Crew zugeteilt, die von fünf Uhr morgens bis fünf Uhr nachmittags Schicht hat. Der Tag beginnt mit einer Zusammenkunft in der Kantine. Alle tragen Orange. Es fühlt sich an, als hätte die niederländische Nationalmannschaft heute ein wichtiges Spiel, jedoch ohne die Aufregung, die dazu gehört. Der Aufseher hält eine motivierende Ansprache. Er sagt uns, wie viele Tonnen Steine in dieser Woche aus der Mine geholt werden müssen – 1 288 880 Tonnen – und in welchem Teil der Grube gearbeitet wird. Die B-Crew besteht aus etwa fünfzig Mann. Ich hatte Kerle wie Scotty, Ned und Albert erwartet, und die gibt es auch, aber ich bin erstaunt, fast ebenso viele Frauen wie Männer anzutreffen. Und was für Frauen! Neben kräftigen Mädels mit kurz geschnittenen Haaren sitzen gut frisierte Damen, die während der Ansprache des Aufsehers ihre Nägel nachmaniküren.

Garth ist heute Morgen mein Begleiter. Er ist zweiundvierzig, stammt aus Neuseeland – ein Kiwi, wie sich die Neuseeländer selbst nennen – und arbeitet seit etwa drei Jahren im *Super Pit*.

Es ist noch dunkel, als ich mit Garth hinausgehe, um den Caterpillar 793F, Nummer 227 zu suchen. Die Muldenkipper stehen in Reih und Glied. Ich wusste, dass diese Lastwagen zu den größten der Welt gehören, aber wie groß sie sind, wird mir erst richtig bewusst, als ich neben einem stehe. Ein Caterpillar 793F ist siebeneinhalb Meter breit, vierzehn Meter lang und sechseinhalb Meter hoch. Schon die Räder sind mehr als doppelt so groß wie ich. In die Kabine gelangt man nur über eine schräg vor dem Kühlergrill montierte Metalltreppe. Zwischen all den Caterpillars kommt man sich vor wie Gulliver im Lande Brobdingnag. Das sind Muldenkipper, die für Riesen gemacht wurden ... jedenfalls wenn man davorsteht. Sitzt man erst in der Kabine, gewöhnt man sich schnell an das Format. Wir finden Nummer 227. Garth macht eine Sicherheitsinspektion, lässt den Motor warm laufen, drückt auf ein paar Knöpfe, und weg sind wir.

Der Ire Paddy Hannan fand hier 1893 als Erster Gold. Zusammen mit zwei Kameraden war der dreiundfünfzigjährige Goldsucher von Coolgardie aus – wo der westaustralische Goldrausch begonnen hatte – weiter in den Busch gezogen. Als sie aufgehalten wurden, weil ein Pferd ein Hufeisen verloren hatte, machten sich die drei auf die Suche nach Gold, und zwar dort, wo heute der Anfang der Hannan Street liegt. In einem ausgetrockneten Flussbett fand Hannan ein paar kleine Goldklumpen. Binnen weniger Tage hatte das Trio einhundert Unzen Gold beisammen. Die gute Nachricht verbreitete sich rasch, und innerhalb einer Woche war Hannan's Find, wie Kalgoorlie anfangs genannt wurde, von zweitausend Goldsuchern überflutet. Doch Hannan's Find schien zunächst nur ein kurzes Leben beschert zu sein. Tatsächlich lag nur wenig Gold an der Erdoberfläche, und daher zogen viele ungeduldige Glücksucher weiter, zu Feldern, von denen sie sich mehr erhofften, wie etwa Kanowna und Broad Arrow.

Hannan und die ersten Goldsucher konzentrierten sich auf die reichen Quarzadern; niemand beachtete die rotbraunen Hügel voller Eisenerz ein paar Kilometer weiter südlich. Einige Wochen nach Hannans erstem Goldfund suchte eine Gruppe von Goldsuchern aus Adelaide in den Hügeln ihr Heil. Nicht weil sie den Boden dort für ergiebig hielten, sondern weil alle »guten« Grundstücke schon besetzt waren. Wie sich aber herausstellte, enthielten diese unansehnlichen Hügel – der Ort, wo sich heute der *Super Pit* befindet – die reichsten Goldadern des Kontinents, die sogenannte *Golden Mile*. Fünf Jahre später, 1898, hatten die sechs damals aktiven Minen der *Golden Mile* jeweils eine Tonne Gold produziert. Und anders als etwa in der Mine von Coolgardie zeigte sich hier, dass die Adern, je tiefer man grub, immer ergiebiger wurden.

Dank der *Golden Mile* konnte Kalgoorlie sich zur größten Stadt in den westaustralischen Goldfeldern entwickeln – und es auch bleiben. Eine Mine hat eine durchschnittliche Lebensdauer von zwanzig Jahren, doch an dieser Stelle wird seit 1892 ununterbrochen Gold geschürft, bis heute fast eineinhalb Millionen Kilo. Jahrzehntelang glaubte man, das Gold in der *Golden Mile* sei unerschöpflich. Erst Ende der 1960er-Jahre schien das Ende in Sicht, und mit Kalgoorlie ging es bergab. Danach musste die Stadt zwanzig Jahre auf eine neue Blütezeit warten, bis schließlich der Geschäftsmann Alan Bond auf die Idee kam, alle existierenden unterirdischen Minen zu kaufen und zusammenzuschließen, um das Gestein in einem einzigen großen *Super Pit* effizient abgraben zu können.

Dieser Bond war einer der umstrittensten Geschäftsleute in Australien. Groß geworden mit Immobilien, Medien und Minen, erwarb er 1987, auf dem Höhepunkt seines Erfolgs, für 53,9 Millionen amerikanische Dollar das Gemälde *Schwertlilien* von Vincent van Gogh – damals die höchste Summe, die je für ein

Gemälde bezahlt wurde. Doch Bond konnte den Betrag letztendlich nicht aufbringen – ebenso wenig wie es ihm gelang, alle Minen der *Golden Mile* zu kaufen. Er erwies sich als direkter Nachfahre dubioser Finanziers wie etwa Horatio Bottomley und James Whitaker Wright: 1992 wurde er wegen Betrug zu vier Jahren Haft verurteilt. Sein Bankrott – er hinterließ Schulden in Höhe von 1,8 Milliarden Dollar – war die größte Pleite in der Geschichte Australiens. Doch wie dem auch sei, was Bond nicht gelang, gelang einem Konsortium namens Kalgoorlie Consolidated Gold Mines. 1989 wurde mit der Aushebung der *Golden Mile* begonnen, und der *Super Pit* war eine Tatsache.

Das Erste, was Garth mir erzählt, ist, dass er 110 000 Dollar (etwa 80 000 Euro) im Jahr verdient. Was er dafür tun muss? Einen Caterpillar 793F in den *Super Pit* hinein- und wieder hinauszufahren, und zwar auf einem steilen Weg, der spiralförmig an den Wänden der Grube entlang bis zum Grund führt.

Garth ist seit drei Jahren Lastwagenfahrer in Kalgoorlie. In Neuseeland war er Holzhacker, doch darin sah er keine Zukunft mehr. Vor dreizehn Jahren wanderte er nach Australien aus, und seitdem hat er immer im Bergbau gearbeitet: in den Kohleminen im Osten des Landes, in den Eisenerzminen im Nordwesten und jetzt hier im *Super Pit*.

Hier verdient er weniger als in den anderen Minen, doch auf der anderen Seite gibt es auch Vorteile. In erster Linie: Sicherheit. Der Preis der anderen Mineralien ist stärkeren Schwankungen unterworfen als der des Goldes. Wenn der Preis eines Minerals weit nach unten fällt, wird die Mine unwiderruflich geschlossen, und alle stehen auf der Straße. Das kann bei den Goldminen nicht so leicht passieren, glaubt Garth. Auch dass er in Kalgoorlie wohnen und zur Arbeit fahren kann, statt alle zwei Wochen an einen abgelegenen Ort zu fliegen, empfindet er als großen Vorteil. Garth arbeitet sieben Tage lang zwölf Stunden pro Tag; danach hat er drei Tage frei. Bevor er in zwölf Jahren in Rente geht, hat er noch einen Wunsch: Fahrer eines Radladers werden. Das wird besser bezahlt.

Trotz ihrer Größe sind die Muldenkipper kinderleicht zu fahren. Der Caterpillar 793F hat ein Automatikgetriebe. Ein Computerbildschirm sagt uns, zu welchem Teil der Grube wir fahren müssen und welche Art von Erz wir dort abholen sollen (nicht jedes Erz ist goldhaltig). Wir fahren mit einer Geschwindigkeit von fünfzehn Stundenkilometern zum Boden der Grube hinunter. Der Morgen dämmert, die Sonne wirft ihre ersten Strahlen über den Rand der Grube, sodass die Wände plötzlich tiefrot erglühen. Wir brauchen zwanzig Minuten, bis wir unten sind. Dort wartet bereits eine Reihe anderer Muldenkipper bei einem riesigen Radlader. Der ist so groß, dass er mit zwei-, dreimal Schaufeln einen Caterpillar 793F vollladen kann: mit rund 250 000 Kilo Gestein. Die Lastwagenreihe wird rasch kürzer, und dann sind wir dran. Garth lenkt die Rückseite des Wagens in Richtung Radlader; er weiß genau, wie er den Laster platzieren muss, damit der Radladerfahrer die Wanne so schnell wie möglich füllen kann. Als die erste Ladung Steine in die Kippermulde poltert, hüpfen wir durch diesen Stoß von circa fünfundsiebzig Tonnen Erz auf unseren Sitzen. Noch zwei Schaufeln ... und wir sind wieder unterwegs. Die Rückfahrt dauert eine Dreiviertelstunde. Als wir wieder oben sind, sagt der Computer uns, wo wir das Erz abladen müssen, und dann können wir wieder hinabfahren. Und das ist die Arbeit der Kumpel im *Super Pit*.

Nachdem wir dreimal runter- und wieder raufgefahren sind, sehne ich mich nach meinem Metalldetektor zurück.

»Langweilst du dich nie?«, frage ich Garth.

»Ja, doch, manchmal schon«, gibt Garth zu. »Aber dann denke ich: Ach, ich hab nur noch zehn Jahre vor mir. Ich halte mir einfach die langfristige Perspektive vor Augen. Weißt du, ich gehe mit zweiundfünfzig in Pension. Dann kehre ich nach Neuseeland zurück und kann tun und lassen, was ich will.«

»Oh, ich bin so froh über diesen Job«, sagt Gaye. »Immer wieder bin ich zum Aussichtspunkt des *Super Pit* gegangen, um mir diese *big babies* anzusehen. Und jedes Mal dachte ich: Irgendwann werde ich auch solch ein Riesending fahren. Ich kann es einfach nicht glauben, dass das tatsächlich wahr geworden ist.« Nach der Mittagspause bin ich zu Gaye, etwa Mitte vierzig und Mutter von vier Kindern, in den Wagen gestiegen. Gaye ist eine fröhliche Frau mit Krähenfüßen um die Augen, die einem ein Ohr abquatscht. Sie ist erst seit einigen Monaten Lastwagenfahrerin. Nach Garths Beamtenmentalität tut Gayes Begeisterung richtig gut. Ich lasse ihr munteres Plappern wie eine warme Decke auf mich herabsinken.

Vor einem Jahr fasste Gaye den Entschluss, dass es jetzt passieren musste, wenn sie irgendwann noch einmal Lastwagenfahrerin werden wollte. Ihre Kinder waren etwas älter und brauchten nicht mehr ihre ständige Hilfe und Aufmerksamkeit. Also nahm sie, ohne ihrem Mann oder ihren Kindern etwas davon zu erzählen, Fahrstunden. Nach einigen Monaten hatte sie den Lastwagenführerschein bestanden und füllte ein Bewerbungsformular aus. Wieder einige Monate später wurde sie zum Vorstellungsgespräch eingeladen.

»Am Abend vorher habe ich dann meinem Mann alles erzählt«, berichtet sie. »Nein, begeistert war er nicht, er verstand nicht so recht, warum. Doch als ich den Job hatte und er sah, wie viel Geld das brachte, verstummten seine Einwände rasch.«

Wir fahren nach unten. Wir fahren nach oben. Die Stunden schleichen dahin.

Auch Gaye frage ich: »Langweilst du dich nie?«

»Nein, bist du verrückt?«, ruft Gaye. »Hier passiert immer etwas. Über Kurzwelle kommen ständig schöne Ratespiele. Da kann man direkt antworten. Super. Kein Tag ist wie der andere. Wenn es regnet, musst du wirklich aufpassen. Ich bin einmal ins Rutschen geraten. Und wenn du mit so einem Ding ins Rutschen kommst, dann machst du dir vor Angst in die Hose. Und einmal bin ich gegen die *loading bay* an der Kantine gefahren. Das Ding war krumm wie eine Banane. Mein lieber Mann, da habe ich mir was eingebrockt, wochenlang haben die Kollegen mich damit aufgezogen.«

»Weißt du, was ich vorher gemacht habe?«, fragt Gaye mich eine Viertelstunde später. Offenbar hat sie weiter über meine Frage nachgegrübelt. »Ich habe im Kmart an der Kasse gesessen. Hier verdiene ich viermal so viel. Nein, da mach ich doch lieber diesen Job. Der einzige Nachteil ist, dass ich meine Familie seltener sehe. Meine Kinder haben wirklich Schwierigkeiten damit. Durch die Zwölf-Stunden-Schichten hat man für nichts anderes mehr Zeit. Letztes Jahr musste ich sogar an Weihnachten arbeiten.«

Wir fahren nach unten. Wir fahren nach oben.

Ab und zu besteht unsere Ladung aus Golderz, und dann dürfen wir damit zu einem riesigen *crusher* fahren, der das Geröll pulverisiert, damit das Gold aus dem gemahlenen Erz gewonnen werden kann. Gegen Abend, als die Schicht beinahe zu Ende ist, sagt Gaye plötzlich: »Der Geruch von Diesel schenkt mir Trost.«

»Wie meinst du das?«

»Der Geruch erinnert mich an meinen Vater. Er war Lastwagenfahrer, er roch immer nach Diesel. Er fuhr *road trains*, kreuz und quer durch Australien. Er starb, als ich sieben war. Und seitdem wollte ich immer Lastwagenfahrerin werden.«

Um fünf ist meine Schicht vorbei. Gaye und Garth eilen nach Hause, zu ihren Familien. Garth und Gaye, das sind Minenarbeiter, wie KCGM sie mag: verantwortungsbewusst, aufgeschlossen, *family oriented*. Aber wie ist das mit den prassenden, aggressiven, alleinstehenden Kumpels, die ich abends in die zwielichtigen Kneipen verschwinden sehe?

Ich steige in meinen Wagen.

Zurück zu meinem einsamen *donger* in Ora Banda?

Nein! Ich will Menschen um mich haben. Gedränge. Abwechslung. Oben auf der Fassade des Palace Hotels, der berüchtigtsten *skimpy bar* in Kalgoorlie huscht als Leuchtschrift der aktuelle Goldpreis vorüber: 1250 australische Dollar je Feinunze. Draußen auf der Straße steht ein Schild, das die *skimpies* dieser Woche ankündigt: Goldie, Opal, Leila und Debby. Drinnen ist es kurz nach sechs bereits gerammelt voll: In drei Reihen stehen die Kumpel an der langen Theke. Und dahinter: vier *skimpies*, alle Mitte zwanzig. Ihre Kleidung besteht nur aus einem Spitzenhöschen und Zehensandalen.

Die Stimmung ist gut. Das Bier strömt. Den Mädels scheint es Spaß zu machen, und die Männer glotzen oder geben sich – so wie ich – Mühe, nicht zu glotzen. Neben mir steht ein junger Mann an der Theke, der sehr wohl glotzt.

»Ich wusste nicht, dass *skimpies* hier so, äh, *skimpy* bekleidet sind«, sage ich.

»Oh, aber die *Titty Kitty* ist doch gerade herumgegangen«, murmelt er mit schwerer Zunge.

»Die *Titty Kitty*?«

Der Bursche hebt mühsam einen Arm und deutet auf eine große Bierflasche auf der Theke, in der jede Menge zerknüllte Geldscheine stecken.

»Am Ende ihrer Schicht ... und wenn die *Titty Kitty* voll ist ... dann wird es hier, äh, richtig schön.«

Irgendwo in der Mitte klettert eine junge Frau mit großer Oberweite auf die Theke. Sie setzt sich hin, packt den Kopf eines jungen Bergmanns und presst ihn ziemlich unsanft zwischen ihre Brüste. Der Kerl wird feuerrot, sein Freund lacht laut, kommt aber auch nicht ungeschoren davon. Die Frau stellt sich auf die Theke und klettert geschickt auf seine Schultern. Sie beugt sich vor und lässt ihre Titten vor seiner Nase hin und her schaukeln. Die journalistische Pflicht ruft, und nach vier Gläsern Bier habe ich genug Mut gesammelt, eines der Mädchen anzusprechen.

»Entschuldigung, darf ich dich etwas fragen?«

Mit einer Handbewegung gibt sie mir zu verstehen, dass ich kurz warten soll, und dann hält sie mir die *Titty Kitty* unter die Nase.

Tja, so war das eigentlich nicht gedacht.

Aber gut, ich weiß schließlich, was sich gehört und stecke also zwanzig Dollar in das Glas. Allerdings weiß ich nicht so recht, wie ich das Gespräch beginnen soll. Ich komme mir vor wie ein schmieriger Kerl und bin mir der nackten Brüste, die vor meiner Nase auf und ab wogen, nur allzu bewusst.

»Ich heiße Goldie«, sagt sie.

»Wohnst du hier?«, ist die einzige Frage, die mir einfällt.

Ich sehe ihr an, was sie denkt: Was für ein *loser*, kann der sich wirklich nichts Originelleres ausdenken?

»Nein, in Brisbane, Queensland.«

»Oh, und wie bist du dann hier gelandet?«

»Ich arbeite *fly-in fly-out*«, berichtet sie munter. »Alle sechs Wochen fliege ich nach Kal. Dann arbeite ich eine Woche, und anschließend geht es wieder zurück nach Hause.«

»Und wie viel verdienst du so?«

»30 Dollar die Stunde, aber mit Trinkgeld komme ich in einer guten Woche auf 3000 Dollar. Auf diese Weise finanziere ich mein Studium …«

Studium? He, eine Studentin! Jetzt wird es interessant, doch Goldie sieht das anders. Ein Stück weiter winkt ein Bursche mit einem Fünfziger, und abrupt schnappt Goldie die *Titty Kitty* vor meiner Nase weg und tänzelt zum nächsten Kunden.

Morgen wieder auf Goldsuche, nehme ich mir vor, als ich leicht benebelt nach Ora Banda zurückfahre. Und zum ersten Mal seit langer Zeit freue ich mich darauf, mit meinem Metalldetektor in den Busch zu gehen. Eines ist mir heute deutlich geworden: Wenn die Kumpel im *Super Pit* irgendetwas nicht haben, dann ist das Goldfieber. Es geht diesen Männern und Frauen nicht um Gold, sondern um Geld. Es geht ihnen nicht um die Spannung der Suche, sondern um die Sicherheit eines festen Jobs. Bei mir ist es genau umgekehrt. Okay, nach Gold suchen ist langweilig. Und Lastwagenfahren im *Super Pit* ist langweilig. Doch Lastwagenfahrer sind Lohnsklaven, und Goldsucher haben theoretisch die Möglichkeit, mit einem Schlag steinreich zu werden. Und wichtiger noch: Goldsucher können tun und lassen, was sie wollen (auch wenn sie in der Regel damit bitterwenig verdienen). Das ist ein bisschen so wie bei freien Journalisten. Es kommt nicht von ungefähr, dass ich mich für diesen Beruf entschieden und nie eine feste Stelle angestrebt habe. Auf einmal verstehe ich, was Ned mir ein paar Wochen zuvor gesagt hat, nämlich dass es nichts Schöneres gibt, als durch den Busch zu schweifen, sich von den Dornenbüschen die Haut zerkratzen zu lassen, sich blöd zu schwitzen und sein Schicksal mit einem Schwarm Fliegen zu teilen, die einem um den Kopf schwirren.

The fun is … being out here.

Er hat recht, durch den Busch schweifen macht unendlich viel mehr Spaß, als mit einem Muldenkipper pausenlos in eine tiefe Grube hinein- und wieder hinauszufahren. Ich brauchte die

Kumpel vom *Super Pit*, um das herauszufinden. Ja, *sie* werden reich im Outback, und ich – nun ja, erst einmal jedenfalls – nicht. Aber ich würde für kein Gold der Welt mit ihnen tauschen wollen.

GEFLÜSTER IN MURRIN MURRIN

Eine Geburtstagsparty in Ora Banda – Ted und sein »Topf voll Gold« – Der Autor findet sein erstes Gold in Murrin Murrin – Was ist Gold? – Die Herkunft der Goldklumpen – Ein zweites Goldklümpchen – Ein fifty ouncer oder fuck all *– Schießen im Outback*

Tim hat Geburtstag und gibt eine Party. Ich habe mir extra ein sauberes Hemd angezogen und meine R.-M.-Williams-Stiefel geputzt. Ein Fehler, wie mir klar wird, als ich in den Garten von Tim und CJ komme. Sieben Männer stehen um ein Holzfeuer versammelt. Sie tragen ausgebleichte T-Shirts, Sweaters mit Löchern und schmutzige Jeans. Tim ist mit einer tief hängenden Trainingshose und Zehensandalen bekleidet. Samstagabend in Ora Banda.

»Er hat heute schon um elf Uhr morgens angefangen«, sagt CJ und deutet auf Tim, der sich kaum noch auf den Beinen halten kann. CJ ist die Einzige, die festlich aussieht. Ihre blonden Haare sind geföhnt. Sie trägt ihre gewagteste abgeschnittene Jeans und die am tiefsten ausgeschnittene Bluse.

Mit den Augen auf CJ deutend, stößt mich einer der Gäste an und flüstert: »*Tim is a lucky man.*«

Als Geburtstagsgeschenk habe ich eine Flasche Wodka mitgebracht. Und mein eigenes Bier.

Das verhält sich so: Als CJ mich vorgestern einlud, fragte ich sie, was ich mitbringen könnte. Darauf meinte sie: »Jeder bringt seine Getränke selbst mit.« Also nuckele ich jetzt an einer kleinen Heineken-Flasche, und der Rest der Gesellschaft trinkt Emu Export aus Dosen. Tims nicht zu übersehender Zustand hat wahrscheinlich etwas mit dem *moonshine* – selbst gebrannter Schnaps – zu tun, den sein Freund Kai mitgebracht hat.

»Aus Kartoffeln gemacht«, sagt Kai stolz. Ob ich auch einen Schluck probieren wolle. Aus einer Zweiliter-Colaflasche gießt er eine farblose Flüssigkeit in einen Plastikbecher. Ehe ich einen Schluck trinke, schnuppere ich an dem Fusel.

Oooaah! Das Zeug riecht nach Spiritus.

Ich rieche noch einmal. Pfui Teufel!

Tim und Kai sehen mich erwartungsvoll an.

Was tun?

Ich komme mir vor, als hätte man mir einen Giftbecher gereicht. Aber ich will kein Feigling sein, und darum, schwupp, nehme ich einen ordentlichen Schluck. Der *moonshine* schmeckt nach gar nichts. Ich spüre, wie der Schnaps eine Brandspur in meiner Speiseröhre hinterlässt, als hätte ich einen großen Schluck Whiskey getrunken – nur doppelt so ätzend. Mein Gott, wenn das mal gut geht!

»Nicht schlecht, was?«, sagt Kai. »Achtundneunzig Prozent Alkohol.«

In meinem Magen beginnt es zu blubbern, aber übel wird mir zum Glück nicht.

Kai kommt aus Schweden und lebt schon seit 1981 in Australien. »Vor dem Sozialismus geflohen«, gesteht er mir. »Australien ist das beste Land der Welt. Wo auf der Welt hat man so was«, sagt er und macht dabei eine weitausholende Geste mit dem Arm. Mir ist nicht ganz klar, ob er den Outback oder die Partygesellschaft meint.

Aus der Stereoanlage auf der Veranda tönt Countrymusik: Slim Dusty. Laut Tim der beste Musiker Australiens und der Einzige, den er hört. Als Slim *Waltzing Matilda*, die inoffizielle Nationalhymne von Australien, anstimmt, fällt die ganze Gesellschaft mit ein.

Heute sind Wahlen, und ich frage Tim, wen er gewählt hat.

»Ich habe in meinem ganzen Leben noch nicht gewählt, *mate.*«

Zusammen mit Nationen wie Argentinien und Liechtenstein ist Australien eines der wenigen westlichen demokratischen Länder, wo es eine Wahlpflicht gibt, und es werden auch tatsächlich Strafen verhängt, wenn man seine Stimme nicht abgibt. In Australien beträgt das Bußgeld zurzeit 20 Dollar. Aber wie ich von Tim erfahre, gibt es eine Möglichkeit, sich der Stimmabgabe zu entziehen. Um wählen zu können, muss man sich registrieren lassen. Aber wenn man sich nie registrieren lässt, bekommt man auch keine Wahlbenachrichtigung, und die Behörden wissen folglich auch nicht, dass man nicht zur Wahl gegangen ist.

»*Hey, mate*, warum interessierst du dich so für die Wahlen?«, fragt mich Trevor, ein Jugendfreund von Tim, in leicht aggressivem Ton. Trevor fehlen einige Zähne, er hat einen dicken Bauch und trägt einen schmuddeligen, schlaffen Filzhut der Marke Akubra, *die* Kopfbedeckung des australischen Outbackmannes.

»Das ist der Schriftsteller!«, ruft CJ.

»Schriftsteller, Schriftsteller ... ich habe noch nie einen Schriftsteller getroffen«, sagt Trevor. »Und dafür kriegst du Geld?«

»Äh, ja.«

»Hahaha!« Trevor lacht dröhnend auf. »Du bist mir vielleicht ein Gauner.« Er schlägt mir herzlich auf den Rücken.

»Und, was machst du so für den Lebensunterhalt?«, frage ich ihn.

»Ich? Ich habe einen ehrlichen Job, *mate*. Ich bin *fencer*.«

Ein *fencer* ist jemand, der auf einer Farm die Zäune unterhält, und weil in Australien manche Farmen so groß wie eine niederländische Provinz sind, ist das Aufstellen und Reparieren der Zäune ein Fulltimejob. Inzwischen versucht CJ Tim dazu zu bringen, den *barbie* anzuzünden. Würste und Steaks sollen gegrillt werden. Aber Tim ist derart besoffen, dass er es nicht schafft, die Gasflasche an den Grill anzuschließen.

Ted und Lecky vom Goldladen in Kalgoorlie sind auch da. Sie sind die einzigen Gäste, die nüchtern sind.

»Setz dich mal einen Moment hin, *mate*«, sagt Ted zu Tim, während Lecky die Steaks auf den Grill legt. Im Handumdrehen hat er die Gasflasche angeschlossen.

Heh, Ted, denke ich, den wollte ich sowieso gerade sprechen.

Früher am Tag war mein Blick auf die Titelseite des *Kalgoorlie Miner* gefallen. Neben einem Artikel über einen Surfer, der von einem Hai verspeist worden war, befand sich ein Foto von Ted und Lecky – beide mit einem breiten Grinsen im Gesicht. Die Überschrift lautete: $40M POT OF GOLD. Ted, mit dem ich Grenzpfähle in den Boden geschlagen hatte. Und dieser Ted hatte Gold im Wert von vierzig Millionen gefunden? Sofort fing ich an zu lesen. Und was stellte sich heraus? Schon seit längerer Zeit hatten Ted und Lecky einen *lease* ins Auge gefasst, den wir hier *Lease X* nennen wollen. Im Gegensatz zum Besitzer eben dieser Parzelle, der dem Grundstück keinerlei Beachtung schenkte, war das Ehepaar davon überzeugt, dass der Boden goldhaltig war – eine Überzeugung, die auf der Erfahrung lokaler Goldsucher gründete. Ted und Lecky hatten Glück, denn die Nutzungsrechte an dem *lease* sollten demnächst verfallen. Und an dem Tag, als es so weit war, standen die beiden eine Minute nach Mitternacht im Busch und schlugen neue Grenzpfähle ein.

Nachdem sie sich die Eigentumsrechte gesichert hatten, ließen sie Bodenproben nehmen, und die Ergebnisse übertrafen ihre kühnsten Erwartungen. Eine Probe ergab, dass pro Tonne Gestein 368 Gramm Gold im Boden steckten, laut einer anderen waren es sogar 434 Gramm. Zur Erinnerung: Im *Super Pit* betrug der Anteil zu der Zeit zwei Gramm je Tonne. Fotos, die den Artikel illustrierten, zeigten Nuggets so groß wie Golfbälle, die auf *Lease X* gefunden worden waren, und faustgroße Porphyr- und Quarzbrocken, in denen man das Gold glitzern sah. Laut dem Artikel war die Parzelle vierzig Millionen Dollar wert. Ted und Lecky wollten nun das Gelände mit Metalldetektoren absuchen. Das Gold, das tiefer im Boden lagerte, sollte dann später von einem Minenunternehmen abgebaut werden.

Mir wurde schwindelig, und verwirrt schob ich die Zeitung beiseite. Ted hatte mich von dem Gedanken abgebracht, einen *lease* zu kaufen, und er selbst war durch den Erwerb eines solchen *lease* zum Multimillionär geworden. Vor allem aber war ich baff darüber, dass er seinen *big one* offenbar schon längst gefunden hatte. Und er hatte wirklich – bis jetzt jedenfalls – nichts von seinem spektakulären Fund verraten. Genauso wie er es während des Grenzpfahl-Ausflugs mit Ned gesagt hatte. Das Bemerkenswerteste, oder eigentlich das Deprimierendste von allem aber war die Lage von *Lease X*: Six Mile in der Nähe von Kanowna – der Ort, zu dem Ted mich geschickt hatte, als ich gerade in Kalgoorlie angekommen war.

»Hey, *mate*, wie geht es dir?«, fragt Ted.

»Tja, nicht so gut wie dir, wenn ich den Geschichten in der Zeitung glauben darf«, erwidere ich.

Ted grinst, reibt sich mit der linken Hand über den kahlrasierten Schädel und sagt dann: »Du hast deine Chance gehabt, *mate*.« Er hebt die Hände über den Kopf. »Ich habe dich in die richtige Richtung geschickt. Wenn du nichts findest, tja, dann kann ich daran auch nichts ändern.«

»Das Gebiet bei Six Mile, das du mir gezeigt hast, wo du mir erlaubt hast zu suchen ...«

»Ja«, unterbricht er mich.

»... das war der *lease*, von dem in der Zeitung die Rede ist?«

»*Rightio.*«

Ich kann es kaum glauben. Genauer gesagt: Ich will es nicht glauben. Dass ich über Gold im Wert von vierzig Millionen spaziert bin, ohne auch nur ein einziges Gramm zu finden.

»Ach, vierzig Millionen«, sagt Ted. »Wir haben einfach mal eine Summe genannt. Aber dass es dort jede Menge Gold gibt, das steht fest.«

Ich könnte heulen. Wie der allergrößte Idiot komme ich mir vor.

»Aber, Ted ... Du hast mir doch bei unserem letzten Treffen gesagt, dass du einen Fund niemals öffentlich machen würdest. Du meintest, du würdest es für dich behalten ... weil du Angst hättest, einen Goldrausch auszulösen.«

»Das meiste Gold haben wir von dort bereits weggeholt, *mate*. Was jetzt noch übrig ist, das ist *deep stuff*. Und der interessiert uns nicht. Wir suchen ein Bergbauunternehmen, das uns den *lease* abkauft. Darum haben wir uns an die Zeitung gewandt. Der Artikel ist einfach nur kostenlose Werbung.«

Ich trinke einen Schluck von meinem Bier. Und noch einen. Trevor steht noch immer neben mir am Lagerfeuer.

»Na, hast du schon Gold gefunden?«, fragt er.

»Ach, red nicht davon, Mann«, knurre ich.

»Ein Buch über Goldsuche schreiben und selbst nichts finden ... das wird bestimmt ein wunderbar spannendes Buch werden.«

»Hey, Jeroen, willst du noch etwas *moonshine*?«, fragt Kai.

»Immer her damit, *mate*.«

Am nächsten Morgen habe ich Kopfschmerzen, als würden zehn Goldsucher mit Spitzhacken die Innenseite meines Schädels in Stücke schlagen. Und einen Geschmack im Mund, als hätte ich die ganze Nacht auf einem überfahrenen Känguru herumgekaut.

Ich quäle mich aus dem Bett. Auf, auf, Gold suchen. Als ich an Tims Haus vorbeikomme, sehe ich ihn auf seinem Grundstück herumwerkeln. Ich halte an, um ihm kurz Hallo zu sagen. Er kommt gerade aus der Dusche und scheint bester Laune zu sein.

»Kater?«, frage ich.

»Ooaah, nicht so richtig fit, aber null Kopfschmerzen«, meint er munter. »Hey, Jeroen, weißt du, was ich mir gedacht habe? Weil du noch nichts gefunden hast und so. Du hast doch tatsächlich noch nichts gefunden?«

»Nein«, antworte ich. »Abgesehen von einem Viertelgramm in Victoria und ein wenig Goldstaub in einem Museum in Ballarat.«

»Und du bist jetzt seit vier, fünf Wochen in Westaustralien?«

Ich nicke.

»Und du hast einen Metalldetektor?«

Ich nicke wieder.

»Na ja, ich habe mir gedacht, du könntest vielleicht ein paar Tage mit uns zu unserem *lease* in Murrin Murrin kommen. Wir fahren nachher für eine Woche dorthin.«

Gestern Abend hatte CJ mir erzählt, dass Tim und sie zurzeit in der Nähe des Örtchens Murrin Murrin arbeiten, etwa 250 Kilometer nordöstlich von Ora Banda. Was sie dort genau machten, wurde mir nicht klar. Das lag zweifellos an dem *moonshine*. Woran ich mich noch erinnern konnte, war, dass die Arbeiten dort nicht wie geplant voranschritten und dass sie nun – mangels besserer Alternativen – mit einem Radlader und Detektoren zugange waren.

»Mit den anderen vereinbaren wir immer, dass sie das erste Gold, das sie finden, selbst behalten dürfen«, sagt Tim. »Der Rest gehört dann uns.«

Es dauert einen Moment, bis die Tragweite des Gesagten zu mir durchdringt.

»Moment … du sagst, ich darf dort in Murrin Murrin auf deinem Gelände mit meinem Metalldetektor suchen?«

»Ja.«

»Aber wie groß ist die Chance, dass ich dort Gold finde?«

»Oh … ich würde sagen, neunundneunzig Prozent.«

*

Murrin Murrin, erster Tag

Neunundneunzig Prozent. Ich zweifelte keine Sekunde an Tims Worten. An diesem Abend schrieb ich mit Großbuchstaben in mein Notizbuch: MORGEN WERDE ICH GOLD FINDEN.

Ich schrieb dies in erster Linie aufgrund von Tims beiläufig gemachtem Versprechen. Ich schrieb es auch, weil ich Tims Zuversicht bestätigt fand in dem, was D. W. de Havelland in *Gold & Ghosts* über Murrin Murrin berichtet: »Buchstäblich Tausende kleine Goldklumpen fand man in ausgetrockneten Bachläufen und in den eisenerzhaltigen Hügeln.« Begeistert berichtet der Autor, dass er bei verschiedenen Besuchen des Gebiets in wenigen Tagen sechsunddreißig Unzen fand (okay, das war 1981, aber trotzdem), und er beschließt seine Beschreibung der Goldfelder um Murrin Murrin mit dem Satz: »In jeder Kuhle, auf jeder Ebene und auf jedem Berg im Umkreis von drei Kilometern wurde Gold gefunden, unter anderem ein siebenundvierzig Unzen schwerer Nugget, und so wird es zweifellos noch viele Jahre bleiben.«

Heute Morgen bin ich um sechs Uhr aufgestanden. Die Fahrt von Ora Banda nach Murrin Murrin dauerte vier Stunden. Der Weg führte an riesigen trockenen Salzseen und verlassenen Minen vorbei. Je länger ich unterwegs war, umso mehr wichen die mächtigen Eukalyptusbäume, die die Umgebung von Ora Banda prägen, den viel kleineren *mulgas*, einer Art Akazie, und die Vegetation wurde mit jedem Kilometer spärlicher: weniger Bäume, weniger Sträucher, mehr rote Erde.

Murrin Murrin war eine Geisterstadt wie alle anderen westaustralischen Geisterstädte auch. Das Einzige, was noch übrig geblieben war, war eine kahle Fläche. Hier und da lagen zerbrochene Flaschen und rostige Konservendosen herum. Ein Stück Mauer des Hauses, in dem früher vielleicht mal der Pub war, stand noch. Wind wehte. Ein paar rote Kängurus hüpften weg, aufgeschreckt vom Geräusch meines Land Cruiser. Tim hatte mir eine *mud map* gezeichnet, und seinen Anweisungen folgend, nahm ich von der Geisterstadt aus einen kurvenreichen schmalen Weg, vorbei an einer verlassenen Tagebaumine, einigen Halden und einer ganzen Reihe rostiger Maschinen, bis ich zu Tims und CJs Lager kam, das auf einem kahlen Hügel lag.

Und da bin ich jetzt. Das Lager besteht aus zwei Wohnwagen, einem abgehalfterten Anhänger und einer Feuerstelle. Es ist zehn Uhr morgens. Niemand zu sehen. Ich klopfe an die Tür von einem der Wohnwagen. CJ, noch im Schlafanzug, öffnet.

»*Aye*, was machst *du* hier?«

»Äh, na ja, Tim hat mich eingeladen ... oder?«

»Oh, das wusste ich nicht. Na, komm rein.«

CJ schaltet den Laptop aus, auf dem sie sich einen Spielfilm angesehen hat. Die Luft in dem engen Wohnwagen ist blau vor Rauch. Bei einer Tasse Kaffee erklärt mir CJ, was Tim und sie genau tun. Wie sich herausstellt, gehört der *lease* nicht Tim, sondern Ted, der Tim und CJ gebeten hat, in Murrin Murrin alte Geröllhalden erneut zu bearbeiten. Die Halden liegen hier schon seit Jahrzehnten, und sowohl Ted als auch Tim glaubten, in dem alten Abfall stecke noch jede Menge Gold. Und darum haben Tim und CJ ihren Maschinenpark – im Prinzip eine komplette mobile Erzverarbeitungsfabrik – hier aufgebaut. Allerdings: Die Qualität des Abraums erwies sich als miserabel. In jeder Tonne

Geröll steckte nur ein Viertelgramm Gold. Und bei einem solch erbärmlichen Ertrag können sie ihre kleine Fabrik nicht betreiben. Gleichzeitig aber haben sie Zehntausende von Dollar ausgegeben, um ihren Krempel hier aufbauen zu können.

»Tatsache ist«, konstatiert CJ und verzieht das Gesicht, »dass wir kein Geld mehr haben.«

Tim und CJ haben keine Wahl. Sie müssen auf einen neuen Job warten, damit sie ihre Sachen einpacken und woanders wieder aufbauen können. Und außerdem ist Ted ja kein Unmensch. Ihm ist auch klar, dass Tim und CJ bei der Sache den Kürzeren gezogen haben, und darum hat er ihnen erlaubt, in der Umgebung zu *pushen*.

Pushen bedeutet so viel wie mit einem Radlader oder Bulldozer die oberste Erdschicht beiseiteschieben, sodass man darunter mit einem Metalldetektor nach Nuggets suchen kann. Dahinter steckt der Gedanke, dass alle Nuggets in der obersten Schicht im Laufe der Jahre vermutlich gefunden wurden. Hinzu kommt außerdem noch, dass der ganze Müll in der Deckschicht – die verdammten Konserven, Nägel, Schrotkörner und Kronkorken, die man überall findet – die Suche nahezu unmöglich macht. Wenn man aber diese oberste Schicht entfernt, kann man darunter schnell und gezielt mit einem Metalldetektor an die Arbeit gehen. Jedes Signal, das man erhält, ist praktisch Gold, versichert mir CJ. Dieses *pushen* hat ihre finanzielle Situation etwas verbessert. Im vorigen Monat haben sie an einem *patch* am Fuße des Hügels, auf dem wir uns jetzt befinden, jeden Tag eine Unze Gold gefunden. Aber wie das so ist mit *patches*: Auch dieser war irgendwann erschöpft. Vorgestern sind sie in einen anderen Teil des *lease* umgezogen.

»Hey, willst du einen schönen Schacht sehen?«, ruft CJ plötzlich.

»Ja, okay.«

In Schlafanzug und Morgenmantel nimmt CJ mich mit. Hinter den rostigen Maschinen, an denen ich soeben vorbeigefahren bin, befindet sich oben auf dem Hügel eine alte Mine. Sie ist eine der ersten in Murrin Murrin. Die Mine ist nicht mehr als ein Spalt, dessen Ende nicht absehbar ist. Er ist etwa einen Meter breit und hier und da mit Baumstämmen verstärkt. Neben dem Spalt hat man später einen Schacht gegraben. CJ leuchtet mit einer Taschenlampe in die Tiefe, aber den Grund können wir nicht sehen. Wir gehen weiter. Auf der anderen Seite des Hügels stehen wir plötzlich am Rande einer verlassenen Tagebaumine. In der Wand des Kraters klafft ein großes schwarzes Loch. Das ist das Ende des Stollens, dessen Eingang wir gerade auf der anderen Seite des Hügels gesehen haben.

»Das waren noch Kerle«, sagt CJ bewundernd. »Die haben sich quer durch den Hügel gegraben. Alles mit der Hand herausgehauen.«

Die Tagebaumine befindet sich offensichtlich an der Stelle, wo früher die Hauptader verlief. Die Stelle, nach der die Goldgräber im 19. Jahrhundert vergeblich gesucht haben.

»Tja, so eine Tagebaumine ist um einiges effizienter«, murmelt CJ.

Tim arbeitet ein paar Kilometer weiter auf einer spärlich bewachsenen Fläche. Mit einem knallgelben Radlader schiebt er breite Streifen der obersten roten Erdschicht von ungefähr fünfzehn, zwanzig Meter Länge zur Seite, als wollte er das Gelände für ein Neubauviertel vorbereiten. Das ist *pushen*. Felsen, Pflanzen, Gras, alles muss dem schwarze Dieseldämpfe ausstoßenden gelben Gefährt weichen.

Tim steigt aus.

Er deutet auf einen kahlen, ockerfarbenen Erdstreifen: »Hier müsstest du was finden.«

Ich hänge mir den Metalldetektor um und mache mich auf die Suche.

Der Detektor gibt einen zufriedenen ruhigen Summton von sich. Hier gibt es kein wahnsinnig machendes *ground noise* oder verwirrendes Pfeifen. Systematisch arbeite ich die soeben »gepushten« Streifen ab. Und dann, nach noch nicht einmal zwanzig Minuten: *Whu-whu*. Ganz leise ... *Whuuh-wuuh*. Es ist, als flüstere der Metalldetektor. Es ist, als tippte das Ding mir vorsichtig auf die Schulter und murmelte: Das ist, wonach du all die Wochen gesucht hast.

Ich mache mich daran, ein Loch in den Boden zu hacken. Sehr bald schon wische ich mir den Schweiß aus den Augen. Fliegen schwirren mir um den Kopf. Alle paar Minuten kontrolliere ich, ob es dort, wo das Loch ist, immer noch *whu-whu* macht. Nein! Das Gold ist also in der Erde, die ich aus dem Loch geschaufelt habe.

Ich nehme also eine Handvoll von dem ockerfarbenen Staub und bewege sie über die Sonde des Detektors. Kein Geräusch. Darin kann demnach kein Metall sein. Die nächste Handvoll: wieder nichts. Und dann beim dritten Mal: ein plötzliches *Whu-whu*. Ich verteile das bisschen Erde, das ich festhalte, auf beide Hände. In der linken Hand: nichts. In der rechten Hand: *Whu-whu*. Immer wieder teile ich den Sand, bis ich eine Menge übrig behalte, die in meine hohle rechte Hand passt. Mit den Fingern der Linken wühle ich in dem Staub ... und dann sehe ich etwas glitzern.

Ein kleiner gelber, funkelnder Goldklumpen. Die rote Erde klebt noch daran.

Ein Goldklumpen von ... vielleicht einem halben Zentimeter Länge.

Ich kann es nicht glauben.

»Ja ... JA ... JA!!!«, brülle ich. »Endlich! GOLD!«

Ich laufe zu Tim, der hundert Meter entfernt beschäftigt ist. Als er mich winken sieht, schaltet er den Motor des Radladers aus und steigt herab.

»*Rightio, that looks like gold*«, sagt er. Er lächelt väterlich. »Das ist bestimmt mindestens ein Gramm. *Good on ya, mate.*«

⋆

Intermezzo

Wenn man die Augen zusammenkneift und durch die Wimpern meinen ersten eigenen echten kleinen Goldklumpen betrachtet, dann kann man darin die Form der niederländischen Watteninsel Texel erkennen. Der Texel-Nugget hat Dellen, Beulen und Buckel, aber er hat auch abgerundete Formen. Er hat nicht eine einzige scharfe Kante. Wie sich später zeigt, als wir ihn auf Tims digitale Waage legen, wiegt der Nugget 1,2 Gramm. Der Goldpreis steht an diesem Tag bei 959,35 Dollar pro Feinunze, sodass mein Goldstück 30,84 Dollar wert ist. Okay, für die Titelseite von *Gold, Gems & Treasure* reicht das noch nicht, aber es ist ein Anfang.

Jetzt, da ich nach sechs Wochen in Westaustralien endlich mein erstes Gold in den Händen halte, will ich mehr über dieses Edelmetall wissen. Ich bin neugierig, wie mein Goldklumpen nach Murrin Murrin gekommen ist. Ich möchte eine Antwort auf die Frage haben, wie Goldklumpen entstehen. Und gerne würde ich auch wissen: Was ist Gold eigentlich?

Um mit der letzten Frage zu beginnen: Gold ist ein seltsamer Stoff. Gold ist zum Beispiel so gut wie unverwüstlich. Es rostet nicht (Luft und Wasser können ihm nichts anhaben), und es kann immer wieder verwendet werden. Die Chance, dass in Ihrem Ehering Inka-Gold steckt, ist alles andere als theoretisch. Abgesehen von einigen Kisten voller Golddukaten auf dem Meeresgrund ist alles Gold, das aus dem Boden geholt wurde, in irgendeiner Form immer noch verfügbar. Gold ist nicht nur ein Element (mit dem Symbol Au, für das lateinische Wort *aurum*), sondern auch ein Mineral und ein Metall. Nach Blei ist Gold das weichste aller Metalle. Gold ist dehnbar (ein Gramm Gold kann man zu einem dünnen Draht von zweieinhalb Kilometern Länge ziehen), Gold ist walzbar (ein Gramm Gold kann man zu einem Quadratmeter Blattgold auswalzen), und Gold ist schwer (nämlich neunzehn Mal so schwer wie Wasser). Einen praktischen Nutzen hat Gold kaum. Weil es gut leitet, wird es in der Elektroindustrie verwandt, und weil es nicht rostet, ist es auch in der Zahnmedizin beliebt, doch der übergroße Teil des jährlich produzierten Goldes endet als Schmuck oder in Tresoren.

Schon seit Jahren sind China und Indien die größten Abnehmer für Gold. Im Jahr 2010 kauften die Inder 1034 Tonnen Gold und die Chinesen 745 Tonnen. Auf der Rangliste der Goldkonsumenten dümpeln die Niederlande irgendwo am unteren Ende, während die niederländischen Goldreserven beachtlich sind. Die niederländische Bank besitzt 612,5 Tonnen Gold, womit unsere Goldreserven weltweit zu den Top Ten gehören. Diese 612,5 Tonnen sind übrigens eine Schätzung, denn die niederländische Bank hält die tatsächliche Größe ihrer Goldvorräte geheim. Fest steht, dass in den vergangenen zwanzig Jahren viel Gold verkauft wurde; Anfang der neunziger Jahre besaßen die Niederlande noch 1750 Tonnen Gold.

Gold ist sowohl selten als auch allgegenwärtig. Die Menschheit hat im Laufe der Jahrhunderte etwa 165 000 Tonnen Gold geschürft. Zum Vergleich: In Westaustralien wird jeden Tag eine Million Tonnen Eisenerz produziert. Wenn man alles Gold der Erde zusammenschmelzen würde, bekäme man einen Würfel mit zwanzig Metern Kantenlänge – nicht größer als eine durchschnittliche Turnhalle. Trotzdem ist Gold allgegenwärtig. Überall in der Erdkruste findet man es. Das Problem dabei ist jedoch, das Gold auf wirtschaftliche Weise zu schürfen. Sehr viel Gold etwa befindet sich im Meerwasser. Laut Schätzungen etwa 150 000 Tonnen (ungefähr so viel, wie bisher produziert wurde). Die Tatsache aber, dass Gold nur in einer Konzentration von einem Gramm pro 100 000 Millionen Tonnen Meerwasser vorkommt, macht die Gewinnung dieses Metalls schwierig. Bis vor Kurzem glaubte man übrigens, dass in den Ozeanen sehr viel mehr Gold sei. Vermutlich aus diesem Grund arbeitete der deutsch-jüdische Chemiker Fritz Haber nach dem Ersten Weltkrieg – in dem er an der Entwicklung von Senfgas beteiligt war – jahrelang an einem Verfahren, Gold aus Meerwasser zu gewinnen. Haber und seine Kollegen fuhren mit einem Luxusdampfer um die Welt, auf der Suche nach goldreichem Meerwasser. Das besonders goldhaltige Wasser sollte durch Kochen zum Verdunsten gebracht werden, und aus den zurückbleibenden Stoffen wollte man anschließend das Gold isolieren. Nach drei Reisen, die insgesamt acht Jahre dauerten, gab Haber den Plan auf: Die Kosten waren größer als der Gewinn.

Aber ich schweife ab. Wie ist mein Goldklumpen nach Murrin Murrin gekommen? Diese Frage stelle ich einige Wochen nach meinem Fund Rob Hough, dem Nugget-Experten Australiens (und der Welt). Ich treffe Hough in seinem Büro in der Commonwealth Scientific and Industrial Research Organisation, dem australischen Institut für wissenschaftliche Forschung in Perth, der Hauptstadt Westaustraliens, sechshundert Kilometer westlich von Kalgoorlie.

Sobald wir Platz genommen haben, holt Hough einen faustgroßen Nugget hervor, den er hat durchschneiden lassen, um mehr über seine Zusammensetzung zu erfahren.

»Soll ich deinen auch durchsägen lassen?«, fragt er.

»Bloß nicht!«

Am Beginn eines jeden Erzes, folglich auch von Golderz, steht ein Bruch in der Erdkruste, erklärt mir Hough. Glühendheiße Flüssigkeiten aus dem Innersten der Erde – sogenanntes hydrothermales Wasser –, in dem Gold und andere Elemente gelöst sind, strömen durch diese Brüche nach oben. Wenn das hydrothermale Wasser sich der Erdoberfläche nähert, erkaltet es. Die Elemente setzen sich ab, und eine Erzschicht oder -ader entsteht. Im Laufe der Jahrtausende verwittert oder erodiert die oberste Erdschicht, und manchmal gelangt dadurch eine Goldader an die Erdoberfläche. Auch die Ader verwittert und erodiert. Stücke brechen ab, die weiter erodieren und in der Umgebung zerstreut werden. Und da haben wir unsere Goldklumpen.

Ich hole meinen Texel-Nugget hervor. Was sieht Hugh?

»Die Ecken sind ein wenig abgerundet, folglich wurde er im Laufe der Jahre transportiert. Allerdings nicht besonders weit, denn der kleine Goldklumpen hat noch eine filigrane Struktur, er ist nicht abgeschliffen wie ein Kieselstein. Die Farbe ist typisch für Gold, das man in Westaustralien findet. Die Farbe wird durch die anderen Elemente beeinflusst, die in einem Goldklumpen stecken. So ein Nugget besteht nie zu hundert Prozent aus Gold. Westaustralisches Gold ist ziemlich gelb, es enthält nur fünf bis acht Prozent Silber. In Queensland haben die Goldklumpen eine blassere Farbe, weil sie viel mehr Silber enthalten.«

Ich möchte von Hough wissen, warum er Goldklumpen durchsägt. Es stellt sich heraus, dass es noch eine andere Theorie darüber gibt, wie Goldklumpen entstehen. Laut dieser Theorie, die Hough als Kartoffeltheorie bezeichnet, sind Goldklumpen nicht das Produkt verwitterter und erodierter Erzschichten, sondern sie entstehen im Boden. Sie wachsen in der Erde, als wären sie Kartoffeln.

Das Gold der Kartoffeltheorie nennt man sekundäres Gold. Es handelt sich dabei um Gold, das Millionen von Jahren in einer Art ultrasalzigem »Grundwasser« aufgelöst war. Durch allerlei chemische und biologische Prozesse kristallisiert dieses Gold irgendwann an der Oberfläche. Man könnte es mit den Salzkristallen vergleichen, die an einem sonnigen Tag nach einem Bad im Meer auf der Haut zurückbleiben.

Über die Existenz dieses sekundären Goldes sind sich die Geologen offenbar einig. Was aber die Anhänger der Kartoffeltheorie nach Houghs Ansicht nicht erklären können, ist die Frage, warum sich das auskristallisierte Gold zu Klumpen verbindet und sich nicht – wie eigentlich zu erwarten wäre – als dünne, gleichmäßige Schicht ablagert wie das Salz auf der Haut. Indem er Goldklumpen durchsägte und deren Inneres untersuchte, konnte Hough zeigen, dass die Kartoffeltheorie nicht stimmen kann – etwa weil die Goldklumpen auch Silber enthalten, und Silber kristallisiert in einer anderen Phase als Gold. Und auch die innere kristalline Struktur der Goldklumpen zeigt, so Hough, dass Nuggets nicht vor Ort entstanden sind, sondern aus Goldadern stammen.

Diese Diskussion klingt in meinen Ohren ziemlich akademisch, doch für die großen Goldproduzenten sind diese Erkenntnisse entscheidend. Denn wenn man davon ausgeht, dass Goldklumpen wie Kartoffeln in der Erde wachsen, dann sagt der Fund eines Nugget nichts über die Existenz einer Erzschicht aus. Wenn es jedoch richtig ist, dass Goldklumpen aus einer Erzader stammen, dann ist der Fund eines Nugget ein wichtiges Hilfsmittel bei der Suche nach diesem Erz.

Mein Gespräch mit Hough ist zu Ende. Als wir uns voneinander verabschieden, fällt mir noch eine Frage ein.

»Wie alt ist mein Goldklumpen eigentlich?«

»2,6 Milliarden Jahre«, stellt Hough fest.

2,6 Milliarden Jahre. Eine Ewigkeit bevor es Menschen auf der Erde gab, lange vor den Dinosauriern, vor dem Auseinanderdriften der Kontinente, ja, sogar lange bevor es die ersten Mehrzeller und Tiere gab, lag mein Goldklumpen bereits da und wartete darauf, von mir, Jeroen van Bergeijk, gefunden zu werden.

»Da könnte man ja beinahe an die Vorsehung glauben«, sage ich.

»Weißt du, wie die Azteken Gold nannten?«, erwidert Hough. »*Teocuitlatl* – Exkremente der Götter.«

*

Murrin Murrin, zweiter Tag

»Ich hoffe, CJ hat Bier dabei«, stöhnt Rob, als er CJ mit dem Wagen kommen sieht.

Rob arbeitet für Tim und CJ. Wenn die beiden in Ora Banda sind, beaufsichtigt er ihr Lager. Rob, ein Vietnamveteran mit Bierbauch, reibt sich den schmerzenden Rücken. Die Goldsuche fällt ihm schwer. Er hat heute Vormittag einen kleinen Goldklumpen gefunden, aber zufrieden ist er darüber nicht. Ein Goldklumpen für einen ganzen Vormittag Arbeit, das ist in seinen Augen Zeitverschwendung.

Leider hat CJ kein Bier mitgebracht. Wohl aber Butterbrote, die wir neben Tims Radlader futtern. Zigaretten werden angezündet, man beratschlagt. Rob will woanders hin, zu einer Stelle in einem Kilometer Entfernung, bei der er »ein gutes Gefühl« hat. Tim möchte hier noch ein wenig weitermachen, doch CJ ist damit nicht einverstanden.

»*We came here to find money, Timmy*«, sagt sie zu ihrem Partner,»*not to fuck around*. Wir müssen an unseren *cashflow* denken.«

Dagegen lässt sich nichts einwenden. Also ziehen wir um.

Robs Stelle liegt am Ufer eines ausgetrockneten Flussbetts. Dort angekommen, machen wir genau dasselbe wie die vergangenen anderthalb Tage: Tim schiebt die oberste Erdschicht beiseite, Rob und ich suchen mit unseren Metalldetektoren nach Gold, und CJ sitzt in ihrem Auto und raucht Zigaretten.

Nach einer Stunde findet Rob ein zweites Goldstück. Noch ehe er den kleinen Nugget, erneut kaum mehr als ein Gramm schwer, ausgegraben hat, steht CJ neben ihm.

»Jaja, ich weiß«, brummt er, und überreicht ihr mit säuerlicher Miene den kleinen Goldklumpen.

Als CJ zum Wagen zurückgeht, sagt er zu mir: »Jeroen, warum kriegen sie und Tim all unser Gold? Die beiden schwimmen im Geld. Und ich? Ich habe nichts, eine armselige Veteranenrente.«

Tja, ich finde das auch nicht schön, aber so ist es vereinbart. Ich suche neben einigen Sträuchern, die Tim mit dem Radlader platt gefahren hat. Die Wurzeln liegen frei, und aus der Erde kommt eine fette schneeweiße Raupe gekrochen – so groß wie mein Mittelfinger. Ich rufe Rob.

»Eine Witchetty-Made«, sagt er. Rob nimmt die Made, lässt das Tier mit dem Ende nach unten in seinen Mund sinken, beißt den Kopf ab und fängt mit zufriedener Miene an zu kauen.

»Pfui Teufel!«, rufe ich aus tiefster Seele.

»*Yummie*«, sagt Rob und schluckt das Tier runter.

Für Aborigines sind Witchetty-Maden, die Larven des Holz fressenden Nachtfalters *Endoxyla leucomochla*, eine Delikatesse. Die Larven haben einen hohen Fett- und Eiweißgehalt, Nährstoffe, die in der traditionellen Nahrung der Aborigines eher selten waren. Witchetty-Maden spielen eine wichtige Rolle in den mythologischen Geschichten der Aborigines, den sogenannten *dreamings*. Sie werden oft auf Aborigines-Zeichnungen abgebildet. Rohe Maden sind leicht süßlich und schmecken nach Mandeln. Innen sind sie weich und gelb, wie ein Spiegelei. Brät man sie, werden sie von außen knusperig, haben die Konsistenz von Hühnchen und schmecken nach Erdnussbutter. Manche Restaurants im Outback haben Witchetty-Maden-Sushi und Witchetty-Maden-Spieße auf der Karte.

Tim gesellt sich zu uns. Er hat meinen Ausruf des Ekels gehört.

»Einmal habe ich mit einem Freund gezeltet, und wir haben etwa zwanzig Witchetty-Maden gefangen und auf den Grill gelegt. Das Dumme war nur, es waren keine Witchetty-Maden. Ich bin noch nie so krank gewesen. Wir saßen mitten im Outback und weit und breit kein Arzt. Ich dachte, ich würde sterben.«

Ich suche in der Nähe der Sträucher weiter, aus deren Wurzeln die Larve gekrochen war, und dann ist es wieder da: *Whuuuh-whuuuh ... whuuh-whuuh*. Mein zweiter Goldklumpen liegt zehn Zentimeter tief. Er hat die Form eines ausgeleierten S und ist etwas größer als der erste. Ein Stück Milchquarz hängt daran. Ich stecke ihn in den Mund, um ihn sauber zu machen – ein Trick, den ich vorhin von Rob gelernt habe. Dann spucke ich den Nugget wieder in meine Hand. Die Sonne glitzert in dem tiefgelben Gold. Der Schweiß bricht mir aus. Nie zuvor habe ich solch einen anmutigen Goldklumpen gesehen. Das muss das schönste Exemplar sein, das je gefunden wurde.

Und dieses Kleinod soll ich abgeben?

Eine unerbittliche Habsucht überkommt mich plötzlich. Ich *muss* und ich *werde* dieses Juwel haben, und ich denke keinen Augenblick daran, dass es den Wert von 40 Euro kaum übersteigen dürfte. Ich schaue mich um. Tim fährt mit dem Radlader hin und her. Robs Gesicht ist durch einige Sträucher verdeckt. Keiner sieht mich. Ich kann meinen Schatz problemlos in der Hosentasche verschwinden lassen.

Dann taucht CJ hinter den Sträuchern auf.

»Hast du was gefunden?«, ruft sie, während sie näher kommt.

Verdammt ... oder vielleicht: zum Glück. Indem sie im richtigen Augenblick kam, hat sie mich vor meiner absurden Gier beschützt.

Als sie vor mir steht, sagt sie: »Schade, dass du es abgeben musst.«

Sie hält die Hand auf.

Am frühen Nachmittag hat Rob ein Signal. Sein Detektor macht Krach wie sonst was. Rob gräbt ein Loch, stößt aber nach zehn Zentimetern auf *caprock* – eine versteinerte Erdschicht. *Caprock* ist so etwas wie die Panadeschicht um ein Schnitzel: eine feste Hülle, die das darunterliegende weiche Material schützt.

Tim schaltet den Radlader aus.

»Lass mal hören«, sagt er zu Rob. Der reicht ihm seine Kopfhörer, und Tim meint vollkommen unaufgeregt: »*A fifty ouncer*.«

CJ strahlt. »Glaubst du wirklich, Tim?«

Tim holt eine große Eisenstange aus der Kabine des Radladers, und abwechselnd hacken wir auf die versteinerte Erdschicht ein. Aber das Zeug ist so knochenhart, dass wir kaum weiterkommen. Ich möchte einmal hören, wie ein Fünfzig-Unzer klingt, und nehme meinen Detektor. Das Heulen und Kreischen schmerzt mir in den Ohren, das ist alles andere als ein Flüstern.

»Könnte das nicht auch eine Bierdose sein?«

»Nein, wenn das Geräusch aus dem *caprock* kommt, dann muss es Gold sein«, sagt Tim. »Wie sollte eine Dose in diese Schicht hineinkommen?«

Da ist was dran. Tim beschließt, dass der Radlader uns weiterhelfen soll. Er macht sich daran, den *caprock* mit der Ladeschaufel aufzubrechen, was aber erst nach einem Dutzend Versuchen gelingt. Jedes Mal, wenn Tim ein Stück von der Erdschicht abbricht, testen Rob und ich, ob darin Gold ist. Die Sonne brennt auf unseren Schädeln, Dieselabgase wehen uns ins Gesicht, und je länger wir beschäftigt sind, umso mehr steigt die Spannung. Tim und CJ werfen einander immer wieder Blicke zu. Man kann ihre Gedanken regelrecht lesen: Fünfzig Unzen Gold ... das sind über 60 000 Dollar ... damit wären unsere finanziellen Probleme gelöst. Dann endlich kommen die Geräusche nicht mehr aus der Grube, sondern aus einem der Felsstücke, die wir herausgebrochen haben. Wir lokalisieren den Stein, der die Geräusche hervorruft. Rob schlägt mit seiner Spitzhacke auf den Brocken ein, die nach drei Schlägen in der Mitte durchbricht. Tim nimmt die Eisenstange wieder und spaltet den Stein in der Mitte.

Noch einmal ...

Und noch einmal ...

Langsam kommen uns Zweifel. Inzwischen ist nur noch ein golfballgroßer Kiesel übrig, und noch immer ist kein Gold zu sehen. Dann spaltet Tim das Ding ein letztes Mal, wirft einen Blick auf beide Hälften und meint, wiederum vollkommen emotionslos: »*Fuck all.*« Anders ausgedrückt: wertlos. Der Stein enthält vielleicht zwei oder drei Gramm Gold.

Tim steigt wieder in den Radlader und beginnt erneut die oberste Erdschicht beiseitezuschieben. Der Tag ist fast vorbei. Bisher hatte Tim die wenigen Mulgabäumchen, die hier wachsen, verschont – geschickt hatte er die Ladeschaufel um sie herummanövriert. Aber jetzt müssen auch die Akazien dran glauben. Im Umkreis von einigen Dutzend Metern um die Fundstelle des *Fuck-all*-Nugget wird einem Baum nach dem anderen krachend der Garaus gemacht. Als Tim den Radlader abstellt, frage ich ihn, warum er die Bäume gerodet hat.

»*Mate*, wenn es geht, arbeite ich um die Bäume herum, aber hier steckt Gold im Boden. *And if there's gold, the trees gotta go.*«

Ich vermute, dass seine destruktiven Anwandlungen eher die Folge von Frustration sind. Ich betrachte unser heutiges Arbeitsgebiet. Auf einer Fläche so groß wie ein Fußballfeld ist der Boden zerwühlt. Zwar hat Tim die Erdhaufen, die er zusammengeschoben hat, wieder verteilt, nachdem Rob und ich die frei geräumte Fläche mit unseren Metalldetektoren untersucht hatten, aber der Busch sieht hier wie ein frisch gepflügter Acker aus. Es wächst kein Hälmchen Gras mehr. Der Ertrag des heutigen Tages, inklusive *fuck all*: nicht einmal 250 Dollar.

Es ist Abend geworden. CJ sitzt im Wohnwagen und sieht sich auf dem Laptop einen Spielfilm an. Draußen sitzen Tim, Rob und ich am Lagerfeuer.

Ich frage Rob, wie er Goldsucher geworden ist.

»Ich lebte in Victoria, so vor zehn Jahren. Ich hatte eine eigene Firma, ich war Fliesenleger. Aber die Firma ging pleite, und da habe ich beschlossen, dass ich von der Gesellschaft genug habe. Ich bin Goldsucher geworden. Ich hatte gute Jahre, aber in letzter Zeit läuft es nicht mehr so recht. Ich habe Probleme mit meinem Rücken. Und das Gold, das Gold lässt sich nicht mehr finden. Weißt du, woran das liegt? Ich bin zu bequem geworden. Ich habe mich mit Luxus umgeben: ein Wohnwagen mit Klimaanlage, ein schöner Land Cruiser. Früher schlief ich in einem Zelt, und ich fuhr einen alten Wagen. Kein Ort war zu abgelegen, ich suchte überall nach Gold. Jetzt fahre ich nur noch dorthin, wo ich mit meinem Wohnwagen hinkomme. Ich stehe lieber auf dem Campingplatz als im Busch. Es gibt Tage, an denen ich nicht mal meinen Wohnwagen verlasse.«

Wind kommt auf, die Temperatur sinkt. Wir rutschen näher ans Feuer. Jede Viertelstunde hören wir einen *road train* vorbeidonnern, der auf der Sandpiste unten am Hügel zu einer nahe gelegenen Nickelmine unterwegs ist. Auf einem Rost brät Tim ein paar Steaks, die wir mit viel Senf und weichen Weißbrotscheiben verdrücken. Wir trinken Wodka mit Orangensaft aus Plastikbechern. Ich lass es mir schmecken, als wäre es ein Festmahl.

»Murrin Murrin ... was für ein Scheißnest«, sagt Tim, unzufrieden über die Goldmenge, die wir in den letzten Tagen gefunden haben.

»Murrin Murrin ... der schönste Ort Australiens«, sage ich, überglücklich über meinen Goldklumpen. »Ach, schenk mir doch noch einen Wodka ein, Timmy.«

»Weißt du, *gold does funny things to people*«, brummt Rob.

«Erzähl«, sage ich.

»Voriges Jahr war ich hier in der Gegend mit einem Kumpel unterwegs. Er hatte die Erlaubnis erhalten, auf dem *lease* eines Bekannten zu suchen. Er sagte zu mir: ›Lass uns gemeinsam suchen, dann machen wir fifty-fifty.‹ Ich war einverstanden, und alles lief ganz wunderbar. Wir fanden Gold. Insgesamt dreizehn, vierzehn Unzen in einem Monat. Eines Tages war er weg. Das Gold hatte er mitgenommen. Vor zwei Wochen traf ich ihn im Supermarkt von Laverton, hier ganz in der Nähe. Ich stieß praktisch mit ihm zusammen. Mein erster Gedanke war: Dir verpasse ich eine. Aber ich habe mich ganz normal mit ihm unterhalten. Ich bin nicht wütend geworden. Ich sah seine ängstlichen Blicke. Er wollte nichts lieber als auf und davon. Verstand die Welt nicht mehr. Ich war so stolz auf mich.«

Dann legt Tim los: »Durch Gold habe ich meinen besten *mate* verloren. Dieser Freund war mit zwei Männern, Vater und Sohn, auf Goldsuche. Auch sie hatten vorher vereinbart, alles zu teilen. Wochen waren sie unterwegs, ohne sonderlichen Erfolg. Bis der Sohn eines Tages ein *patch* fand. Ein gutes *patch* mit viel Gold. Und was passiert? Vater und Sohn wollen nicht, dass mein Freund ihren *patch* betritt. Sie geraten in Streit, und mein *mate* geht wütend nach Hause. Ein paar Wochen später besucht er die beiden zu Hause. Er will Genugtuung. Er fordert einen Teil des Gewinns, aber Vater und Sohn wollen nichts abgeben. Mein Kumpel zieht ein Messer. Der Vater packt meinen Kumpel von hinten, der Sohn schnappt sich das Messer und sticht ihn nieder. Er ist verblutet.«

Kein Zweifel, jetzt bin ich an der Reihe, eine interessante Geschichte zu erzählen. Aber mir fällt nichts ein. In solchen Augenblicken fällt mir nie etwas ein. Ich habe mich immer noch nicht daran gewöhnt, wie australische Männer sich miteinander unterhalten. Ein Gespräch ist hier nie der Austausch von Ideen oder Meinungen. Es wird nicht diskutiert, es werden keine Argumente für oder gegen etwas formuliert, und vor allem werden keine Fragen gestellt. In all den Wochen, die ich nun hier bin, hat mich niemand gefragt, ob ich eine Frau oder Freundin habe, ob ich Kinder habe oder wie das Leben in den Niederlanden ist. Nein, ein Gespräch ist hier immer ein Wettkampf im Auftischen von tollen Geschichten. Wenn ich einen fünf Gramm schweren Goldklumpen gefunden habe, dann hast du einen von einer Unze gefunden. Wenn meine Frau mich verlassen hat, dann hat dich deine Frau nicht nur betrogen, sondern du hast auch noch pleitegemacht und einen Herzinfarkt bekommen.

Na ja, wenn ich ehrlich bin, fällt mir doch etwas ein: Dass ich mich in Tims und Robs Geschichte hineinversetzen kann. Dass ich die verführerische Kraft verstehen kann. Mehr noch, dass ich heute Nachmittag selbst fast der Versuchung dieses edlen Metalls erlegen bin. Aber ich schäme mich und halte den Mund.

Wir starren in die Flammen.

CJ kommt nach draußen.

»Was schaut ihr so bedröppelt vor euch hin!«, ruft sie. »Los, kommt, wir schießen eine Runde.«

CJ holt ein Luftgewehr. Sie stellt ein paar leere Bierdosen auf einen dürren Ast des verdorrten Baums neben dem Wohnwagen und legt an. Sie schießt brillant. Jeder Schuss ein Treffer.

»Jetzt du, Jeroen«, sagt sie und reicht mir das Gewehr. Sie erklärt mir, wie das Ding funktioniert. Der Wodka lässt mich auf meinen Beinen schwanken, ich kann das Gewehr nicht ruhig halten ...

Peng!

Daneben – natürlich. So sehr ich mich auch anstrenge, jeder Schuss verfehlt sein Ziel. Dann ist Tim an der Reihe und danach Rob. Und während das Luftgewehr immer wieder knallt, muss ich an den Reisebericht *Land, Labour and Gold* von William Howitt aus dem 19. Jahrhundert denken. »Die Goldsucher scheinen zwei Dinge besonders zu lieben: Waffen abfeuern und Bäume fällen«, schreibt Howitt. »Die Goldsucher haben die Angewohnheit, ihre Gewehre jede Nacht abzufeuern.«

Während der ersten Nächte auf den Goldfeldern machte Howitt kein Auge zu. Er schätzte, dass jede Nacht eintausendfünfhundert Schüsse abgefeuert wurden. Doch seine größte Entrüstung bewahrte er sich für die Schäden auf, welche die Goldsucher in der Natur anrichteten: »Die Zahl der Bäume, die die Goldsucher roden, ist erstaunlich. Kaum haben sie ihr tägliches Graben beendet, beginnen sie mit dem Fällen von Bäumen. Mit einem lauten Dröhnen hört man sie fallen ... *Every yard of ground is dug up.*« Seine Beschreibung endet mit den Worten: »Alle Erscheinungsformen der Natur wurden von den Goldsuchern vernichtet.«

Daran hat sich in den letzten hundertfünfzig Jahren wenig geändert.

WENN MAN NACH SCHURKEN SUCHT

Matt und Vicky – Der Autor versieht sein Verhalten mit einem Fragezeichen – Eine Rundreise mit dem Historiker Keir Reeves – Umweltzerstörung – Im Gespräch mit dem Biologen Nic Dunlop – Mit der Goldpolizei unterwegs

Als ich am Ende des Tages aus Murrin Murrin nach Ora Banda zurückkehre, sind Katie und Abby in der Küche beschäftigt.

»Du hast was verpasst«, sagt Katie mit einem Grinsen.

Jaja. Hier passiert doch nie etwas.

»Du kennst doch Matt, den Aufseher von Davyhurst?«, fragt Abby mich.

Gestern hat Matt den ganzen Abend getrunken, berichten mir die beiden Backpacker. Irgendwann war er so besoffen, dass er vom Barhocker gefallen ist und es nicht mehr schaffte, seine Pommes in den Mund zu stecken. Und dann setzte sich Vicky zu ihm. Er kniff sie in den Hintern, fasste nach ihren Brüsten. Auf den Gesichtern der beiden Mädchen erscheint ein entsetzter Ausdruck.

»Und was sagte Vicky dazu?«

»Tja, keine Ahnung«, sagt Abby, »ich glaube, sie fand das lustig.«

»Na ja. Irgendwann jedenfalls wollte er dann nach Hause fahren«, berichtet Katie weiter. »Rhonda sagte noch zu ihm, in dem Zustand könne er unmöglich fahren, und er solle hier schlafen. Aber davon wollte Matt nichts wissen. Er ist also in seinen Wagen gestiegen. Eine Stunde später kam er wieder. Er torkelte in den Pub, Blut im Gesicht. Er war ein Stück weiter aus der Kurve geflogen, sein Wagen ist kaputt. Und weißt du was? Sein Boss wartete in Davyhurst auf ihn. Er hat im Pub angerufen, als Matt nicht kam. Es sieht so aus, als würde er seinen Job verlieren.«

*

Bei unserem Abschied in Murrin Murrin hatte Tim zu mir gesagt: »Jetzt kannst du auch im Pub angeben.« Und das tue ich. Stolz und ungefragt zeige ich allen meinen *one grammer*.

Katie und Abby (herzlich): »Endlich! Klasse.«

Bruce (freundlich): »*Good on ya.*«

Rhonda (gleichgültig): »Ja, nett.«

Margie (noch gleichgültiger): »Nett.«

Scotty (ohne lange nachzudenken): »Du hast es beim *pushen* gefunden? Das zählt nicht. *Pushen* ist betrügen. Auf die Art kann jeder Gold finden.«

Vicky (brüsk): »Los, halte deine Hand auf.« Sie legt einen Goldklumpen, der halb so groß wie ein Golfball ist, auf meine Handfläche. Erschrocken von dem Gewicht, lasse ich das Ding beinahe fallen. »Das ist ein *three ouncer*. Das war mein erster Goldfund.«

So sehr mich die Reaktionen von Rhonda, Margie, Scotty und Vicky auch stören, sie haben natürlich recht. Ein einziges Gramm, und dann auch noch mit Hilfe eines Radladers gefunden … nein, als besonders toll kann man das nicht bezeichnen.

Genauso wenig wie mein eigenes Verhalten in Murrin Murrin, was mir erst jetzt so richtig bewusst wird. Jetzt, da ich wieder in Ora Banda bin, frage ich mich, ob nicht das Gold mit mir *funny things* macht. Hat das Goldfieber – die negative Variante – mich gepackt? Meine Habsucht hätte mich, wohlgemerkt, beinahe zum Diebstahl verführt. Und den lächerlichen kleinen Goldklumpen, auf den ich so stolz bin, konnte ich nur finden, weil Tim mit seinem Radlader ein Stück Busch umgewühlt hat, das so groß ist wie ein Fußballfeld. Und ich ... stand daneben und schaute zu. Doch *was* hatte ich mir da angesehen? Wie groß ist der Schaden, den Goldsucher wie Tim der Natur zufügen?

Um mit Letzterem zu beginnen: Ich hatte durchaus eine gewisse Vorstellung davon, welche Schäden die Goldsuche langfristig nach sich zieht. Ein paar Monate zuvor war ich während meines Besuchs in Victoria einen Tag lang mit Keir Reeves zusammen gewesen, einem Historiker, der sich auf das Erbe der Goldsucher des 19. Jahrhunderts spezialisiert hat. Ich war neugierig, was von der Umweltzerstörung, die William Howitt beschrieben hat, heute noch zu sehen ist. An einem regnerischen Tag machte ich mit Reeves einen Rundgang über die historischen Goldfelder rund um den kleinen Ort Castlemaine.

Laut Reeves waren die Goldfelder von Victoria das »Las Vegas des 19. Jahrhunderts«. Nicht nur dass Hunderttausende von Menschen aus der ganzen Welt kamen, um hier ihr Glück zu versuchen, sie waren auch eine Attraktion, die internationale Prominenz anlockte. So besuchten diverse britische Premierminister die Goldfelder, der amerikanische Schriftsteller Mark Twain machte eine Rundreise durch die Gegend, und die legendäre Sängerin Lola Montez, die Mätresse des bayrischen Königs Ludwig I., gab ausverkaufte Konzerte. Ungeachtet des augenscheinlichen Glamours bestand das alltägliche Leben aus kaum etwas anderem als Buddeln im Dreck. »Die Gegend war komplett gerodet«, berichtete Reeves. »Tausende von Männern gruben Schulter an Schulter in der nassen Erde. Zelte standen kreuz und quer.« Das Bild, das Reeves entwarf, erinnerte an Flüchtlingslager im heutigen Afrika.

Aber: Ich hatte Probleme, mir die von Reeves entworfene

Szenerie bildlich vor Augen zu führen. Denn die Landschaft, die wir durchquerten, bestand aus grünen Weiden, auf denen Schafe grasten, und dichten Wäldern, in denen weiße Kakadus umherflogen. Wir fuhren an ruhig dahinfließenden Flüssen entlang, über Hügel und durch Täler – und ich konnte auf den ersten Blick nichts entdecken, das an die damaligen Zerstörungen erinnerte. Es zeigte sich, dass das Erbe des Goldrauschs in den Details zu erkennen war, wie etwa in den allgegenwärtigen *mullock heaps*: brusthohe Erdhügel, auf die mich Mark beim Goldsucherkurs in Wedderburn auch schon hingewiesen hatte und die das Resultat der Grabungen der damaligen Goldsucher sind.

Reeves machte mich auch auf das merkwürdig geformte Buschwerk aufmerksam, das man dort in der Gegend häufig fand. Dieses Buschwerk ist durch das Fällen der Ironbark-Eucalyptusbäume entstanden. Nachdem die *digger* die riesigen Bäume gefällt hatten, wuchsen Jahre später aus den Wurzeln eine Reihe von neuen Pflanzen.

Wenn man berücksichtigte, wie gnadenlos die Vernichtung war, konnte man nur staunen, wie vital die Natur sich erwiesen hatte und wie wenig Narben die Goldsucher langfristig tatsächlich hinterlassen hatten. Und es ist fast eine Ironie der Geschichte, dass sich dort, wo die Goldsucher vor hundertsechzig Jahren am schlimmsten gewütet haben, heute ein Nationalpark befindet: der Castlemaine Diggings National Heritage Park, der anderswo bedrohten Pflanzen und Tieren Schutz bietet. Die Gebiete hingegen, die im 19. Jahrhundert von den *diggers* in Ruhe gelassen wurden, haben im Laufe der Jahre die Farmer in Besitz genommen, und dort trifft man heute auf eine, ökologisch gesehen, ziemlich eintönige Landschaft.

An manchen Stellen in der Umgebung von Castlemaine war die Landschaft übrigens sehr wohl irreparabel zerstört. Diese Schäden aber wurden durch den mechanischen Bergbau verursacht, mit dem man im großen Maßstab begann, nachdem die Goldsucher verschwunden waren. Reeves zeigte mir ein Tal, in dem es früher einmal einen Schlammsee gegeben hat. In diesen See wurden mit Cyanid vermischte Minenabfälle gekippt. Mehr als hundert Jahre später wächst hier immer noch nichts. Kurz darauf kamen wir am Red Knob vorbei. Das sind eine Reihe von orangefarbenen Felsformationen, die so ähnlich aussehen wie leicht zusammengesunkene Stalagmiten, die auch zwischen den in manchem Western verewigten Sandsteinformationen des Monument Valley keine schlechte Figur machen würden. Die bizarr erodierten Hügel des Red Knob sind das Ergebnis einer zerstörerischen Bergbautechnik, *hydraulic sluicing* genannt, bei der mit Wasserkanonen ganze Berghänge weggespritzt wurden. Der Schlamm, der dabei entstand, wurde in der Hoffnung gesiebt, darin Goldklumpen zu finden. Hügellandschaften wurden auf diese Weise abgetragen, Flüsse verschlammten. So schrecklich sich all das auch anhört, Red Knob strahlte in meinen Augen eine grausame Schönheit aus, vergleichbar mit der des *Super Pit* und der verlassenen Tagebauminen in der Umgebung von Ora Banda. Mehr noch: Ich muss zugeben, dass meine Faszination für die Narben, die der Goldrausch in der australischen Landschaft hinterlassen hat, viel größer war als meine Entrüstung darüber.

Und jetzt, da ich wieder auf meiner vertrauten Geröllhalde neben der *Gimlet South Mine* in Ora Banda sitze, ein paar Telefongespräche führe und die pockennarbige Landschaft um mich herum betrachte, frage ich mich, warum ich die beschädigten Landschaften so bezaubernd finde. Bestimmt liegt das daran, dass Verfall mich mehr fesselt als Blüte, dass ich Zerstörung spannender finde als Harmonie. Für mich sind diese vergewaltigten Panoramen jedenfalls die am meisten greifbare Erinnerung an die ungezügelte Habsucht, die Goldfieber sein kann. Und so sehr ich Habsucht auch verachte, allmählich entdecke ich diese Eigenschaft zu meinem großen Schrecken auch in mir.

Aber gut, mein Thema war die Umweltzerstörung.

Beschränkt sich die Umweltzerstörung, die Goldsucher und Goldminen heutzutage verursachen, auf physische Narben in der Landschaft? Oder gibt es weitere Schäden? Und stellen diese Narben, abgesehen davon, dass manche sie als ästhetische Beleidigung betrachten, an und für sich ein Problem dar? Eine Antwort auf diese Fragen ist schwer zu finden. Nicht zuletzt deshalb, weil sich in dieser Gegend niemand für diese Fragen zu interessieren scheint. Die »Umwelt« kann den Bewohnern der westaustralischen Goldfelder gestohlen bleiben. Die Verwendung von Worten wie »Naturschutz« oder »Nachhaltigkeit« steht hier auf derselben Stufe wie das Fluchen in der Kirche. Niemand wird hier mehr verachtet als die *greenies* aus der großen Stadt. In der ganzen Welt reagiert man auf die geplante Gründung einer Tagebaumine mit: *Not in my backyard.* In Westaustralien denken die Leute: *Bring it on*. Und das ist leicht zu verstehen, wenn man bedenkt, dass die Mehrheit der Bevölkerung ohne die Minen arbeitslos wäre. Aber dennoch.

Auf dem Gipfel meiner Geröllhalde telefoniere ich mit Ministerien und anderen staatlichen Behörden. Und während mein Blick auf der grausam klaffenden Grube der *Gimlet South Mine* ruht, erzählt man mir, dass die Goldindustrie in Australien ordentlich reguliert ist. Die Botschaft lautet jedes Mal: Alle Goldproduzenten, ob groß, ob klein, müssen sich an zahlreiche Vorschriften und Gesetze halten, die dem Naturschutz dienen. Daran zweifele ich nicht, aber das Problem liegt nicht in der Gesetzgebung, sondern in der Kontrolle.

Die Kontrolle des Bergbaus obliegt ... dem Bergbauministerium, das natürlich das allergrößte Interesse daran hat, dem

Bergbau möglichst freie Bahn zu lassen. Außerdem ist es mit der Kontrolle nicht weit her. Für ganz Westaustralien – und ich wiederhole es noch einmal: ein Gebiet, das fünf Mal so groß ist wie Frankreich – gibt es nur eine Handvoll Umweltinspektoren.

Der Biologe Nic Dunlop war früher einmal ein solcher Inspektor. Anfang der Neunziger arbeitete er vier Jahre lang als *environmental and rehabilitation officer* für das westaustralische Ministerium für Bergbau und Öl. Er war für zahllose Bergbauunternehmen und Forschungsinstitute tätig und gehört heute dem Conservation Council of Western Australia an, einer der wenigern NGOs, die sich in diesem Staat mit dem Naturschutz befassen. Am Telefon erkläre ich Dunlop, dass ich seit sechs Wochen in Westaustralien bin und mich immer mehr frage, wie groß der Schaden ist, den die Goldindustrie hier anrichtet. Am anderen Ende der Leitung herrscht einen Moment Schweigen, dann sagt er: »Du weißt wahrscheinlich mehr als wir, mehr als das Bergbauministerium. Tatsache ist, dass niemand die Größe des Schadens kennt.« Diese Antwort finde ich regelrecht schockierend. Ich verabrede mich mit Dunlop, und eine Woche später sitze ich ihm an seinem Schreibtisch in Perth gegenüber.

Der Conservation Council of Western Australia ist in ein paar engen Zimmerchen eines Gebäudes untergebracht, das Non-Profit-Organisationen günstig Unterkunft bietet. Die Büros liegen zwischen denen der Overeaters Anonymous und einer Organisation für Palliativmedizin. Dunlop trägt eine Cordhose und ein kariertes Hemd. Er schielt auf dem linken Auge. Er ist kein Himmelsstürmer: Er spricht ruhig, präsentiert mir die Fakten, äußert aber keine Entrüstung darüber und enthält sich auch jedem Urteils. Als ich ihm meine Gewissensbisse wegen des *pushens* in Murrin Murrin beichte, schiebt er die schnell beiseite. Goldsucher wie Tim seien nicht das Problem. *Loveable rogues* – sympathische Gauner, nennt er sie. Laut Dunlop ist das Wegschieben der obersten Erdschicht relativ harmlos, jedenfalls dann, wenn man die Erde wieder ordentlich zurückschiebt (was Tim ja auch getan hat). Der Boden regeneriert sich von allein, und nach ein paar Jahren sieht man nicht einmal mehr, dass dort ein Radlader zugange gewesen ist. Nein, was Tim und Konsorten anstellen, ist Kinderkram im Vergleich zu den Umweltschäden, die durch die großen Tagebauminen verursacht werden.

An erster Stelle steht dabei die Verwendung von Cyanid bei der Goldgewinnung. Cyanid ist ein starkes Gift, das in hoher Konzentration tödlich wirkt, auch wenn man es nur einatmet. Andererseits: Cyanid kommt auch in der Natur vor. In winzigen Mengen findet man es in Mandeln, Maniok und Apfelkernen. Neben der direkten Bedrohung von Leib und Leben besteht die Gefahr, dass das Cyanid in die Umwelt gelangt. Der Abfall, den eine Mine produziert, ist cyanidhaltig. Dieser Minenabfall, ein stinkender Schlamm, *tailings* genannt, wird in speziell angelegten, abgeschirmten Seen entsorgt. Hier wird das Cyanid im Laufe der Jahre durch das Sonnenlicht abgebaut. Doch dieses System birgt gewisse Gefahren. Die Deiche können undicht werden, und wenn sie brechen, gelangt das Cyanid direkt in die Umwelt, mit allen dazugehörigen Folgen. Das geschah zum Beispiel im Jahr 2000 im rumänischen Baia Mare, als große Mengen Cyanid aus einer dortigen Goldmine in die Theiß, einen Nebenfluss der Donau, gelangten und dort praktisch alles Leben zerstörten.

Aber Cyanidverschmutzungen sind laut Dunlop nicht das größte Problem der modernen Goldindustrie. Die wirkliche Gefahr sind die verlassenen Goldminen, wie man sie in der Umgebung von Ora Banda findet. Ursache all der Probleme sind die riesigen Mengen Abfall, die bei der Goldproduktion entstehen. »Eine moderne Mine produziert pro ein, zwei Gramm Gold eine

Tonne Abraum«, sagt Dunlop. »Lass dir das nur mal kurz durch den Kopf gehen: eine Tonne Abraum, tausend Kilo, für zwei Gramm eines Metalls, das so gut wie keinen praktischen Nutzen hat.« Durch diese gigantischen Mengen Abfall entstehen riesige Krater und riesige Geröllhalden, Narben in der Landschaft. Auch die Regierung war vor zwei Jahrzehnten der Ansicht, diese flächendeckende Landschaftszerstörung könne so nicht weitergehen. Das Parlament verabschiedete ein Gesetz, das die Bergbauunternehmen dazu verpflichtete, das Gelände zu renaturieren, wenn eine Mine geschlossen wird. Dieses Gesetz schuf keine Abhilfe für die Schäden, welche von den schätzungsweise fünftausend verlassenen Minen, die es in Westaustralien gab, verursacht worden waren. Aber ein Anfang war gemacht. Renaturieren bedeutet übrigens nicht, dass die Geröllhalden wieder abgetragen und die Krater zugeschüttet werden müssen. Aber das Gelände muss neu bepflanzt werden. Alles sehr lobenswert, erklärt Dunlop mir, aber die Sache hat einen Haken: Oft wird nicht renaturiert, weil das Unternehmen pleitegemacht hat. Zwar sind Bergbauunternehmen verpflichtet, Rücklagen zu bilden, doch schon häufig hat sich gezeigt, dass diese nicht reichten, um die Kosten zu decken.

»Verlassene Minen sind echte Zeitbomben«, sagt Dunlop. »Keiner weiß, was uns erwartet, denn niemand beaufsichtigt diese Minen.« Was passiert? Seit das Gesetz vorschreibt, dass geschlossene Minen renaturiert werden müssen, wird dies auch kontrolliert. Aber niemand kontrolliert, in welchem Zustand renaturierte Minen nach zehn oder zwanzig Jahren sind. Anfangs sehen die Minen annehmbar aus, doch im Laufe der Jahre stirbt die Bepflanzung oft ab. Die Hauptursache dafür ist die Übersäuerung der Umgebung, eine Folge der Grabungen in einer Tagebaumine, durch die normalerweise im Boden befindliche Sulfide freigelegt werden. Wenn Sulfide mit Wasser und Luft in Kontakt kommen, entsteht Schwefelsäure, und diese Schwefelsäure löst wiederum andere Mineralien aus dem Boden: Aluminium, Kupfer, Zink, Kadmium, die Liste ist endlos. Sulfide, Schwefelsäure und Mineralien bilden einen tödlichen Giftcocktail, der schließlich nicht nur in die Krater der Minen gelangt – daher das knallgrüne Wasser in der *Enterprise Mine* bei Ora Banda –, sondern auch ins Grundwasser. Einmal im Grundwasser, kann das Gift die Natur und landwirtschaftlich genutzte Flächen zerstören und auch die Trinkwasserversorgung der Menschen bedrohen.

Vier Jahre lang war es Dunlops Aufgabe, die Bergbaubetriebe in der Pilbara-Region im Norden von Westaustralien zu kontrollieren. Und mehr als die Verstöße gegen die verschiedenen Berggesetze und Umweltvorschriften hat sich ihm die schamlose Korruption eingeprägt. Einer seiner Kollegen, ein *safety inspector*, untersuchte einmal einen Unfall in einer Mine von CRA, einer Firma, die heute zu Rio Tinto gehört, einem der größten Bergbauunternehmen der Welt. Es handelte sich um einen tödlichen Unfall mit einem *watertruck*. *Watertrucks* sind eine Art Lastwagen, die eingesetzt werden, um die unbefestigten Wege in der Umgebung einer Mine nass zu spritzen, damit nicht so viel Staub aufgewirbelt wird. Dunlops Kollege fand heraus, dass diese Tankwagen einen Konstruktionsfehler hatten: Wenn der Lastwagen mit den Vorderrädern in eine tiefe Furche im Weg geriet und sich festfuhr, dann klappte der Wassertank nach vorn und zerschmetterte den Fahrer. Der Inspektor, heute ein hohes Tier im Bergbauministerium, beschloss, die Lastwagen aus dem Verkehr zu ziehen. Er fuhr zu den verschiedenen Minen von CRA, um dort alle zu informieren. Und während er von der einen zur anderen Mine unterwegs war, rief ihn der Minister in Perth über Funk an. Die Lobbyisten von CRA saßen schon in seinem Büro. »Der arme Kerl wurde auf der Stelle nach Perth beordert, wo man ihm auftrug, noch einmal zu allen Minen zu fahren und den Leuten dort zu erklären, dass mit den Lastwagen alles in Ordnung war.«

Auch Dunlop selbst begegnete der Korruption. »Eines Tages rief mich ein Farmer an, der Bohrlöcher auf seinem Land entdeckt hatte. Das war merkwürdig, denn seines Wissens hatte kein Bergbauunternehmen das Recht, auf seinem Land nach Bodenschätzen zu suchen. Wir gingen der Sache nach und fanden heraus, dass eine Firma dort illegal Bohrungen machte. Ich sammelte Beweismittel für eine offizielle Anklage und gab die Akte an meinen Vorgesetzten weiter. Nach ein paar Wochen fragte ich ihn, was aus der Sache geworden sei, ob er sie vor Gericht bringen werde. Er antwortete, es sei nicht im allgemeinen Interesse, die Geschichte vor Gericht zu bringen. Ein paar Monate später stellte sich heraus, dass mein Vorgesetzter Aktien der Firma besaß, die illegal gebohrt hatte.«

Ich lausche Dunlops Geschichten mit wachsendem Erstaunen. Solch schamlose Korruption hätte ich in Australien nicht erwartet. Als ich meiner Entrüstung Ausdruck verleihe, zuckt er nur mit den Achseln. Das ist die Reaktion eines Mannes, der alles gesehen hat, der festgestellt hat, dass er wenig tun kann – der aber dennoch trotzig weiterkämpft. Er gibt mir Petitionen, die er dem Minister geschickt hat, er gibt mir Berichte mit, damit ich sie studieren kann. Er weiß, dass das alles in einem Staat, der vom Bergbau dominiert wird, kaum etwas ändern wird, aber trotzdem.

Als wir uns verabschieden, stelle ich ihm noch eine Frage.

»Wenn man die Goldminen mit anderen Minen vergleicht …«, setze ich an.

»Von allen Minen, die es gibt, sind die Goldminen die schlimmsten«, unterbricht er mich und fährt ohne Zögern fort:

»Warum? Weil es so viele gibt, weil sie so viel Abfall produzieren und weil Gold finstere Typen anzieht. *If you're looking for crooks, look for gold.*«

⋆

Die Organisation in Westaustralien, die dieses Motto – wenn du Schurken suchst, dann such nach Gold – beherzigt, ist die Gold Stealing Detection Unit. Als einziger Bundesstaat auf dem Kontinent hat Westaustralien ein Dezernat, das sich ausschließlich mit der Verfolgung und Prävention von Golddiebstählen beschäftigt. Einen Tag lang darf ich zwei Polizisten dieser *gold squat*, wie die Goldpolizei von allen genannt wird, bei ihrer Arbeit begleiten. John Gardin und Scott Mills sind erst seit ein paar Jahren dabei. Der gemütlich John heißt eigentlich Johan. Er ist der Sohn eines ausgewanderten Belgiers, und er kann noch sehr gut auf Flämisch fluchen. Der Gesprächigere der beiden ist Mills, ein breitschultriger Mann, der Dinge sagt wie: »Ich bin nur ein einfacher Bauerntölpel. Ein Dieb ist ein Dieb. Und Diebe versuche ich ins Gefängnis zu bringen.«

Die *gold squat* besteht aus genau sechs Kriminalbeamten, und den übergroßen Teil der Woche verbringen sie mit, nun ja, ziemlich langweiliger Arbeit. Die Beamten beraten Goldminen darüber, wie sie ihre Sicherheitsmaßnahmen verbessern können, sie untersuchen die strafrechtlich relevante Vorgeschichte von Arbeitnehmern und inspizieren die rund fünfzig Goldminen, die es in Westaustralien gibt. Und ganz selten einmal wird ein Golddieb verhaftet.

Unser Tag beginnt in Perth, auf einem Regionalflughafen, wo soeben die *Operation Minesweep* begonnen hat. Sinn dieser Operation ist es, so viele Minenarbeiter wie möglich auf den Besitz von Drogen und Sprengstoff hin zu kontrollieren. Vor allem die

Sprengstoffe bereiten der Polizei Sorgen, weil bei mehr oder weniger allen Bombenanschlägen, die in Australien begangen werden (einschließlich des Attentats auf den Pub von Ora Banda im Jahr 2000), Sprengstoff benutzt wurde, der aus den westaustralischen Minen stammt.

Alle fünfzehn Minuten landet ein Charterflugzeug – direkt von einer irgendwo im Outback gelegenen Mine. Die kleinen Maschinen werden an den Rand der Landebahn dirigiert, und wenn die Bergleute aus der Maschine steigen, werden sie von einem Polizisten mit Spürhund erwartet. Die Arbeiter müssen sich mit ihrem Koffer in der Hand in einer Reihe aufstellen, und dann werden Mensch und Gepäck von den Spürhunden untersucht.

»Sieht man den Leuten irgendwas an?«, frage ich Mills, während wir eine Reihe wartender Bergarbeiter beobachten. »Ich meine, sehen manche verdächtig aus?«

Er deutet auf einen Mann, der betont lässig dasteht; eine Zigarette hängt in seinem Mundwinkel, die Hände hat er locker hinter dem Kopf verschränkt. »Körpersprache verrät eine ganze Menge. Mit dieser Haltung drückt er aus: Ich weiß etwas, was du nicht weißt.«

»Vielleicht streckt er sich einfach nur«, gebe ich zu bedenken.

»Ja, das kann auch sein.«

Nach einer Stunde besteht die Ausbeute aus einem Tütchen Haschisch, das eine Stewardess unter einem freien Sitz gefunden hat.

Nach vier Stunden schlägt einer der Spürhunde an. Ein Mann mit glattem schwarzen Haar und einem spöttischen Grinsen wird mitgenommen. Kurze Zeit später stellt sich heraus, dass er ein Gramm Haschisch bei sich hat.

Und das ... war *Operation Minesweep*.

Nach dem Mittagessen nehmen Mills und Gardin mich mit zur *Boddington Gold Mine*, zwei Autostunden von Perth entfernt. Besuche bei den Minen sind die Hauptaufgabe der Goldpolizei. Tatsächlich ist sie kaum mehr als eine bessere Firmenpolizei. Okay, die Gold Stealing Detection Unit ist ein vollwertiger und offizieller Bestandteil des westaustralischen Polizeikorps, doch die Abteilung wird komplett von der Branchenvereinigung der Goldindustrie finanziert. Will die *gold squad* weiterhin Mittel für ihren Fortbestand bekommen, muss sie sich den Sponsoren nützlich machen. Darum *Operation Minesweep*, die natürlich nichts mit Golddiebstahl zu tun hatte, sondern einzig dem Interesse der großen Bergbauunternehmen diente, die keine Drogenkonsumenten unter ihren Angestellten haben wollen.

Unterwegs versuche ich die beiden Beamten auszufragen. Ich berichte ihnen, was mir die Goldsucher im Pub von Ora Banda so alles erzählt haben, nämlich dass die Goldpolizei nur aktiv werde, wenn bei einer großen Mine Gold gestohlen wurde. Erstatte hingegen ein einzelner Goldsucher Anzeige wegen Golddiebstahl, etwa weil ein Kompagnon ihn um seinen Anteil betrogen hat (wie es Rob widerfahren ist), dann unternehme sie kaum etwas.

Das kommt nicht gut an.

»Das Problem mit den Goldsuchern ist, dass sie, nun ja ... sie reden oft nur was daher«, sagt Gardin entrüstet.

»Sie schreien Zeter und Mordio, dass man sie bestohlen hat«, fährt Mills fort, »doch wenn man mit der Gegenseite spricht, stellt sich heraus, dass es oft nur um geschäftliche Meinungsverschiedenheiten geht.«

»Wie meinst du das?«

»Auf den Goldfeldern wird ein Geschäft bei ein paar Gläsern Bier besprochen und mit einem Handschlag besiegelt, und *that's it*. Nichts wird schriftlich festgehalten. Und wenn dann

Streit über die Verteilung des Goldes entsteht ... tja, tut mir leid, aber dann können wir nichts machen. Das ist nicht unsere Aufgabe. Das ist eine Sache für ein Zivilgericht.«

»Ein anderes Problem ist der Beweismangel«, sagt Mills. »Wenn du behauptest, jemand sei unerlaubterweise auf deinem *lease* gewesen, dann musst du das beweisen. Videoaufnahmen, Fotos, Zeugenaussagen. Aber solche Sachen passieren immer mitten im Busch. Versuch da mal, einen Zeugen zu finden.«

Das klingt plausibel, aber dann meint Mills: »Weißt du, wir kümmern uns lieber um die großen Sachen. *We have a bigger fish to fry.*« Anders ausgedrückt: Die Klage, dass sich die Polizei um die kleineren Dinge nicht wirklich kümmert, ist alles andere als unbegründet. Und wenn es tatsächlich viele große Fälle gäbe, wäre es wohl richtig, wenn Mills und Gardin ihnen ihre ganze Aufmerksamkeit schenken. Doch das Duo muss einräumen, dass die Zahl der großen Fälle sich durchaus in Grenzen hält. Die wirklich spektakulären Diebstähle kann man an den Fingern einer Hand abzählen.

Im vorigen Jahr wurde solch ein großer Fall gelöst: der Diebstahl von zweiundzwanzig Kilo Gold aus einer Mine in Papua-Neuguinea. Und dieses Delikt hatte sich im Jahr 2006 ereignet.

Sehr viel Gold werde also nicht gestohlen, schlussfolgere ich.

Das sähe ich falsch.

Auch wenn heute jede Mine ein Heer von Geologen beschäftige, zahllose Bohrungen unternommen und dreidimensionale digitale Bilder von den Goldadern gemacht würden, das Problem habe sich in den letzten hundertfünfzig Jahren nicht wesentlich verändert: Niemand wisse, wie viel Gold wirklich im Boden stecke. Und da niemand sagen könne, wie viel Gold eine Mine genau produzieren müsste, kann auch niemand sagen, ob – und wie viel – Gold unterschlagen wird. Gold werde allerdings kaum in seiner letztendlichen Form gestohlen, erklären mir die beiden Beamten, sondern als Erz. Minenarbeiter, die Ahnung von der Sache haben, hätten während des Herstellungsprozesses zahllose Gelegenheiten, das Golderz, ob angereichert oder nicht, abzuzweigen. Der übergroße Teil der Golddiebe seien keine Gangster, die bewaffnet Goldtransporte überfallen, sondern Mitarbeiter, die der Versuchung durch das Edelmetall nicht widerstehen können. Deshalb investiere die Goldpolizei auch so viel Energie in die Minenbesuche und die Sicherheitsberatung.

Wir sind bei der *Boddington Gold Mine* angekommen, die innerhalb der nächsten Jahre zur größten Australiens werden soll. Mills und Gardin unterhalten sich mit dem Sicherheitschef, der mir leider nicht verraten will, welche Maßnahmen man ergriffen hat, um Golddieben das Leben möglichst schwer zu machen. Nach einer Runde über das Firmengelände fahren wir wieder nach Hause. »Selbst die größten Minen kümmern sich kaum um die Sicherheit«, sagt Mills bedauernd. »Das Einzige, was sie interessiert, ist die Ortung von reichem Erz und die Frage, wie sie es so schnell wie möglich aus dem Boden holen können.« Ich versuche mehr über die Golddiebe zu erfahren, die Mills und Gardin im Laufe der Jahre verhaftet haben. Darüber dürfen sie nicht viel sagen, doch nach einigem Drängen erzählt Mills die Geschichte eines Südafrikaners, der als Subunternehmer in einer Goldmine in Kalgoorlie arbeitete. Der Mann schaffte es, Erz zu unterschlagen, doch man kam ihm bald auf die Schliche. Hinterher stellte sich heraus, dass das Erz lediglich Gold im Wert von achtzig Dollar enthielt. Trotzdem verlor der Mann seinen Job, seine Aufenthaltsgenehmigung wurde eingezogen, und man verurteilte ihn zu einer ordentlichen Gefängnisstrafe.

»Und hast du kein Mitleid mit solch einem Menschen?«, frage ich Mills. »Ich könnte mir denken, dass der Mann unter anderen Umständen nicht gestohlen hätte.«

»Nein, hab ich nicht«, sagt Mills resolut. »Weißt du, Dieben tut es immer leid – hinterher. Ihnen tut leid, was sie ihrer Familie angetan haben. Sie haben Mitleid mit sich selbst, aber nie haben sie Mitleid mit dem Opfer.«

»Aber in diesem Fall gibt es doch kein Opfer.«

»Das spielt keine Rolle.«

»Hast du nie Probleme mit Habgier, mit Goldfieber?«, frage ich ihn.

Mills sieht mich im Rückspiegel an. Ich sehe an seinem Blick, dass er mich nicht versteht – oder mich nicht verstehen will.

»Für mich ist alles schwarz oder weiß, ich glaube nicht an Grautöne. Es gibt Menschen, die stehlen, und Menschen, die nicht stehlen. Ich stehle nicht. Du?«

*

»Ist hier irgendwas passiert?«, frage ich Bruce, als ich nach einer Woche in Perth nach Ora Banda zurückkehre.

»Vicky angelt sich gerade Matt.«

»Aha. Und woher weißt du das?«

»Er kommt jeden Tag hierhin. Oder sie übernachtet in Davyhurst. Sie suchen gemeinsam nach Gold, auf den *leases* der Davyhurst-Mine. Das hat Vicky gut gedeichselt. Der Kerl bettelt regelrecht um Entlassung. Sein Chef hat ihm noch eine letzte Chance gegeben.«

EIN ANGLE

Wie kann ich endlich bei der Suche erfolgreich sein? – Der Autor vertieft sich in Geologie – Er besucht einen Vortrag von Dr. Bob – Und untersucht ein Oldtimercamp

Gut zwei Monate sind vergangen. Das Ergebnis? Mein Texel-Nugget aus Murrin Murrin, das Viertelgramm Gold aus Wedderburn und der Goldstaub aus dem Sovereign-Hill-Museum. Den ersten habe ich – laut Scotty – durch Falschspiel gefunden. Das zweite Goldkorn hat man – laut Vicky – für mich versteckt. Und der Goldstaub ist nur eine Touristenattraktion. Insgesamt ist mein Gold vielleicht 50 Dollar wert. Meine Ausgaben betragen mehr als das Hundertfache.

Es muss sich etwas ändern.

Um Erfolg zu haben, brauche ich das, was man hier einen *angle* nennt: eine Methode des Goldsuchens, auf die bisher noch keiner gekommen ist, eine individuelle Herangehensweise, durch die ich mich von allen anderen Goldsuchern unterscheide. Eine Nische, einen Kniff, wenn man so will.

Tim hat seine Maschinen.

Ted hat seine *leases*.

Scotty hat seine Mine.

Rudi hat Albert.

Albert hat seine *ins and outs*.

Vicky hat ihren weiblichen Charme.

Aber was habe ich? Ehe ich losfuhr, glaubte ich, mit den Schatzkarten in *Gold & Ghosts* einen einzigartigen *angle* gefunden zu haben. Aber: *Every man and his dog* – wie Ted es ausdrückte – haben das Buch gelesen. Durch *Gold & Ghosts* war ich also nicht schlauer geworden, das Buch war kein *angle*. Eigentlich bin ich noch immer der *new chum*, der alles erst noch lernen muss. Man mag mich für ungeduldig halten, aber ich habe schlicht die Nase voll davon.

Doch ... vor einigen Wochen habe ich eine Lösung für mein Problem gefunden: die Wissenschaft. Speziell die Geologie. Alle Goldsucher, die ich bisher kennengelernt habe, sind Autodidakten. Wenn sie vielleicht auch keine Abscheu vor theoretischem Wissen haben, so interessiert es sie jedenfalls nicht.

Bücherwissen – das wird mein *angle* werden.

Gold Geology for Dummies gibt es leider noch nicht – also versuche ich es mit einem Stapel dicker, eng bedruckter geologischer Standardwerke, die ich in einer Buchhandlung in Kalgoorlie bestellt habe. Es zeigt sich, dass Geologie doch etwas anderes ist, als die Sachbücher, die ich sonst so lese. Abend für Abend blättere ich, auf dem Einzelbett in meinem *donger* in Ora Banda sitzend, in meinen Büchern, doch es fällt mir extrem schwer, die Augen offen zu halten. Leider muss ich zugeben, dass selbst die grundlegendsten Dinge in der Geologie meine Aufmerksamkeitsspanne weit überfordern. Nehmen wir etwas scheinbar Einfaches wie die geologische Zeitskala. Früher einmal war diese übersichtlich unterteilt in Primär (die ältesten Erdschichten), Sekundär (die etwas weniger alten), Tertiär (die noch jüngeren Schichten) und Quartär (die jüngsten Erdschichten). Ist doch ganz klar, oder? Aber nein, moderne Geologen denken anders darüber. Das Primär heißt heute Paläozoikum, das Sekundär heißt Mesozoikum, und das Tertiär ist unterteilt in das Paläogen und Neogen, während das Quartär ... immer noch Quartär heißt.

Die Wissenschaft schreitet voran, das ist mir durchaus klar, und folglich hat man eine Periode *vor* dem Primär, ich korrigiere: Paläozoikum hinzugefügt, nämlich das Präkambrium, das die Zeitspanne vom Entstehen der Erde (vor schätzungsweise 4,6 Milliarden Jahren) bis vor 542 Millionen Jahren umfasst. Okay, das ist noch verständlich, aber es wird komplizierter. Die größten Zeiteinheiten nennt man Äonen; sie sind in Ären unterteilt, die man wiederum in Systeme (bzw. Perioden), Serien (bzw. Epochen) und Stufen (bzw. Alter) weiter unterteilt. Begriffsverwirrung scheint eine Erfindung der Geologen zu sein: Europäer verwenden andere Begriffe als Amerikaner, und die Definitionen der Zeiteinheiten unterscheiden sich von Autor zu Autor. Manchmal ist man sich nicht einmal über die Schreibweise einig. Das Archaikum, Bestandteil des Präkambriums, heißt manchmal Archaeikum und manchmal auch Archäozoikum. Manche Perioden kommen einem bekannt vor: Kreide, Jura, Perm oder das Karbon. Aber die meisten haben exotische oder mitunter sogar etwas absurde Namen wie Moskovium, Oxfordium oder Pliensbachium. Es gibt sogar eine Stufe namens Maastricht.

So wahnsinnig faszinierend das alles auch sein mag, es geht kein Abend vorüber, an dem ich nicht laut losbrüllen will: *Just tell me where the fucking gold is!* Kurzum, das funktioniert nicht. Mir fehlt die Geduld, das Talent und die Lust zum Studium der Geologie.

Doch dann hörte ich von Dr. Bob.

In einigen Internetforen für Goldsucher hatte ich mich nach Büchern erkundigt, die die Geologie des Goldes für Laien verständlich erklären. Ich bekam den Rat, mich an Dr. Bob zu wenden, einen Geologen, der offenbar schon seit Jahren mit demselben Vortrag durch Westaustralien tourt: *Where to detect for gold in Western Australia*.

Das klingt gut.

Bob ist ein Mann, der stolz auf seinen akademischen Titel ist. Als ich ihn in seinem Haus in Kalgoorlie anrufe, meldet er sich mit »*Doktor* Bob Fagan«. Bob erweist sich als ein Australier, dem das Herz ausnahmsweise nicht auf der Zunge liegt. Ganz gleich, was ich tue, er ist immer auf der Hut. Nicht unfreundlich, aber auch nicht gerade entgegenkommend. Zwischen uns stimmt die Chemie nicht, und ich vermute, dass er mir einfach nicht vertraut: ein herumschnüffelnder europäischer Schriftsteller, der schnell mal wissen will, wo man Gold finden kann. Einer, der von außen kommt und einen *angle* sucht, das kennen wir, denkt er ganz bestimmt. Ich frage ihn, ob ich vorbeikommen darf, doch das erlaubt er lieber nicht. Aber er sagt, dass ich jederzeit bei einem seiner Vorträge willkommen bin. Und wie der Zufall es will: Bald hält er wieder einen.

»Aha, und wo denn?«

»In Ora Banda.«

An einem sonnigen Sonntagnachmittag haben sich in dem kleinen Saal hinter dem Schankraum rund zwanzig Goldsucher versammelt, um Dr. Bob zu hören. Mit einer perfekten PowerPoint-Präsentation vermittelt er exakt so viel – nicht zu viel, und nicht zu wenig – geologisches Wissen, um als Goldsucher Erfolg zu haben. Bob erläutert, in welchem Gestein – Basalt und Dolerit – das meiste Gold vorkommt. Er erklärt, welche verschiedenen Sorten Basalt und Dolerit es gibt und wie sie aussehen. Er verrät, wo und wie man dieses Gestein findet. Er versichert den Zuhörern, dass ihr bester Freund die geologische Karte ist, und er zeigt, wie man eine solche Karte lesen muss.

Das Schöne an Bob ist, dass er allerhand Tipps und Fakten gibt, uns aber nicht mit zu viel Information ermüdet. Wörter wie Mesozoikum oder gar Pliensbachium nimmt er nicht in den Mund. Einer seiner nützlichen Hinweise betrifft eine Methode, mit der man die Größe und Menge von Goldklumpen in einem *patch* berechnen kann. Jeder Goldsucher träumt davon, einen *patch* zu finden, doch jeden, der je einen gefunden hat, quält die wahnsinnig machende Ungewissheit: Habe ich auch alle Goldklumpen auf diesem *patch* gefunden? Viele Goldsucher haben mir berichtet, dass sie noch Dutzende von Goldklumpen auf einem *patch* gefunden haben, von dem der ursprüngliche Besitzer annahm, er sei leer geräumt. Folglich spitzen alle die Ohren.

Laut Bob zeigt sich immer wieder, dass der größte Goldklumpen auf einem *patch* exakt doppelt so schwer ist wie der zweitgrößte Goldklumpen. Und der drittgrößte wiegt ein Drittel des größten, und der viertgrößte ein Viertel und so weiter. Wenn man alle Nuggets nach Gewicht in einer Grafik darstellt, ergibt sich folgendes Bild:

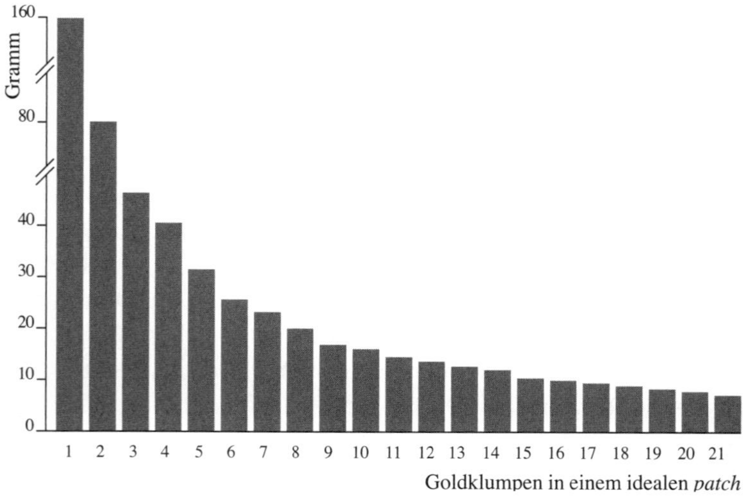

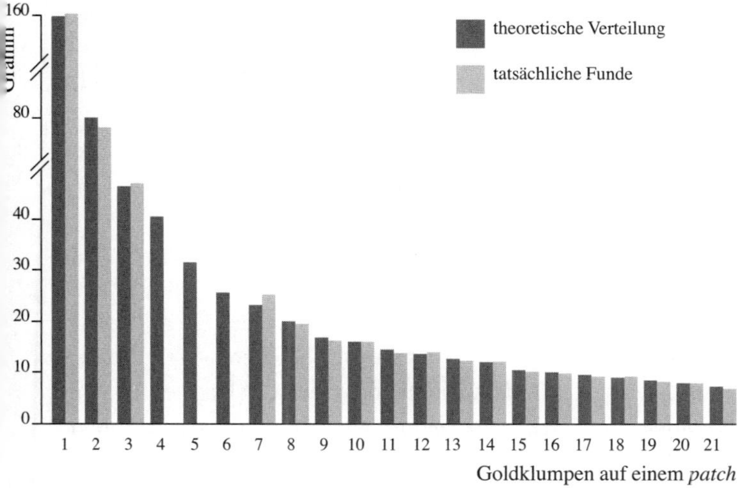

Wozu ist dieses Wissen nütze? Nun, das zeigt Bob uns sehr schnell. Wenn man einen *patch* findet, kann man innerhalb kürzester Zeit ausrechnen, ob man die größten Goldklumpen auf diesem *patch* schon gefunden hat oder ob noch einige fehlen. Bob präsentiert eine Grafik, in der die theoretische Verteilung von Nuggets auf einem *patch* mit den tatsächlichen Funden verglichen wird.

Hier hat der Goldsucher die drei größten Nuggets gefunden, aber Nummer vier bis sechs fehlen noch. Also weitersuchen, bis man die Goldklumpen gefunden hat, die etwa 40, 32 und 26 Gramm schwer sind. Dies ist ein deutliches Beispiel für Bobs Methode. Er gibt einem ein Instrument an die Hand, aber er sagt nichts über dessen Hintergründe. So erfahre ich erst sehr viel später, dass diese Grafik auf dem Zipf'schen Gesetz basiert.

Der Linguist George Kingsley Zipf (1902 – 1950) erforschte die Frequenz von Wörtern in langen Texten und fand heraus, dass die Häufigkeit des Vorkommens einer Gesetzmäßigkeit unterliegt. Es stellte sich heraus, dass das am häufigsten vorkommende Wort in einem bestimmten Text doppelt so oft auftauchte wie das zweithäufigste, drei Mal so oft wie das dritthäufigste und so weiter. Und was für Wörter gilt, gilt – wie sich zeigte – auch für viele andere Dinge, wie etwa die Verteilung von Goldklumpen auf einem *patch*.

Kurzum, Bob ist der Koch, der einem anhand eines genauen Rezepts erklärt, wie man einen wunderbaren Apfelkuchen backen kann, während Durchschnittsgeologen eher Chemiker sind, die einem zu erläutern versuchen, welche chemischen Prozesse beim Backen des Apfelkuchens ablaufen. Intellektuell ist Bobs Methode möglicherweise wenig befriedigend, dafür in praktischer Hinsicht um so mehr.

Die einzige Theorie, mit der Bob uns behelligt, ist seine Vorstellung darüber, wie Goldklumpen entstehen. Bob ist vollkommen anderer Meinung als Rob Hough, der Mann, der Goldklumpen durchsägte, um mehr über ihre Genese zu erfahren. Bob ist ein Anhänger dessen, was Hough die Kartoffeltheorie nennt: die Vorstellung, dass Goldklumpen wie Kartoffeln in der Erde wachsen. Als ich Hough ein paar Wochen zuvor in Perth besuchte, hatte der kein gutes Haar an dieser Theorie gelassen. Indem er Goldklumpen durchgesägt und ihr Inneres untersucht hat, konnte er zeigen, dass Goldklumpen unmöglich so entstanden sein können, wie Bob es sich vorstellt. Die Tatsache, dass Hough in den wichtigsten wissenschaftlichen Zeitschriften publiziert und bei der angesehenen Commonwealth Scientific and Industrial Research Organisation (CSIRO) beschäftigt ist, während Bob nur die Bergbauschule in Kalgoorlie vorweisen kann, spricht – rational betrachtet – für Hough. Dennoch ist mir Bobs Theorie sympathischer. Goldklumpen, die in der Erde wachsen, die sozusagen leben ... das klingt sehr viel faszinierender als der kalte, rationale Beweis, für den Hough die Objekte, die er untersucht, brutal durchsägen muss. Houghs Theorie mag besser begründet sein, doch ich gebe Bobs Vorstellungen wegen ihrer Romantik den Vorzug.

Letztendlich spielt all das jedoch keine Rolle. Die Frage ist: Wo sollte man in Westaustralien nach Gold suchen? Die Antwort darauf wird am Ende des Vortrags gegeben, und sie ist, ehrlich gesagt, ein wenig enttäuschend. Das Erste, was man laut Bob braucht, ist eine nahe gelegene Goldquelle (auch das Gold der Kartoffelnuggets muss irgendwo hergekommen sein). Bob rät uns, in der Nähe von aktiven oder verlassenen Goldminen zu suchen. »Schaut euch vor allem in Gegenden um, wo andere schon Gold gefunden haben«, empfiehlt er uns. Mir kommt das alles bekannt vor, und tatsächlich ist es exakt das, was Mark in Wedderburn auch schon sagte: Gold ist, wo Gold war. Darüber hinaus, so Bob, muss man noch auf andere Indikatoren achten. So muss immer Basalt, Dolerit und Laterit vorhanden sein. Aber auch das ist alles andere als, nun ja, überraschend. Bei meinem ersten Ausflug in die Goldfelder von Ora Banda hat Vicky mir schon ihre *Geological Survey*-Karte gezeigt und gesagt, dass man immer auf das Symbol *Czl* achten muss (das, wie ich später herausfand, für Laterit steht).

Aber wie dem auch sei, ich kaufe die geologischen Karten, die Bob empfiehlt. Ich achte auf das Vorhandensein von Minen, ich beherzige, dass es auch Laterit geben muss ... und komme zu dem Schluss, dass Ora Banda alle Anforderungen, die Bob formuliert, erfüllt.

Das ist das Aus für den *angle* Bücherwissen.

Scotty sitzt auf seinem üblichen Platz am schmalen Ende der Theke. Es ist etwa halb neun, und Scotty ist wie meistens der einzige zahlende Gast. Er trinkt ein Bier, ich trinke ein Bier.

»*Hi mate*, wie geht's?«

»Hhhmm«, brumme ich.

»Kein Glück, was?«, sagt Scotty. »Ich auch nicht. Wo ich suche, Mann, da liegt überall Müll. Alle paar Minuten grabe ich einen alten Nagel oder eine Kronkorken aus.«

Ich trinke einen Schluck von meinem Bier. Scotty trinkt einen Schluck von seinem Bier.

»Hey, kriegst du auch schon mal ein Geräusch, das sich anhört wie ... ZINGGGG!!!! ... als würdest du auf eine Sprungfeder treten?«

»Äh ... nein.«

»Nicht zu glauben«, ruft Scotty erstaunt. »Echt, Mann, du machst das nicht richtig.« Er springt von seinem Barhocker herunter und zeigt mir, wie schnell ich meinen Detektor über den Boden bewegen muss.

»Wussssch, wussssch, wussssch«, sagt Scotty, während er mit großen Schritten durch den Pub stiefelt und seinen imaginären Detektor bedient, als spielte er eine Partie Tennis. »Guck, so macht man das.«

Scotty ist wieder in Fahrt, aber ich habe keine Lust, mit ihm zu reden, und reagiere nicht. Das ist für Scotty lediglich Anreiz, noch einen Zacken zuzulegen.

»Hey, übermorgen fliege ich mit meiner Tochter nach Hongkong, zum Einkaufen. Und dann ziehe ich nach Perth um. Ich habe eine Option auf ein wunderbares Penthouse.«

Ich trinke noch einen Schluck Bier und hoffe, dass er aufhört. Vergeblich.

»Jeroen, hab ich dir schon mal erzählt, dass ich an der Gold Coast in Queensland gewohnt und zusammen mit meiner Ex einen Swingerclub betrieben habe? Mann! Das waren noch Zeiten!«

»*Doodledick*! Trink aus«, keift Rhonda. »Wir schließen.«

»Und ich hab auch in einem Porno mitgespielt.«

Ich rutsche von meinem Barhocker und gehe nach draußen. Doch ein paar Minuten später gesellt Scotty sich wieder zu mir, die Flasche Port, die er jeden Abend kauft, in der linken Hand. Er schraubt den Deckel ab und gießt sich ein paar ordentliche Schlucke hinter die Binde.

»Willst du auch?«

»Nein, danke.«

»Weißt du, was eine gute Idee wäre …«, sagt Scotty.

»Mich in Ruhe den schönen Abend genießen lassen«, starte ich einen erneuten Versuch.

Doch Scotty hört mir nicht zu.

»… Harken.«

Und obwohl ein Schwätzchen mit Scotty das Letzte ist, was ich in diesem Moment möchte, frage ich ihn dennoch: »Harken? Wie meinst du das?«

»Nun ja, wir sprachen doch darüber, dass man so viel Müll findet. Da habe ich mir gedacht, die alten Lagerplätze der Oldtimer, du weißt schon, die Stellen mit lauter rostigen Konserven, da sucht nie jemand. Man wird dort total verrückt durch den ganzen Krach, den die Büchsen verursachen, aber die Oldtimer lagerten dort nicht zum Spaß. Die Burschen schliefen am liebsten an der Stelle, wo sie gruben. Es muss Gold unter den alten Lagerstellen geben. Wenn man nun den ganzen Krempel mit einem Rechen beiseiteharkt und den Boden anschließend gründlich mit einem Metalldetektor absucht …«

»*Pushen* in kleinem Maßstab«, murmele ich. »Das ist ein interessanter *angle*.«

Ein paar Tage später bin ich morgens mit Bruce unterwegs, auf der Suche nach Holz für den offenen Kamin, der abends den Pub heizt. In seinem schrottreifen Mitsubishi Pajero fahren wir rumpelnd und holpernd über eine Sandpiste, die hinter Ora Banda in den Busch führt. Nach zehn Minuten entdeckt Bruce einen verdorrten Eukalyptusbaum, einen sogenannten *red gum*. Wir stellen den Wagen ab, Bruce holt eine Kettensäge hervor, und nach einigen Schnitten in den Stamm stürzt das Ding laut krachend zu Boden. Es dauert nicht einmal zehn Minuten, einen mehrere Hundert Jahre alten Baum zu fällen. Wir verbringen den Rest des Vormittags damit, Brennholz zu sägen und zu hacken.

»Sollen wir noch ein paar alte Flaschen suchen, Bruce?«, frage ich ihn, als wir gegen Mittag zurück zum Pub fahren.

»Aber immer, *mate*«, sagt Bruce, überglücklich darüber, dass sich jemand für sein Hobby interessiert. »Hier in der Nähe gibt es ein Oldtimerlager, wo ich schon öfter hübsche Sachen gefunden habe.«

Die Stelle, die Bruce meint, befindet sich am Fuße eines mit Milchquarz bedeckten Hügels. Zwischen den Sträuchern liegen Dutzende von zerbrochenen Flaschen. Antike Flaschen, laut Bruce. An der Art, wie das manchmal mehr als einen Zentimeter dicke Glas geformt ist, kann man erkennen, dass die Flasche von Hand hergestellt wurde. Außer Flaschen liegen noch stapelweise Büchsen herum, wild übers Gelände verstreut. Der Form der Konserven nach zu urteilen stammen sie ebenfalls aus den neunziger Jahren des 19. Jahrhunderts, meint Bruce.

Die Stelle sieht perfekt aus.

»Hey, Bruce, hast du vielleicht eine Harke dabei, die ich mir leihen könnte?«

»Klar, Mann, wozu brauchst du die denn?«

»Ach, nur so.«

Es kostet mich anderthalb Tage, das Oldtimerlager, ein Areal von etwa fünfzehn mal fünfzehn Meter, sauber zu harken. Das ist harte Arbeit. Nach zwanzig Minuten ist mein T-Shirt durch und durch nass geschwitzt. Was die Schufterei zudem nicht angenehmer macht, ist die Tatsache, dass der Sommer jetzt wirklich im Anmarsch ist. Das bedeutet nicht nur höhere Temperaturen – in einigen Wochen wird die Durchschnittstemperatur hier bei vierzig Grad liegen –, sondern auch die Rückkehr von *musca vetustissima*, vulgo *Australian bush fly* genannt.

Vergiss Schlangen, Skorpione und Spinnen; das unangenehmste Tier im Outback ist die australische Fliege. Australische Fliegen sind um einiges kleiner als unsere Stubenfliege, die schätzungsweise vier- bis fünfmal so groß ist. Anders als unsere Fliegen kommt die australische Fliege niemals allein. Hat sie dich einmal entdeckt – und ganz gleich, wo im australischen Outback du auch bist, der Ort kann noch so abgelegen sein, du kannst dir sicher sein, binnen fünf Minuten hat sie dich gefunden –, dann informiert sie innerhalb von dreißig Sekunden alle Freunde und Verwandte darüber, dass ein neues Opfer aufgetaucht ist. Australische Fliegen summen einem nicht nur auf lästige Weise um den Kopf, sondern setzen sich garantiert auf die kitzeligsten Stellen: in die Ohren, um die Augen, in die Mundwinkel.

Den Ärger über die Fliegen gibt es schon seit Jahrhunderten. Francisco Pelsaert, der Kommandant der *Batavia*, des Flaggschiffs der VOC, das vor der australischen Küste sank, verlieh schon 1629 seinem Ärger über die australische Fliege Ausdruck: »Eine große Menge Fliegen, die sich nicht mehr von Mund, Augen und Angesicht vertreiben ließ«, schrieb er ins Logbuch.

Was man auch unternimmt, nichts hilft gegen die australische Fliege. In den Touristenorten im Outback wie etwa Uluru kann man Fliegennetze kaufen, die man wie ein Moskitonetz über den Kopf zieht. So ausgestattet ist man nicht nur gezwungen, die Natur durch ein feinmaschiges Netz zu betrachten, den

Fliegen gelingt es auch in kürzester Zeit, unter dieses Netz und einem ins Nasenloch zu kriechen. Dutzende von Sprays und Cremes habe ich ausprobiert. Es hilft alles nichts. Würden Reiseführer die Wahrheit über diese Fliegenplage berichten und wären die Tiere auf den Urlaubsfotos zu erkennen, dann, so behaupte ich, käme niemals ein Tourist in den australischen Outback. Letztendlich gibt es nur zwei Möglichkeiten, der australischen Fliege zu entgehen: nach drinnen gehen (aus unerklärlichen Gründen weigert die Fliege sich, durch eine Tür zu fliegen) oder den Outback verlassen (sobald die Küste in Sicht kommt, ist die Fliege verschwunden).

Aber ob Fliegen oder nicht, ich harke alles, was auf dem Boden liegt, Blätter, Glasscherben, Konservendosen, zu großen Haufen zusammen. Manche Büchsen sind so verrostet, dass sie in Dutzende von Stücken zerfallen sind. Damit sie meinen Metalldetektor nicht in die Irre führen, kehre ich den Boden noch mit einem Besen ab. Als ich fertig bin, sieht das Oldtimerlager aus wie eine Miniatur von Ora Banda: ein spärlich bewachsenes Gebiet, auf dem es hier und da einen großen Abfallhaufen gibt.

Und dann kann ich endlich die Früchte meiner Arbeit ernten.

Ich öffne eine Dose XXXX Gold, um mit mir selbst auf meine Pfiffigkeit anzustoßen. Was für ein raffinierter *angle* ist das! Ich bin zweifellos der Erste, der auf diese Idee gekommen ist – nun ja, Scotty einmal ausgenommen.

Ich hänge mir den Detektor um und mache mich auf die Suche.

Am Abend ist der Pub gut gefüllt. Vicky, Albert und Scotty sitzen an der Theke. Das Thema des Tages ist Matts Entlassung. Sein Boss hat ihn erneut angetrunken am Steuer erwischt.

»*Hey mate*, wie geht's?«, fragt Scotty.

»Hmmmh«, murmele ich. »Ich dachte, du wolltest nach Hongkong?«

»Ja, schon. Aber, eigentlich nicht. Mir ist was dazwischengekommen. Ich flieg jetzt nach Russland. Ich habe online eine russische Puppe kennengelernt. Sie heißt Alexi, wir chatten jeden Tag. Sie spricht nicht gut Englisch, aber ich bin total verliebt.«

»*Anyway*, ich habe deine Idee ausprobiert«, unterbreche ich ihn.

»Meine Idee ... welche Idee?«

»Die, ein Oldtimerlager sauber zu harken.«

»Oh. Und?«

»Zwei ganze Tage habe ich damit verbracht.«

»Ja?«

»Nichts gefunden.«

Ich berichte Vicky und Albert, was ich in den beiden letzten Tagen getan habe. Sie lachen herzlich darüber. So habe ich zumindest etwas mit meinem *angle* erreicht: Ich habe nun eine ordentliche Geschichte, die ich an der Theke oder am Lagerfeuer erzählen kann.

Das Gespräch kommt auf mein Unvermögen, Gold zu finden.

»Hey, Jeroen, du hast doch bestimmt Gold bei dir, wenn du dich auf die Suche machst«, sagt Vicky.

»Nein, warum sollte ich?«

»Das bringt Glück«, sagt Albert, der schon eine Weile schweigend an der Theke sitzt und in sein Bier starrt. »Niemals auf die Suche gehen, wenn du kein Gold in der Tasche hast.«

Scotty spendiert mir ein Bier und meint dann: »Weißt du, sobald du einen Goldklumpen findest, musst du ihn dir in den Mund stecken.«

»Jaja, das weiß ich«, sage ich, »um ihn zu säubern.«

»Ja, das auch. Aber auch weil der eine Goldklumpen dich zu einem anderen bringt. Weißt du, diese Goldklumpen, die reden miteinander, auf einer subatomaren Ebene. Sie produzieren Schwingungen, winzig kleine Wellen, und wenn du diesen Vibrationen folgst, führt dich der eine Goldklumpen zum nächsten …«

»Ich habe einmal einen Goldklumpen verschluckt«, mischt Albert sich ins Gespräch. »Eine Woche lang habe ich auf eine Zeitung geschissen und mit einer Gabel in meinem Kot gesucht. Aber ich habe ihn wiedergefunden.«

»… wenn ich einen Goldklumpen finde«, fährt Scotty währenddessen unbeirrt fort, »dann sage ich immer kurz ›Hallo‹ zu ihm. Das Gold hat dort Millionen von Jahren in der Erde gelegen, und du bist der Erste, der es sieht. Das wenigste, was man tun kann, ist ihn auf der Welt willkommen zu heißen. Und natürlich ihn zu fragen: ›Hey, du kleiner Goldklumpen, wo sind deine Freunde?‹«

Ich schaue zu Katie und Abby, die der Unterhaltung gelauscht haben. Sie verdrehen die Augen. Genau. Was für ein Spinner. Zeit, ins Bett zu gehen.

REINE ERPRESSUNG

Goldsucher versammeln sich in Ora Banda – Unterweisung in der Technik des loaming *– Prospektoren fühlen sich erpresst – Das Leid der Aborigines*

»Hier braucht man Gummistiefel«, brummt Bruce. »Bis zu den Knöcheln steht man in der Scheiße.« Bruce spielt damit auf die Geschichten an, die die Goldsucher an der Theke zum Besten geben. Diese Prospektoren kommen nicht aus der Gegend, wissen aber ganz genau, wo man in Ora Banda Gold finden kann. Sie sind haarklein über den Minelab GPX5000-Metalldetektor informiert, der nächste Woche auf den Markt kommt, den aber noch niemand aus der Nähe gesehen hat. Sie geben mit den spektakulären Goldfunden an, die sie in den letzten Monaten gemacht haben, aber vorweisen können sie nichts.

Kurzum, sie sind, laut Bruce, *full of it*.

Die Prospektoren sind zur Jahresversammlung ihrer Interessenvertretung nach Ora Banda gekommen, der Amalgamated Prospectors and Leaseholders Association of Western Australia (APLA), die im Pub abgehalten wird. Aus ganz Westaustralien haben sich Goldsucher in Ora Banda eingefunden. Der Campingplatz ist voll, die Küche kommt mit den Hamburgern nicht nach, und Margie sorgt dafür, dass die Biergläser gefüllt sind. Doch Bruce ist verärgert. Es stört ihn, dass die meisten Prospektoren zwar auf der Rennbahn vor dem Pub kostenlos zelten, aber trotzdem die Duschen des Campingplatzes benutzen. »Ein Haufen Nassauer«, murrt er.

Ich sitze bei einer Tasse Kaffee an der Theke. Mit Abby und Katie habe ich zuvor die Kartoffeln für das morgige APLA-Dinner geschält. Das war eine Scheißarbeit, aber sie war auch überaus ... befriedigend. Nach einem Tag Goldsuche hat man nichts. Die Arbeit bleibt ohne Ergebnis. Nein, dann lieber Kartoffeln schälen. Jede Kartoffel, die ich in den Eimer fallen ließ, brachte mich der Erfüllung meiner Aufgabe näher. Nach zwei Stunden hatte ich drei große Eimer voller Kartoffeln geschält. Endlich etwas geschafft!

Rund fünfzig Goldsucher nehmen an der Jahresversammlung teil. Die meisten verbinden das Nützliche mit dem Angenehmen: Sie suchen in der unmittelbaren Umgebung des Pubs nach Gold. Tim hat heute Morgen sogar schon ein paar von seinem Grundstück vertrieben. Wenn nicht nach Gold gesucht wird, wird konferiert. Und wenn weder nach Gold gesucht noch konferiert wird, geschieht ab und zu etwas Nettes.

Unterweisung in der Kunst des *loaming* zum Beispiel.

Der Vorstand der Goldsuchervereinigung macht sich Sorgen. Man hat festgestellt, dass nur wenige Mitglieder die bewährte *loaming*-Technik anwenden. Das muss sich ändern. *Loaming* sei Goldwaschen, nur anders, erläutert der Prospektor Cranston Edwards, einer der führenden Männer der APLA. Sein Äußeres entspricht allen Klischees des raubeinigen Outbackbewohners. Er trägt einen Akubra-Filzschlapphut, R.-M.-Williams-Stiefel und eine gewachste Regenjacke. Edwards erklärt, die alte Goldpfanne sei immer noch sein wichtigstes Arbeitsgerät. Wenn er die Vermutung habe, auf einem bestimmten Areal könne es Gold geben, hole er zuerst seine Goldpfanne hervor. Dann nehme er ein paar Handvoll Sand und schaue, ob er durch Waschen etwas *color* finde. Nachdem man so an genügend Stellen Stichproben gemacht habe, könne man rasch ermitteln, wo die Goldkonzentration am größten sei. Und je höher die Goldkonzentration, umso näher befinde man sich an der Goldquelle. Das nenne man *loaming*. Und *loaming* sei die wichtigste Methode gewesen, mit der die Goldsucher des 19. Jahrhunderts Goldadern aufspürten.

Die Technik, die heute angewandt wird, ist das Bohren nach Goldadern. Bohrungen sind verlässlicher, und man kann durch sie Goldablagerungen in großen Tiefen entdecken. Aber Bohren ist auch teuer – zu teuer für den durchschnittlichen Prospektor. Deshalb wird das *loaming* von einzelnen Goldsuchern immer noch praktiziert. Edwards zeigt, wie es funktioniert. Er geht vom Pub hinüber auf die andere Straßenseite, klaubt dort eine Handvoll Staub vom Boden auf und gibt sie in seine Waschpfanne. Während sich ein Dutzend Goldsucher um ihn drängeln, wäscht er den Sand und Kies mit ein wenig Wasser. Ein paarmal schiebt er die oberste Schlammschicht mit dem Daumen über den Rand der Pfanne, bis schließlich nur noch ein bisschen Sand auf dem Pfannenboden übrig bleibt. Mit bloßem Auge ist in dem Sand nichts zu entdecken, doch als Edwards ein spezielles Vergrößerungsglas hervorholt, zeigt sich, dass es zwischen den Sandkörnern sehr wohl *color* gibt: zwei oder drei winzige Körner Goldstaub. Das habe nicht unbedingt etwas zu bedeuten, erklärt Edwards. Überall auf den Goldfeldern könne man solch winzige Mengen Goldstaub finden, und ganz bestimmt hier in Ora Banda, wo es schon immer viel Gold gegeben habe. Dann geht Edwards zurück zum Pub und nimmt eine Handvoll Staub vom Parkplatz. Erneut reduziert er den Staub in seiner Goldpfanne rasend schnell zu einer kleinen Menge Sand. Doch als er jetzt wieder durch seine Lupe die Sandkörner betrachtet, sagt er völlig verdutzt: »*Wow*! Wir haben ein Eldorado gefunden!« Er lässt die Goldpfanne und die Lupe herumgehen. Während man mit bloßem Auge keinerlei Gold erkennen kann, sieht man mit Edwards' Vergrößerungsglas Hunderte von goldenen Staubkörnern funkeln. »Offenbar steht der Pub auf einer potenziellen Goldmine«, schlussfolgert Edwards.

Bruce kommt vorbei und fragt, was die Aufregung zu bedeuten habe. Edwards berichtet, dass er soeben den Staub des Parkplatzes untersucht habe.

»Den gelben Sand da?«, fragt Bruce und deutet dabei auf den Boden. »Habt ihr den genommen?«

Wir nicken.

Auf Bruce Gesicht erscheint ein diebisches Grinsen.

»Den habe ich letztes Jahr ein Stück weit die Straße runter bei einer alten Mine geholt«, sagt Bruce und deutet mit dem Kopf in Richtung des Wegs nach Davyhurst. »Es kann also durchaus sein ... dass da Gold drin ist.«

Ich verfolge die Versammlung der Goldsucher. Ich lausche dem Geschwätz an der Theke. Und allmählich wird mir eines klar: Die Prospektoren und *lease*-Eigentümer von Westaustralien sind wütend. Wütend auf die Regierung, wütend auf die großen Bergbaubetriebe, wütend auf die *greenies* und vor allem wütend auf die Aborigines.

Die Prospektoren der APLA betrachten die klassischen Goldsucher des 19. Jahrhunderts als ihre geistigen Ahnen. Wie sie machen sich die Prospektoren auf die Suche nach unentdeckten Goldlagern, und wenn sie eines entdeckt haben, dann überlassen sie es den großen Minenunternehmen, das Gold aus dem Boden zu holen. Die Geschichte von Ted und seinem »Topf voller Gold« findet an diesem Wochenende in Ora Banda viele begeisterte Zuhörer. Aber die Realität sieht oft weniger rosig aus. Ein erfolgreicher Prospektor ist heutzutage jemand, der einige *leases* hat und diesen Besitz mit Radladern und Metalldetektoren ausbeutet. Vielleicht nimmt er jemanden wie Tim hinzu, um das Erz zu verarbeiten. Doch neue Entdeckungen machen die Prospektoren kaum noch. Neue Goldlagerstätten werden heute von speziellen *exploration companies* entdeckt, die Geologen beschäftigen, welche sich mit magnetischer Strahlung und Geochemie auskennen – und nicht von Männern mit Akubra-Hüten und R.-M.-Williams-Stiefeln. Den Prospektoren jedoch fällt es schwer, diese Realität zu akzeptieren. Sie halten sich für unverzichtbar für die nationale Wirtschaft. Daher sind sie auch der Ansicht, dass sie eigentlich überall nach Gold suchen dürfen müssten: in Naturschutzgebieten, auf den *leases* der großen Bergbauunternehmen und auf dem Land der Aborigines. Als der APLA-Vorstand von Plänen berichtet, einen großen Teil des Buschs südlich von Kalgoorlie zu einem Nationalpark zu machen, ertönen aus dem Saal Buhrufe und höhnisches Gelächter. Entrüstet ist man auch über die großen Minenunternehmen, die Tausende von Quadratkilometern Busch mit Beschlag belegen, ohne dort aktiv zu werden. Am schlechtesten aber ist man auf die Aborigines zu sprechen.

Aborigines können seit Anfang der neunziger Jahre gewisse Eigentumsrechte auf Land geltend machen, auf dem sie seit alters her gelebt haben. In Australien wird dies *native title* genannt. Gewisse Eigentumsrechte, das klingt sehr vage, und das ist es wohl auch. *Native title* kann heißen, dass ein Aboriginesstamm über die Verwaltungsrechte und vollständiges Eigentumsrecht verfügt. Anders ausgedrückt: Aborigines entscheiden, was auf dem Land geschieht. Meistens aber sind die Eigentumsrechte weniger umfassend. Dann bedeutet *native title* nicht mehr, als dass ein Bergbauunternehmen nicht einfach so auf Aborigines-Land eine Mine eröffnen darf, sondern dass es mit dem Stamm über einen finanziellen Ausgleich verhandeln muss.

Um das Ganze noch ein wenig komplizierter zu machen: In Westaustralien gibt es zusätzlich noch ein den *native titles* übergeordnetes Gesetz: Laut dem sogenannten Heritage Act darf ein

Prospektor einen *lease* erst bearbeiten, nachdem er hat feststellen lassen, dass sich auf dem Gelände keine *Aboriginal site* befindet. Eine *Aboriginal site* ist für einen Nichtaborigine nicht immer erkennbar. Genauer gesagt: meistens nicht. Es kann sich um einen Ort handeln, an dem für westliche Augen Dinge zu sehen sind, man denke etwa an Felsmalereien. Es kann sich aber auch um einen Ort handeln, an dem spirituelle Treffen stattgefunden haben, an dem gejagt oder übernachtet wurde. Es kann im Prinzip jeder Ort sein, der für Aborigines wichtig war oder ist. Kurzum: Wo ein Prospektor ein Stück Busch sieht, in dessen Boden Gold ist, dort sieht ein Aborigine ein Terrain, auf dem jeder Hügel und jede Wasserquelle für seine Spiritualität wichtig ist. Macht sich dort ein Prospektor mit Bulldozern und Radladern zu schaffen, dann ist das ein ebensolches Sakrileg, als würde ein Aborigine einen unserer Friedhöfe einebnen.

Um herauszufinden, ob sich auf einem bestimmten *lease* ein für Aborigines bedeutsamer Ort befindet, muss der Prospektor Mitglieder des Stammes anheuern, der dieses Gebiet traditionell bewohnt. Die kommen dann und berichten ihm, ob und wo es solche Orte auf dem Gelände gibt, die nicht berührt werden dürfen.

»Reine Erpressung«, nennt Goldsucher Glynn dieses Prozedere. »Eine *Aboriginal site*, das ist, was wir als ein schwarzes Loch bezeichnen.«

Glynn hat ein weißes Bärtchen und ein rundes feuerrotes Gesicht, was ihm das Aussehen eines wütenden Gartenzwergs verleiht. Glynn ist nicht der Typ für Versammlungen, er hat vom Geschwätz der APLA-Mitglieder bereits nach einer Stunde die Nase voll und sitzt nun draußen vor dem Pub und raucht Zigaretten. Und trinkt Bier. Glynn meint, dass die Prospektoren der Gnade der »Abos« ausgeliefert seien. Als ich sage, dass ich nicht so recht verstehe, wieso er von Erpressung spreche, antwortet er: »Wenn ihnen dein Gesicht nicht passt, geben sie dir keine Erlaubnis. Ein Einspruch gegen diese Entscheidung ist nicht möglich. Die einzige Chance die du hast, ist zu blechen. Und du kannst mir glauben: Wenn du genug bezahlst, geben sie dir immer ihre Zustimmung. Und nun erklär du mir, wieso das keine Erpressung sein soll?«

Glynn schätzt, dass jeder *lease*, der unter den Heritage Act fällt (nicht jeder *lease* fällt darunter), ihn 5000 bis 7000 Dollar kostet. Und als ob das nicht genug wäre, wiederhole sich dieser Vorgang immer wieder: Verkauft er das Areal an einen Kollegen, muss auch der wieder um Erlaubnis des Stammes bitten. Für Glynn ist vollkommen klar: »Dieser ganze Heritage Act ist eine einzige große *money making machine*. Und für wen? Glaubst du, der Stamm hat etwas davon? Das ganze Geld verschwindet in den Taschen der Stammesältesten.«

Wenn man Glynn so reden hört, könnte man meinen, die Aborigines säßen den ganzen Tag nur mit einer Zigarre im Mund am Rand ihres Swimingpools und zählten ihr Geld. Die Wirklichkeit sieht anders aus. In Australien gibt es ungefähr eine halbe Million Aborigines, und drei Viertel von ihnen leben unter der Armutsgrenze. Die Lebenserwartung der Aborigines liegt durchschnittlich siebzehn Jahre unter der der übrigen Australier und ist eine der niedrigsten weltweit. Die Kindersterblichkeit ist dreimal so hoch wie im Landesdurchschnitt. Aborigines begehen zweimal so oft Selbstmord wie andere Australier ... Die Liste der deprimierenden Statistiken ist endlos.

Mit all diesem Elend wird der Durchschnittsaustralier selten bis nie konfrontiert.

Die Aborigines leben zum größten Teil getrennt von den übrigen zweiundzwanzig Millionen Australiern. Einige Aborigines leben in den Armenvierteln der großen Städte, die meisten aber im Outback in separaten »Gemeinschaften«, wie Ninga Mia. Ninga Mia liegt zwischen der Müllkippe von Kalgoorlie und den Halden des *Super Pit*. Das Dorf besteht aus etwa zwanzig Häusern und ist auf keiner Karte verzeichnet.

Vor ein paar Wochen habe ich Ninga Mia besucht. An praktisch jeder Straßenecke stand ein Autowrack, manche ausgebrannt, manche nicht. Die Fenster und Türen der meisten Häuser waren kaputt oder gar nicht mehr vorhanden. Es sah so aus, als wollten die Menschen nicht in ihren Häusern wohnen. Betten und andere Einrichtungsgegenstände standen in den Gärten. Wirklich überall lag Müll herum. Kinder schlenderten durch den stinkenden Abfall. Vor einem der Häuser hockte eine Gruppe älterer Männer um ein abgesägtes Ölfass, in dem ein Feuer brannte. Einer von ihnen lud mich durch Gesten ein, mich zu ihnen zu setzen. Die Männer hatten tief durchfurchte Gesichter. Einem fehlte ein Bein. Man reichte mir eine Plastikflasche, *moonshine*, aber ich lehnte freundlich dankend ab – der Kater nach Tims Geburtstag war mir noch allzu frisch in Erinnerung. Der Mann, der mich herbeigewunken hatte, nannte seinen Namen, David Robertson. Er sprach Englisch, die anderen nicht. Möglicherweise aber wollten sie auch nur nichts sagen. Es war so um die dreißig Grad, doch Robertson hatte eine blaue Strickmütze über seine grauen Haare gestülpt. Er war barfuß, und nicht nur er: Niemand trug Schuhe. An seinen Füßen hatte er eiternde Wunden. Mindestens zehn räudige Hunde streunten umher und fraßen blutiges Kängurufleisch. Robertson erzählte, er komme aus Alice Springs, rund 1500 Kilometer entfernt, aber ein Teil seiner Familie lebe in Ninga Mia. Er hatte die Fahrt mit einem Holden Commedore Kombi unternommen. Stolz öffnete er die Haube und zeigte mir den Motor. Ein Achtzylinder. Wir waren uns einig, dass dies die besten sind.

In der Windschutzscheibe des Wagens war ein großer Riss. Ich fragte ihn, wie der da reingekommen war.

»Meine Tochter«, sagte Robertson. »Sie war wütend. Zu viel getrunken.«

Ich traute mich nicht, nach den näheren Umständen zu fragen, sondern wollte wissen, wie viele Kinder er habe.

Robertson zuckte die Achseln. »Weiß ich nicht.«

»Ach, komm«, sagte ich erstaunt, »du wirst doch bestimmt wissen, wie viele Kinder du hast?«

Erneut zuckte er nur mit den Achseln.

»Wie viele in etwa«, drängte ich ihn.

»Ich glaube ... ungefähr sieben.«

Robertson berichtete, dass er in der Wüste aufgewachsen war. Er mochte Häuser nicht und hatte sich deshalb in einer Ecke des Grundstücks einen Unterstand aus Wellblechplatten gebaut. Dort schlief er, zusammen mit den Hunden. Ich hatte von gesundheitlichen Beeinträchtigungen der Bewohner von Ninga Mia gehört, verursacht durch die Staubwolken, die bei den Sprengungen im *Super Pit* entstehen. Außerdem hatte ich irgendwo gelesen, dass die Aborigines Anstoß am *Super Pit* nehmen, weil die Mine auf einem *dreaming track* oder einer *songline*, also einer Art heiligem Weg, errichtet wurde. Robertson wusste darüber nichts. Er hatte damit kein Problem. Ihm gefiel es in Ninga Mia ausgezeichnet.

Ich spazierte weiter. Am anderen Ende des Dorfes arbeitete ein Weißer. Der Mann hatte einen Igelkopf und trug eine Pilotensonnenbrille. Er stellte sich mit dem Namen Andy vor und erzählte, dass er bei der Justiz beschäftigt sei. Er beaufsichtigte eine Gruppe – weißer – Burschen, die Sozialstunden ableisteten. Sie sollten das verwohnte Gemeindehaus und den angrenzenden Garten, der voller Bierdosen lag, sauber machen. Andy arbeitete schon seit Jahren mit den »Abos«, berichtete er.

Ich fragte Andy, ob die Kinder nicht zur Schule müssten.

»Ja, das müssten sie eigentlich«, sagte er seufzend. »Aber die Menschen hier legen keinen Wert auf schulische Bildung.«

Nach Andys Schätzungen hatten höchstens zwei oder drei Bewohner von Ninga Mia einen Job. »Die meisten hier haben in ihrem ganzen Leben noch nicht gearbeitet«, sagte er. Das sei schon seit Jahrzehnten so. Laut Andy wussten ganze Generationen nicht, was Arbeit ist.

»Wie du selbst sehen kannst, ist dieser Ort total heruntergekommen. Drogen, Alkohol und Gewalt sind hier an der Tagesordnung. Es ist natürlich eine absolute Schande, dass hier im Schatten der größten Goldmine Australiens Menschen unter diesen Umständen leben müssen.«

»Hat das etwas mit Rassismus zu tun?«, fragte ich.

»Die meisten Australier können die Aborigines nicht ausstehen, das stimmt. Es gibt schamlosen Rassismus. Vorige Woche sind hier mitten in der Nacht fünf weiße Burschen mit Baseballschlägern aufgetaucht. Sie haben drei Frauen zusammengeschlagen. Nur so aus Spaß. Zum Glück konnte die Polizei sie festnehmen. Das ist wahrscheinlich besser für sie. Wenn die Abos sie zu fassen gekriegt hätten ... tja, die haben ihre eigene Art von Gerechtigkeit.«

Andy schwieg einen kurzen Moment. Dann sah er mich an und sagte: »Aber Rassismus ist nicht die einzige Erklärung dafür, dass es den Menschen so schlecht geht.«

Ich fragte ihn, was er damit meine, doch er machte eine Geste, die sagen sollte: Darauf möchte ich nicht antworten.

»Konntest du beobachten, dass sich für die Menschen hier im Laufe der Jahre irgendetwas verbessert hat?«, wollte ich von ihm wissen.

Andy überlegte einen Moment und erwiderte dann: »Man kommt sich vor wie ein Steinmetz, der mit dem Meißel einen riesigen Steinklotz bearbeitet. Man schlägt winzige Stücke ab, doch man sieht kaum, dass der Brocken kleiner wird. Irgendwann wird man immun gegen das Elend. Aber an das, was mit den Kindern geschieht, daran gewöhnt man sich nie. Letzte Woche hat sich ein Elternpaar sturzbesoffen in die Haare gekriegt. Ihr Kind, das versuchte, die beiden zu trennen, fiel ins Lagerfeuer. Es hatte Verbrennungen am ganzen Körper. Und vorigen Monat, da bekam eine Familie Besuch von einem Neffen aus der Wüste. Er ist durchs Fenster in das Schlafzimmer einer Vierjährigen gestiegen und hat sie vergewaltigt. Außerdem lag noch ein Baby in dem Zimmer. An dem hat er sich auch vergangen. Manchmal macht man minimale Fortschritte. Dann geht ein Kind zur Schule. Zum Beispiel weil es sich gut mit einem Lehrer versteht. Dann lernt ein solches Kind lesen, oder es entdeckt vielleicht sein Talent fürs Rechnen. Es blüht auf und geht dann auch weiter zur Schule. Aber das sind Ausnahmen.«

Als ich am Abend in den Pub von Ora Banda zurückkehrte und äußerte, wie sehr mich das, was ich am Tag gesehen hatte, deprimierte, da sagte Rhonda: »Ich hasse Abos. Früher, als ich noch im Osten wohnte und nie einen solchen *black fellow* zu Gesicht bekam, hielt ich sie für bemitleidenswert. Heute denk ich das nicht mehr, heute bin ich eine Rassistin.«

Das Leid, das den Aborigines in den vergangenen Jahrhunderten durch englische Kolonisten angetan wurde, ist unbeschreiblich. Sie wurden massenhaft umgebracht. Ihr Land wurde ihnen geraubt. Ihre Kinder wurden entführt. Die Situation, in der sich die australischen Ureinwohner heute befinden, wurde zum Teil durch das Unrecht hervorgerufen, das ihnen in der Vergangenheit widerfahren ist. Die Politik der letzten Jahrzehnte war darauf gerichtet, den Schmerz zu lindern und ein wenig von dem Unrecht wiedergutzumachen. Aborigines haben – ein wenig – Selbstbestimmung erhalten. Sie haben ihr Land – zum

Teil – wiederbekommen. Es wurde Geld für Sozialhilfe, Bildung, Gesundheitsfürsorge und Wohnungen zur Verfügung gestellt. Und das nicht zu knapp. Die Pro-Kopf-Ausgaben in der Gesundheitsfürsorge zum Beispiel sind für Aborigines bedeutend höher als für die Nichtaborigines. Aber das brachte alles nichts. Den Aborigines geht es heute schlechter als in den sechziger Jahren. Gleichzeitig haben sich auch die Sympathien der weißen Australier für die Sache der Aborigines praktisch in nichts aufgelöst. In dem Jahr, seit ich in Australien bin, habe ich weniger als eine Handvoll Menschen getroffen, die etwas Freundliches über die Aborigines zu berichten wussten.

Nach Ansicht des Anthropologen Peter Sutton, der schon seit vier Jahrzehnten mit Aborigines arbeitet und daher das Herz auf dem rechten Fleck hat, ist es höchste Zeit für eine andere Vorgehensweise. In seinem der öffentlichen Meinung widersprechenden Buch *The Politics of Suffering* räumt er auf mit der Vorstellung, alle Probleme der Aborigines-Gemeinschaften seien auf Kolonialismus und Rassismus zurückzuführen. Laut Sutton wollen die meisten Aborigines-Beamten, viele linke Australier in den großen Städten und der politisch korrekte Teil der akademischen Welt nicht wahrhaben, dass die Probleme innerhalb der Aborigines-Gemeinschaften etwas mit der Kultur der Aborigines zu tun haben. Betrachten wir als Beispiel die in großem Maße auftretende Gewalt. In manchen Aborigines-Gemeinschaften ist die Mordrate vierzig Mal so hoch wie der landesweite Durchschnitt. Die Standarderklärung dafür ist, dass Aborigines infolge der Kolonialisierung gewalttätig geworden sind. Aber Sutton legt dar, dass die Aborigines-Kultur bereits vor der Ankunft der Engländer überaus gewalttätig war. In vorkolonialen Zeiten wurde Kriege geführt, es wurde in einer Größenordnung gemordet, die mit westlichen Ländern vergleichbar war. Auch häusliche Gewalt kam häufig vor, und der wechselseitige Raub von Frauen war vollkommen üblich. Viele englische Entdeckungsreisende berichten, dass ihnen Frauen angeboten wurden, als wären sie Tiere. Zudem gibt es andere Aspekte der Aborigines-Kultur, die zu Problemen führen. Der weitverbreitete Glauben an Hexerei sorgt dafür, dass die Vorstellung, Mörder seien besessen und daher für ihre Taten nicht verantwortlich, weiter besteht. Der Glaube an die Weisheit der Medizinmänner hat zur Folge, dass Erkenntnisse der westlichen Gesundheitsfürsorge keine Anhänger finden. Die meisten Probleme sind auf die Tatsache zurückzuführen, dass eine Bevölkerung aus Jägern und Sammlern plötzlich mit einer sesshaften modernen Gesellschaft konfrontiert wurde (manche Aborigines kamen erst in der fünfziger Jahren des 20. Jahrhunderts mit Weißen in Kontakt). Aber selbst über die grundlegendsten Dinge, die sich aus dieser Konfrontation ergeben, wie etwa das Wohnen in einem Haus, die Reinigung der Wohnung, persönliche Hygiene und so weiter, wurde seit den siebziger Jahren nicht mehr laut gesprochen. Der Kulturrelativismus feierte Triumphe, Kritik an der Kultur der Aborigines war unerwünscht. Die Folge: Viele Aborigines-Dörfer im Outback (Ninga Mia ist noch eine der besser funktionierenden Gemeinschaften) entwickelten sich zu wahren *hell holes*, in denen Arbeitslosigkeit, Drogenabhängigkeit, Mord, Vergewaltigung und häusliche Gewalt zum Alltag gehören.

Bis weit in die sechziger Jahre des 20. Jahrhunderts wurden Aborigineskinder von Weißen mit Gewalt aus ihren Familien geholt und in christlichen Missionsstationen oder Internaten aufgezogen: die sogenannten *stolen generations*. Ironischerweise gehören die Mitglieder dieser *stolen generations* heute zu den am besten ausgebildeten Aborigines. Sie haben ihren Platz in der Gesellschaft gefunden. Sie bekleiden führende Positionen. Und sie denken nicht daran, ihre Kinder in Dörfern wie Ninga Mia aufwachsen zu lassen. Denn die Kindern, die dort aufwachsen, erwartet nichts anderes als Elend. Diese Kinder haben kaum noch eine Beziehung zum spirituellen Gedankengut ihrer Vorfahren. Sie verwahrlosen und werden entsetzlich oft missbraucht. Diese Kinder können nicht Lesen oder Schreiben.

Sutton hütet sich in *The Politics of Suffering* davor, den Aborigines die Schuld an ihrem Elend zu geben, dafür geht ihr Schicksal ihm zu nahe. Allerdings lässt er zwischen den Zeilen durchschimmern, dass es seiner Meinung nach nur eine Lösung gibt: die Aborigines-Gemeinschaften auflösen oder zumindest deren Finanzierung aus Steuermitteln beenden, um dann neu anzufangen. Wie es dann aber weitergehen soll – oder anders ausgedrückt: wie man es besser machen kann –, darauf hat auch er keine Antwort.

Zurück zum Goldsucher Glynn in Ora Banda. Wenn man weiß, wie die Realität der Outback-Aborigines aussieht, dann versteht man Glynns Wut etwas besser. Aborigines, die fröhlich auf ihrem Didgeridoo blasen, pointilistische Bilder malen und überaus verbunden mit der Natur sind, diese Vorstellung entspricht in keinster Weise dem alltäglichen Leben der Aborigines, mit denen Glynn zu tun hat. Ich verstehe sehr gut, was Glynn denkt: Warum soll ich für eine Kultur bezahlen, die es eigentlich gar nicht mehr gibt? Warum soll ich Menschen Geld geben, die es nur dazu benutzen, sich selbst zu zerstören? Doch ehrlich gesagt, empfinde ich selbst wenig Entrüstung. Im 19. Jahrhundert zeigten Aborigines Goldsuchern den Weg zum Gold und wurden als Dank dafür von ihrem Land vertrieben. Insgeheim finde ich, es liegt eine gewisse Gerechtigkeit darin, dass heute die Rollen – zumindest ein klein wenig – vertauscht sind. Dass die Aborigines jetzt eine gewisse Verfügungsgewalt über das Land der Goldsucher haben.

THE BIG ONE

Ein Nugget von 23,26 Kilogramm – Ruht auf Gold ein Fluch? – Zu Besuch bei Kevin Hillier – Wie der größte Nugget Australiens gefunden wurde

Samstagabend nach dem Dinner – mehr als die Hälfte der Kartoffeln ist übrig geblieben – veranstaltet die APLA eine Tombola, bei der es Kappen und T-Shirts, einen Metalldetektor sowie einige kleine Nuggets zu gewinnen gibt. Alle Goldsucher sind da. Doch ehe die Lose gezogen werden, erhält ein kleiner Mann mit schütterem Haar und fröhlichem Blick das Wort. Er stellt sich vor als Andy Comas, Goldkäufer aus Perth.

Comas kommt gleich zur Sache: Vor einigen Wochen wurde in der Nähe von Ora Banda ein 748 Unzen schwerer Goldklumpen gefunden. Das sind 23,26 Kilogramm.

Mit einem Schlag ist es ruhig im Saal.

748 Unzen, das bedeutet, dass dies der drittschwerste noch existierende Nugget Australiens ist.

Comas holt ein Foto von dem Kaventsmann hervor.

Schön ist er nicht, eher ein formloser Brocken, doch das interessiert hier keinen. Der Neid im Saal ist spürbar. Das ist, wovon jeder in dieser Runde träumt. Das ist, wofür wir alle arbeiten. Das ist, weswegen wir jeden Tag wieder den vermaledeiten Metalldetektor umhängen und Kilometer um Kilometer durch den Busch latschen: *the big one*.

Wer den Klumpen gefunden hat, will Comas nicht verraten. Wohl aber, dass der Finder an ihn herangetreten ist mit dem ausdrücklichen Auftrag, das Ding innerhalb einer Woche zu verkaufen. Das ist ihm gelungen. Nach drei Tagen hatte Comas einen Käufer: einen Amerikaner. In Australien hatte er niemanden finden können, der in nur einer Woche das Geld hätte auftreiben können. Und Geld brauchte man. Der Klumpen bestand zu zweiundneunzig Prozent aus Gold, und bei einem Goldpreis von rund 900 Euro pro Unze hatte er einen Goldwert von 620 000 Euro. Da Nuggets dieser Größe aber sehr selten sind, bringen sie in der Regel das Zwei- oder Dreifache des Goldwerts.

Nachdem Comas geendet hat, prasseln die Fragen nur so auf ihn ein. Wurde der Klumpen mit einem Metalldetektor gefunden? Ja. Wird er irgendwo ausgestellt? Vielleicht. Hat ein Amateur ihn gefunden? Nein, ein professioneller Prospektor hat ihn auf seinem eigenen *lease* entdeckt. Und während ich auf Comas' Foto starre, frage ich mich, ob ich dieses Riesending selbst gern gefunden hätte.

William Howitt schrieb 1855 in seinem Buch *Land, Labour and Gold* von einem Mann, der einen zwölfeinhalb Kilo schweren Goldklumpen gefunden hatte: »Binnen kürzester Zeit begann er zu trinken. Er kaufte ein Pferd, auf dem er ausritt, meistens in vollem Galopp. Wenn er Fremde traf, fragte er sie: ›Kennen Sie mich?‹ Worauf er dann gleich selbst antwortete: ›Ich bin der *bloody wretch* – das war der Ausdruck, den er verwandte –, der den Goldklumpen gefunden hat.‹ Schließlich galoppierte er gegen einen Baum *and nearly knocked his brains out*. Der Mann hatte sich hoffnungslos ruiniert, und ich fürchte, dass sein Schicksal Hunderte, wenn nicht Tausende andere teilen, die plötzlich auf mehr Gold stoßen, als sie mit Anstand und Klugheit verkraften können.«

In *Der Schatz der Sierra Madre* warnt der von Walter Huston gespielte und mit allen Wassern gewaschene Goldsucher vor dem verderblichen Einfluss des Goldes. Er weiß, was das verfluchte Metall mit der Seele eines Menschen anstellen kann. Aber der unerfahrene Humphrey Bogart, der noch nie in seinem Leben Gold gefunden hat, meint: »Gold ist 'ne saubere Sache, ehe es die Menschen ausgraben. Aber der Kerl, der es rausholt, muss eben goldrichtig sein. In Gold ist alles, 'n bisschen Himmel und 'n bisschen Hölle.«

Für Bogart erweist sich das Gold als Fluch. Er entwickelt sich zu einem paranoiden Geizhals. Er verrät seine Kompagnons und wird am Ende von mexikanischen Banditen ermordet.

Könnte der Fund eines solchen *big one* nicht einen ähnlichen Fluch nach sich ziehen, frage ich mich.

Wie verhindert man, dass man sich »hoffnungslos ruiniert«? Wie geht man anständig und klug mit so einem Brocken um?

Was passiert mit einem, wenn man jahrelang seinen Lebensunterhalt mühsam zusammengekratzt hat und einem dann auf einmal ein solcher Batzen Geld in den Schoß geworfen wird?

Der Mann, der darüber Auskunft geben kann, ist Kevin Hillier. Er fand 1980 den Nugget *Hand of Faith*, mit 27,27 Kilogramm der größte noch existierende australische Goldklumpen.* Ein paar Monate zuvor hatte ich ihn und seine niederländische Frau Bep in Victoria besucht. Hillier war ein offenherziger Mann, auch wenn er manchmal ein wenig brummig wirkte. Bep sprach Englisch mit deutlichem niederländischen Akzent, so als wäre sie erst gestern eingewandert und nicht schon vor achtunddreißig Jahren. Das Ehepar Hillier wohnte in einem bescheidenen Bungalow in einem kleinen Dorf etwas außerhalb der Stadt Bendigo. In der Garage stand ein Toyota Land Cruiser, Baujahr 1980,

* Oft wird behauptet, der *Hand of Faith* sei der größte – noch existierende – Goldklumpen der Welt. Aber das stimmt nicht. Es gibt mindestens drei größere Goldklumpen, 33,40 beziehungsweise sechzig Kilogramm schwer, die im Museum de Valores der Zentralbank von Brasilien aufbewahrt werden.

der einzige materielle Besitz, der Hillier von seinem Fund geblieben war. Irgendwann während unseres Gesprächs holte Bep einen Gipsabguss des *Hand of Faith* aus dem Schlafzimmer.

Das Ding war golden lackiert, hier und da blätterte die Farbe ab. Bep legte es auf den Esstisch, und bis zum Ende meines Besuchs konnte Kevin seinen Blick nicht mehr von dem riesigen goldenen Klumpen abwenden.

Ich übrigens auch nicht.

Arm wie Kirchenmäuse waren Kevin, Bep und ihre vier Kinder im Jahr 1980 gewesen. Die Familie fuhr seit einem halben Jahr in einem zum Wohnmobil umgebauten Linienbus durch Australien. Manchmal hatte Kevin für ein paar Monate einen Job. Dann gab es genug zu essen, und die Kinder konnten zur Schule gehen. Wenn Kevin keine Arbeit hatte, war Schmalhans Küchenmeister. Im Februar machten sie Station auf einem Campingplatz in dem Dörfchen Bridgewater im Staat Victoria. Ein paar Wochen zuvor hatte das Schicksal zugeschlagen: Kevin hatte sich den Rücken verletzt und konnte nicht mehr arbeiten. Trotz allem kaufte er sich einen Metalldetektor, ein Gerät, das damals gerade auf den Markt gekommen war. Stunden verbrachte er auf den Goldfeldern von Victoria – sein Arzt hatte ihm gesagt, Spazierengehen würde seine Genesung beschleunigen –, doch viel Gold fand er nicht.

Während dieser Zeit lebte die Familie von Arbeitslosengeld und dem, was andere Campingplatzbewohner ihr gaben. Die tiefgläubige Bep betete jeden Abend um bessere Zeiten. Der ungläubige Kevin hoffte auf einen beträchtlichen Goldfund. Er kaufte sogar einen zweiten Detektor, sodass er und Bep gemeinsam suchen konnten.

Am 12. September 1980 hatte Kevin einen Traum. Er träumte, einen riesigen Goldklumpen zu finden. Er träumte, dass er grub und grub und grub und dass es ihm nicht gelang, das Ding aus der Erde zu kriegen, so groß war es. Dieser Traum beeindruckte ihn so, dass er eine Zeichnung von dem geträumten Goldklumpen anfertigte.

Genau zwei Wochen später suchten Bep und Kevin in dem Weiler Kingower. Nach ein paar Stunden hörte Bep ihren Ehemann rufen. Sie eilte zu ihm und fand Kevin auf den Knien vor einem Loch im Boden.

Bep: »Er, der nie gläubig gewesen war, saß da und betete.«

Kevin: »Ein höheres Wesen hat mich geführt ... meinetwegen kannst du es Gott nennen.«

Bep: »Er flüsterte die ganze Zeit: ›*We are filthy rich, we are filthy rich.*‹«

Kevin: »Ich war komplett von der Rolle. Mein ganzes Leben raste an mir vorüber.«

Nur die Spitze eines riesigen Goldbrockens war sichtbar. Das Ding steckte fest in den Wurzeln eines Eukalyptusbaums. Es dauerte Stunden, bis sie den Goldklumpen ausgegraben hatten, und als sie ihn schließlich aus der Grube hoben, sah er genauso aus wie auf der Zeichnung, die Kevin zwei Wochen zuvor angefertigt hatte (Bep zeigte sie mir in einem kleinen Buch über den *Hand of Faith*, das sie im Selbstverlag herausgegeben haben).

Wieder in ihrem Wohnmobil rauchten Kevin und Bep vor Aufregung an einem einzigen Abend eine ganze Stange Zigaretten. Sie überlegten sich einen Namen für den Nugget. *Hand of Faith* wählten sie nicht nur, weil der Brocken die Form einer ausgestreckten Hand hat, sondern auch weil Gottes Hand sie zu der Stelle in Kingower geführt hatte. Dank Beps Glauben hatten sie den Goldklumpen gefunden, und dank des Goldklumpens hatte Kevin zum Glauben gefunden. Für Kevin und Bep konnte von Zufall keine Rede sein. Der Fund des Goldklumpens war für sie eine religiöse Erfahrung.

Der Verkauf des Fundes gestaltete sich schwierig. Die australische Regierung hatte verfügt, dass der *Hand of Faith* zum nationalen Erbe gehörte und deshalb nicht ausgeführt werden durfte. Es musste also ein Interessent in Australien gefunden werden. Das erwies sich als gar nicht so einfach. Nach monatelanger Suche schien man einen Käufer gefunden zu haben. Der Mann bat Kevin und seinen Bevollmächtigten, nach Sydney zu kommen, wo die Übergabe stattfinden sollte. Kevins Bevollmächtigter traute der Sache nicht und bat die Polizei, die Vorgeschichte des Käufers zu ermitteln. Es stellte sich heraus, dass sie es mit einem Kriminellen zu tun hatten. Die Polizei ließ das Büro, wo das Geschäft über die Bühne gehen sollte, umzingeln. Der Käufer wollte mit einem Scheck bezahlen, woraufhin Kevin und sein Beistand natürlich fragten, wie sie sich vergewissern konnten, dass der Scheck auch gedeckt war. Der Mann nahm das Telefonbuch, suchte die Nummer der Bank heraus und ließ die beiden telefonieren. Alles in Ordnung, versicherte der Bankangestellte, der Käufer und sein Scheck seien in Ordnung. Die Übergabe fand statt – sodass der Betrüger auf heißer Tat ertappt werden konnte –, und beim Verlassen des Gebäudes wurde der Mann von der Polizei verhaftet. Er hatte extra ein Telefonbuch drucken lassen, in dem der Bank eine falsche Nummer zugeordnet war. Der Bankangestellte, mit dem Kevin gesprochen hatte, war ein Komplize.

Nach einem Jahr reichte es Kevin, und er drohte dem Staat mit einem Prozess. Er verlangte, der Staat müsse ihm entweder den *Hand of Faith* abkaufen oder die Erlaubnis erteilen, den Nugget ins Ausland zu veräußern. Innerhalb einer Woche bekam er die Genehmigung, und wenige Wochen später verkaufte der den *Hand of Faith* für eine Million Dollar an den amerikanischen Casino-Betreiber Steve Wynn, dem damals – wie sollte es auch anders sein – das Golden Nugget Casino in

Las Vegas gehörte. Dort kann man den Goldklumpen bis heute besichtigen.

Nach wenigen Jahren war das Geld weg.

Das Ehepaar verschenkte erhebliche Summen, an Freunde und Verwandte, manchmal sogar an Unbekannte, deren Not groß war. Sie reisten in die Niederlande, die Bep siebzehn Jahre zuvor verlassen und danach nie wiedergesehen hatte. Sie reisten nach Las Vegas, und als Kevin im Golden Nugget Casino erzählte, dass er den Goldklumpen gefunden hatte, der in der Lobby ausgestellt sei, wollte ihm niemand glauben. Kevin kaufte Firmen, die pleite gingen, er kaufte Aktien, deren Kurs ins Bodenlose fiel. Das Ende vom Lied war, dass er für sein Geld wieder arbeiten musste.

Nachdem er mir seine Geschichte erzählt hatte, fragte ich ihn: »Hast du schon mal gedacht: Hätte ich doch bloß diesen Goldklumpen nie gefunden?«

»Nein, natürlich nicht!«, sagte er und schaute mich an, als wäre ich verrückt.

Wir unterhielten uns weiter, und nach einer Weile berichtete er dann auf einmal von den Problemen, die der Nugget seiner Familie bereitet hatte. »Die Kinder wussten, dass wir Geld hatten. Also wollten sie dies, und sie wollten jenes. Aber ich habe immer gesagt, dass ich ihnen nie Geld geben würde. Liebe, ein Dach über dem Kopf, eine Ausbildung, ja. Aber kein Geld.«

Und kurze Zeit später: »Wenn du Geld hast, lernst du sehr schnell deine wahren Freunde kennen. Wahre Freunde bitten dich niemals um Geld. Ich habe Verwandte vor die Tür gesetzt.«

»Bedauerst du die Entscheidungen, die du damals getroffen hast?«, fragte ich ihn.

Kevin dachte einen Moment lang nach: »Eines Nachts lagen Bep und ich im Bett, und sie fing wieder damit an: ›Wir hätten dies tun können, wir hätten jenes tun können.‹ Ich sagte: ›Bep, hast du die Dinge genossen, die wir in unserem Leben getan haben?‹ Sie erwiderte: ›Ja, Kevin, das habe ich.‹ Darauf sagte ich: ›Gut, und das ist das Einzige, was zählt.‹«

Was ich an Kevin bewunderte, war, dass er nicht verbittert war. Obwohl er sein Geld zum größten Teil verloren hatte, blickte er dennoch mit Zufriedenheit auf den Fund des *Hand of Faith* zurück. Kevin war der Ansicht, er habe in seinem Leben, was das Finanzielle anging, gar nicht so schlecht agiert. Sein Bungalow war abbezahlt. Er hatte seinen Kindern die Ausbildung finanzieren können. Er hatte einen Land Cruiser gekauft, mit dem er immer noch auf die Goldfelder fuhr, um nach dem Edelmetall zu suchen. Kevin war nicht besonders anständig und klug mit seinem Geld umgegangen, wie Howitt es sich gewünscht hätte, aber verflucht wie Humphrey Bogart im *Schatz der Sierra Madre* war er auch nicht. Er sah die Sache so: Der *big one* hatte ihm kein Glück gebracht, aber auch kein Unglück. Er hatte Fehler gemacht, aber Fehler gehören zum Leben. Die Hand Gottes hatte ihn geführt, und damit war, was ihn anging, die Sache erledigt. Als ich mich von ihm verabschiedete, sagte er: »Der *Hand of Faith* ist die Geschichte meines Lebens, aber er ist nicht die ganze Geschichte meines Lebens.«

CHARLES DICKENS AUF DEM BERG IDA

Die Rückreise nach Amsterdam wird unterbrochen – Mit Fred zum Mount Ida – Mates and Gold – *Der Autor findet* good gold – *Gejammer, Geschimpfe und Geklage – Verirrt im Busch – Ora Banda Day – Nochmals zum Mount Ida*

Der Entdeckungsreisende und Goldsucher David W. Carnegie schrieb im Vorwort seines 1898 erstmals erschienen Buchs *Spinifex and Sand*, in dem er über seine Jahre in Westaustralien berichtet: »Im westaustralischen Busch findet der Reisende (...) keine landschaftliche Schönheit, keine großen Seen und sich windende Flüsse, die das Leben angenehm machen. Er muss sich der Konfrontation mit der ewigen Eintönigkeit eines verdorrten uninteressanten Landes stellen. Wenn er in sich keine Impulse findet, die ihm Mut zum Weitermachen geben, wird er sehr bald nach Hause zurückkehren. Denn er wird in seiner Umgebung nichts entdecken, das ihn anspornt und dazu bringt weiterzumachen.«

Drei Monate lang hat das Goldfieber mir die Impulse gegeben weiterzumachen. Aber das Goldfieber muss genährt werden. Ohne Gold sinkt das Fieber. Und jetzt, da das Fieber gesunken ist, entdecke ich nichts, was mich dazu bringen könnte, noch länger zu bleiben. Ich habe genug von dem sinnlosen Gebuddel in der ockerfarbenen Erde, genug von dem endlosen Gelatsche durch den Busch, genug vom Rumhängen an der Theke in Ora Banda. Ich sehne mich nach grünen Weiden mit grasenden Kühen, ich sehne mich nach der Stadt, nach Menschen um mich herum. Selbst meine Sturheit und mein Geltungsdrang, die mich bei der Suche nach Gold angetrieben haben, sind verschwunden. Ich sehe nur noch eine einzige Möglichkeit: das Handtuch zu werfen. Nicht nur mein Traum, im Outback reich zu werden, ist auf grandiose Weise gescheitert, ich habe nicht einmal geschafft, eine kleine Menge Gold aus eigener Kraft zu finden. Oder wie Humphrey Bogart es im *Schatz der Sierra Madre* ausdrückt: »Weißt du, woran ich eben denke? Ich denke, wir geben's auf. Wir geben's auf. Wir gehen wieder zurück, zurück unter Menschen.«

Und da erreicht mich ein Anruf.

Vor fast drei Monaten, an einem Freitagnachmittag – ich war tags zuvor in Kalgoorlie angekommen – trank ich ein paar Bierchen mit Fred, einem Goldsucher, der zwischen sechzig und siebzig Jahre alt sein mochte. Fred machte auf mich den Eindruck eines knurrigen, einsamen Mannes, der wirklich alles über das Goldsuchen – und vor allem über das Goldfinden – wusste, was man wissen konnte. Er arbeitete schon seit seinem fünfzehnten Lebensjahr im *mining buisness*. Zunächst hatte er nach Opalen gegraben, seit 1974 suchte er Gold. Er besaß eine Reihe von *leases* im Norden der westaustralischen Goldfelder, er hatte unter Tage nach Gold gesucht und 1979 einen anderthalb Kilo schweren Nugget gefunden, den er an Alan Bond, den Mann vom *Super Pit*, verkaufte.

Wir saßen auf der Terrasse von Freds Haus, am Rand von Kalgoorlie. Fred wohnte in einer unlängst errichteten Villa – die Ziegelsteine waren noch makellos sauber – mit einem Swimingpool hinten im Garten. Das Haus war perfekt geputzt. Es fiel schwer, sich vorzustellen, dass Fred der Besitzer dieses Hauses war. Mit seinem Akubra-Filzhut voller Schweißflecken, seinem furchigen braun gebrannten Schädel und dem von der Sonne ausgebleichten Hemd gehörte er in den Busch und nicht in diese

Vorortsiedlung. Hinter seinem neuen Haus befand sich ein Firmengelände, wo Fred sich ganz offensichtlich wohler fühlte. Große Geröllhaufen lagen dort, verschlissene Maschinen standen herum, eine Szenerie, wie ich sie später auch bei Tim finden sollte. Fred öffnete noch ein Bier, und ich fragte ihn, ob ich ihn ein paar Tage besuchen dürfte, wenn er auf seinem *lease* arbeitete. Mich interessierte, wie das Leben eines solchen alten und erfahrenen Prospektors aussah. Er wollte über meine Bitte nachdenken.

Beim Abschied fiel ihm etwas ein. »Du hast gesagt, du interessierst dich für das Leben der Prospektoren«, sagte er. »Da hab ich was für dich.« Er ging ins Haus und kam mit einem Buch wieder. Es hieß *Mates and Gold* und war der Reisebericht des westaustralischen Goldsuchers Norman Sligo. »Lies das mal. Es werden darin zwar ein paar Abos erschossen ... aber ich hoffe, du findest das nicht schlimm.«

Ein paar Tage später rief ich ihn an, um zu fragen, ob er über meine Bitte nachgedacht hatte. Das hatte er. Es war in Ordnung. Aber nicht jetzt, denn er fuhr nach Victoria. Dort wollte er sich »den Schnee ansehen«. Er hatte in seinem ganzen Leben noch keinen Schnee gesehen. In den darauffolgenden Wochen rief ich ihn regelmäßig an. Zuerst wurde der Schneeausflug immer wieder verschoben. Und als er wiederkam (der Schnee hatte ihm nicht gefallen), war immer etwas anderes. Einmal hatte es geregnet, und die Pisten im Norden waren unbefahrbar. Dann wieder hatte er geschäftlich in Kalgoorlie zu tun. In mir wuchs der Verdacht, dass er keine Lust hatte.

Und jetzt ruft Fred an und teilt mir mit, dass er an diesem Wochenende zu seinem *lease* fährt und dass ich vorbeikommen kann. Doch ehrlich gesagt, habe ich jetzt keine Lust mehr. Vor ein paar Tagen habe ich mein Auto an Katie und Abby verkauft, deren Zeit im Pub fast um ist und die mit dem verdienten Geld (und meinem Land Cruiser) durch Australien reisen wollen. Meine Familie ist bereits wieder in Amsterdam. Und ich habe meinen Rückflug auch schon gebucht.

Freds *lease*, so berichtet er am Telefon, liegt in Mount Ida, zweihundert Kilometer nördlich von Kalgoorlie. Eigentlich müsste ich in *und* auf Mount Ida sagen, denn Mount Ida ist sowohl eine (Geister-)Stadt als auch ein Berg. Ich studiere Karten der Umgebung. Freds *lease* liegt genau neben einer Goldmine, die *The David Copperfield* heißt. Eine Goldmine, die nach einem Buch von Charles Dickens benannt wurde? Einem Buch zudem, worin verschiedene Figuren mit Erfolg ein neues Leben in Australien beginnen. Und dann Mount Ida. Der Hügel ist bestimmt nach seinem Namensvetter aus der griechischen Mythologie benannt: dem Berg Ida auf der Insel Kreta, dem Geburtsort des Göttervaters Zeus.

Ein mythologischer Berg und eine nach einem Buch benannte Goldmine ... darüber will ich mehr erfahren, dafür verschiebe ich meine Rückreise nach Amsterdam gern um ein paar Tage. Also borge ich mir meinen Land Cruiser von Katie und Abby und reise zwei Tage nach Freds Anruf in Richtung Mount Ida ab. Die Strecke führt über ruhige Sandpisten, die, nachdem ich Siberia und Davyhurst einmal hinter mir gelassen habe, noch ruhiger werden. Auf den letzten hundert Kilometern begegne ich niemandem mehr. Kängurus und Emus hoppeln ungestört über die Wege.

Am Eingang zu Freds Gelände stehen drohende Hinweisschilder: AKTIVES MINENGELÄNDE – PRIVATGRUNDSTÜCK – EINDRINGLINGE WERDEN ANGEZEIGT. Die Umgebung hier ist noch eintöniger als in Murrin Murrin. Fast die gesamte Vegetation ist verschwunden. Die kahle ockerfarbene Erde ist mit milchweißem Quarzgestein bedeckt. Zwischen den sanft glühenden Hügeln liegen Dutzende von mannshohen *mullock heaps*. Der Wind jagt den roten Staub so kräftig umher, dass es sich anfühlt, als würde das Gesicht gesandstrahlt. Freds Lager befindet sich gleich neben der verlassenen Tagebaumine. Es besteht aus dem üblichen Krempel: leere Ölfässer, ein paar Hochseecontainer, ein Radlader, ein paar Reihen *donger* und Dutzende von Maschinen, die – der Rostschicht nach zu urteilen – hier schon seit einigen Jahren stehen.

Das Lager ist verlassen.

Ich beziehe einen der *donger*. Gegen Mittag kommt ein älterer Mann auf einem Quad angeknattert. Er ist ein Bekannter von Fred. Sein Name ist Wally. Er hat enorme Schwielen an den Händen – vom Graben in der roten Erde, nehme ich an. Wally ist schon seit zwei Wochen hier. Beiläufig zeigt er mir die Ausbeute von vierzehn Tagen Goldsuche. Dutzende von kleinen Goldklumpen, insgesamt rund hundert Gramm. Alle hier auf Freds *lease* gefunden.

»Ich finde jeden Tag sechs, sieben Nuggets«, sagt Wally.

Jaja, denke ich.

Wally isst ein Brot und macht sich dann wieder mit dem Quad auf den Weg. Von Freds Lager aus sehe ich ihn in etwa einem halben Kilometer Entfernung mit seinem Metalldetektor ruhig hin und her spazieren. Ab und zu schlägt er mit seiner Spitzhacke in den Boden. Manchmal gräbt er ein Loch. Als Fred nach anderthalb Stunden noch nicht da ist, gehe ich zu Wally – mit meinem eigenen Metalldetektor.

Wally ruht sich gerade unter einem der wenigen Bäume aus, die es auf dem Gelände noch gibt, einem fast verdorrten Eukalyptusbaum, dessen zwei einzige Äste wie ein Y in den Himmel zeigen.

»Was gefunden?«, frage ich.

»*Let's see*«, sagt Wally mit einem Lächeln, holt eine *gold bottle* aus Plastik hervor und schüttet mir den Inhalt auf die Handfläche. Drei Goldklumpen, und das in weniger als zwei Stunden.

»Was meinst du, Wally, ist es okay, wenn ich auch suche?«

»Du bist ein *mate* von Fred, es wird also schon in Ordnung sein.«

Hinter dem Eukalyptusbaum, zwischen den Geröllhaufen, mache ich mich auf die Suche. Es fängt wenig vielversprechend an: In einer halben Stunde buddele ich drei Nägel aus. Doch dann lande ich einen Treffer. Im sandigen Bett eines ausgetrockneten Bachs, an einer Stelle, wo der Wasserlauf sich früher einmal in zwei kleinere Bäche teilte, höre ich plötzlich ganz leise: *Whuuh ... whuuh-whuuh*.

Mit der Hand schiebe ich ein wenig Sand beiseite ... und da sehe ich es bereits funkeln. Ein kleiner Goldklumpen, anderthalb, zwei Gramm schätze ich, in der Form eines Stiefels, komplett mit Absatz. Doch halt, ich habe nichts dabei, worin ich das Gold aufbewahren könnte. Meine eigene *gold bottle*, das Filmdöschen, das ich von Lecky im Goldladen von Kalgoorlie bekommen habe, liegt schon seit Monaten unbenutzt unten in meinem Koffer. Na gut, warum auch nicht ... ich stecke das Gold in meinen Mund.

Ich murmle: »Hey, du kleiner Goldklumpen, sag mir, wo deine Freunde sind.«

Die subatomaren Schwingungen entfalten ihre Wirkung. Nach zwei Minuten, nicht einmal fünf Meter weiter, höre ich wieder: *Whuuh-whuuh, whuuh-whuuh*. Diesmal ist das Geräusch lauter. Fünfzehn Zentimeter unter der Oberfläche liegt ein tüchtiger, tropfenförmiger kleiner Goldklumpen. Ich schätze, er wiegt drei, vier Gramm. Ich fühle mich wie David Copperfield. Nicht die Figur aus dem Buch von Charles Dickens, sondern der

Zauberer – ein Magier, der auf einem Goldklumpen lutscht und so noch einen weiteren hervorzaubert. Ich fühle mich so mächtig wie Zeus, der Gott, der der Natur seinen Willen auferlegen konnte.

Trunken vor Freude hüpfe ich zurück ins Lager. Fred ist inzwischen angekommen.

»Hey, schau, was ich gefunden habe!«, rufe ich begeistert und spucke die beiden Nuggets, an denen noch der Sabber hängt, auf meine ausgestreckte Hand.

Fred würdigt das Gold nur eines flüchtigen Blickes.

»Bist du überhaupt damit einverstanden, dass ich hier nach Gold suche?«, frage ich ihn erschrocken. Das wär's noch: Endlich – *endlich* – habe ich ohne fremde Hilfe Gold gefunden, da möchte Fred seinen Anteil haben.

»*No worries, mate*«, sagt er. »Für den Kleinkram mach ich keinen Finger krumm.«

Fred hat die Türen von einem der Hochseecontainer geöffnet, hinter denen sich ein überraschend gemütliches Wohnzimmer verbirgt. Dort stehen ein paar weiche Sessel, es gibt einen Kühlschrank und eine improvisierte Anrichte, die auf zwei leeren Fässern aufliegt, welche mit Totenkopfaufklebern verziert sind. Im hinteren Teil des Containers hat Fred einen offenen Kamin eingebaut, in dem bereits ein Feuerchen brennt.

»Setz dich, *mate*. Möchtest du ein Glas Rotwein?«

Fred hat eine gute Flasche McLaren Vale Shiraz entkorkt.

»Was glaubst du?«, sage ich strahlend. »Ich hätte nie gedacht, dass du ein Weintrinker bist.«

Wir leeren die Flasche. Fred kocht Kartoffeln und Erbsen. Er brät ein Lachsfilet, das er in seinem *eski* aus Kalgoorlie mitgebracht hat.

Während das Holzfeuer knackt, reden wir über Gold, und Fred erzählt die Geschichte von den Goldsuchern Phil und Julius.

Phil und Julius waren ihr Leben lang die besten *mates*. Sechs Jahre lang hatten sie gemeinsam nach Gold gesucht, ohne nennenswerten Erfolg, bis sie eines Tages irgendwo tief im Outback, auf einem *lease*, wo sie eigentlich nicht sein durften, eine Goldader entdeckten. Eine reiche Ader, die, wie sich am Ende zeigte, für über 100 000 Dollar Gold enthielt.

Das Gold ließ sich nicht so einfach aus der Erde holen. Deshalb mieteten Phil und Julius in Kalgoorlie Bohrmaschinen, einen Generator und einen Anhänger. Sie stellten zwei Backpacker ein, die jeweils 20 000 Dollar bekamen. Zu viert schafften sie das Golderz nach Kalgoorlie. Sie beauftragten Fred, es zu *crushen*. Dem war schnell klar, dass die beiden sich das Gold illegal beschafft hatten, und er lehnte dankend ab. Sie baten einen anderen Prospektor, das Erz zu mahlen ... so lange, bis sie jemanden fanden, der für sie das Gold aus dem Erz holte.

Phil kaufte sich zwei Sportwagen.

Julius ließ sich volllaufen.

Eines Abends wurden mit Gold durchsetzte Quarzbrocken aus Phils und Julius' Motelzimmer gestohlen. Die beiden bekamen es mit der Angst zu tun. Ganz Kalgoorlie wusste inzwischen, dass sie *on good gold* waren. Phil und Julius baten Fred, ihr Gold in seinem Safe lagern zu dürfen. Fred lehnte ab. Julius kaufte Pfeil und Bogen, um sich vor Dieben zu schützen. Irgendwann gerieten die beiden in Streit. Phil kaufte ein Gewehr und erzählte allen, die es hören wollten, dass er Julius erschießen würde.

Langer Rede kurzer Sinn: Fred sieht sie manchmal noch in Kalgoorlie. Julius ist ein obdachloser Alkoholiker, Phil hält sich mit dem Malen von Reklameschildern über Wasser. Die Sportwagen besitzt er nicht mehr.

Ich mache eine zweite Flasche auf. Wir starren in die Flammen. Fred ist der erste Goldsucher, den ich treffe, der keinen goldenen Ring, Ohrstecker und keine Kette aus Gold trägt.

»Fred, hast du Goldfieber?«, frage ich ihn.

»Nein«, sagt er entschieden. »Weißt du, *mate*, schon seit siebzehn Jahren komme ich hierher. Seit siebzehn Jahren. Manchmal war ich hier wochenlang, auch an den Wochenenden, während meine Familie in Kal wohnte. Ja, früher hatte ich Goldfieber. Dank des Goldfiebers habe ich meine Kinder nicht heranwachsen sehen. Sie interessieren sich nicht für das, was ich mache. Ist vielleicht auch logisch: Ich habe immer im Busch gelebt, aber meine Kinder sind echte Stadtmenschen. Mein Ältester hat eine Zeit lang für mich Bulldozer gefahren, hier in Mount Ida. Das war keine gute Idee. Jetzt wohnt er in Perth, er macht etwas mit Computern. Und mein Jüngster. Tja, vor ein paar Monaten habe ich hinter unserem Haus in Kal Gold geschmolzen. Du musst wissen, Gold schmelzen, das ist spektakulär. Ich mache das nicht so oft, vielleicht ein-, zweimal im Jahr. Dann mache ich aus all meinem Gold einen hübschen Barren. Nun, was ich sagen will, nicht einmal das hat ihn interessiert. Er wollte sich das nicht einmal kurz ansehen.«

»Aber wenn du gewollt hättest«, entgegne ich, »dann hättest du deine Kinder doch öfter sehen können. An den Wochenenden hättest du doch nach Hause fahren können?«

»*Mate*, sie stehlen dir alles unter dem Hintern weg«, sagt er, und sein Blick wird starr. »Wenn sie mitkriegen, dass du am Wochenende weg bist, brechen sie bei dir ein.«

»Sie? Wen meinst du damit?«

»Die Abos, *mate*. Die Abos.«

In dieser Nacht lese ich endlich *Mates and Gold*, das Büchlein von Norman Sligo, das Fred mir bei unserem ersten Treffen geliehen hat. Mittlerweile habe ich eine ganze Reihe solcher Reiseberichte aus dem 19. Jahrhundert gelesen. Nur selten findet man einen Autor, der Verständnis für die Aborigines-Kultur zeigt, ganz zu schweigen davon, dass jemand Sympathie für die australischen Ureinwohner hegt. Selbst der aufgeklärte Entdeckungsreisende Carnegie spricht in *Spinifex and Sand* von der »natürlichen Widerwärtigkeit und dem schmutzigen Äußeren« der Aborigines, und er fasst seine Beobachtungen stichwortartig zusammen: »*Manners non, customs beastly*.« Ich weiß, solche Aussagen muss man im historischen Kontext betrachten. Das kann man ja durchaus machen, aber selbst dann ist Sligo ein Fall für sich. Norman Sligo ist ein Mann, der vorsätzlich das Gebiet eines Aborigines-Stammes betritt, ihr kostbares Trinkwasser für seine Pferde verwendet und sich dann wundert, wenn er bestohlen und angegriffen wird. Ständig wird in *Mates and Gold* geschossen und mit Speeren geworfen. Für Sligo und seine *mates* sind Aborigines nichts anderes als schwarze Teufel, die er nach Belieben erschießen oder betrügen kann. Mit sardonischem Vergnügen berichtet er, wie er in Coolgardie einen Aborigine dazu bringt, einen 350 Gramm schweren Nugget gegen einen *souvereign*, ein britisches Pfund in Gold, das nicht einmal acht Gramm Gold enthält, zu tauschen, und wie der nächste Goldsucher den Mann dazu überredet, den *souvereign* wiederum gegen ein bisschen Kautabak einzuwechseln. Nein, dieser Sligo war ein widerlicher Bursche, finde ich, und dass Fred dieses Buch im Jahr 2011 empfiehlt, spricht nicht für ihn.

Im Morgengrauen stehen wir auf. Nach dem Frühstück sagt Fred: »Steig ein, ich will dir was zeigen.« Wir fahren zu einer seiner anderen Parzellen, die ein paar Kilometer entfernt liegt, neben dem ehemaligen Flugplatz des Städtchens Mount Ida. Wir gelangen auf eine kahle Ebene, am Horizont zieht ein *willy-willy*, ein lang gezogener dünner Wirbelwind, vorüber. Fred parkt den Wagen neben einem großen Loch im Boden, das etwa drei mal drei Meter groß und rund zwei Meter tief ist.

»Hier bin ich von Abos beraubt worden«, sagt er.

Er sieht mich mit hochgezogenen Augenbrauen an.

In der Grube war Gold, ist Fred überzeugt, sehr viel Gold. Vielleicht ein paar Kilo. Und das hat eine Gruppe von Aborigines ausgegraben. Dass hier Gold war, weiß er ganz genau. Warum sonst sollte jemand ein solch tiefes Loch graben?

Da ist was dran.

Außerdem hatten die Diebe nicht alles Gold gefunden. Fred hat mit seinem Metalldetektor noch vier Unzen aus der Grube geholt. Ich will gerne glauben, dass er bestohlen wurde, aber woher weiß er so genau, dass die Diebe Aborigines waren? Das hat er gehört, von »anderen« Leuten, die die Abos in Mount Ida haben herumlungern sehen. In der Grube hat er die Quittung eines Kreditkartenkaufs gefunden. Daraus geht hervor, dass die Diebe in Kalgoorlie einen Dieselgenerator und einen Erdbohrer geliehen haben. Damit haben sie dieses Loch gegraben. Fred hat Anzeige bei der *gold squad* erstattet. Dort haben sie sich seine Geschichte angehört. Das war vor vier Monaten. Seit vier Monaten hat er nichts mehr von der Sache gehört. Während Fred gestern die Geschichte von Phil und Julius mit viel Vergnügen erzählt hat, wird jetzt nicht mehr gegrinst oder gelacht. Verständlich, wenn es um das eigene Gold geht, aber dennoch ...

Ehrlich gesagt interessiert mich der Golddiebstahl kaum. Ich möchte nur eines: so schnell wie möglich zu Wally und selbst noch ein bisschen Gold finden. Als wir gegen Mittag wieder in Freds Lager ankommen, hat Wally bereits vier kleine Goldklumpen gefunden. Ich verschlinge ein Butterbrot und eile zu dem Hang, der mit schwarzem Eisenstein bedeckt ist und wo ich laut Fred bestimmt fündig werde.

Nach anderthalb Stunden finde ich schließlich einen kleinen Goldklumpen.

Eine Stunde später einen zweiten.

Am Abend hocken wir zu dritt im Hochseecontainer-Wohnzimmer vor dem offenen Kamin. Ich freue mich kolossal über mein Gold, doch meine gute Laune verfliegt rasch.

»Abos? Weißt du, was die sind?«, sagt Fred. »Ein Haufen *jungle bunnies.*«

»Sie wollen nicht arbeiten«, fügt Wally hinzu.

»Sie werden nie so sein wie wir«, sagt Fred.

»Hast du schon von dem Abo in Meekatharra gehört, der wegen Diebstahl festgenommen wurde?«, fragt Wally und schüttelt dabei entrüstet den Kopf. »Der hat zum Richter gesagt: ›Ich will als Kriegsgefangener behandelt werden, denn wir befinden uns im Krieg gegen euch.‹ Unglaublich.«

»Sie verprügeln ihre Frauen«, sagt Fred.

»Sie vergewaltigen ihre Kinder«, sagt Wally. »Sie sind wie die Tiere.«

»Weißt du, vielleicht sollten wir ein paar Leute aus Jeroens Volk herholen.«

»Mein Volk?«

»Nun ja, die Südafrikaner, das ist doch deine Rasse, die wüssten bestimmt, wie man die Schwarzen kleinkriegt.«

Tagsüber suche ich Gold. Wally arbeitet nie mehr als anderthalb Stunden am Stück, und in dieser Zeit findet er jedes Mal mindestens einen kleinen Goldklumpen, oft zwei oder drei. So erfolgreich bin ich nicht, ich schaffe etwa ein Drittel von Wallys Ausbeute, aber ich beklage mich nicht. Allmählich festigt sich in mir die Gewissheit, dass ich, wenn ich morgens meinen Detektor umhänge, am Abend Gold in den Händen haben werde. Goldsuchen ist auf einmal so einfach. Ich erinnere mich an die YouTube-Filme, die ich mir abendelang ansah, nachdem ich zum ersten Mal von der Existenz australischer Goldsucher gehört hatte. Ich weiß noch, dass einer der Goldsucher in einem dieser Clips sagte, Goldsuchen fühle sich an, als hebe man Geldscheine von der Straße auf. Und so ist es. Ich finde keine schweren oder schönen Goldklumpen, die meisten wiegen weniger als ein Gramm, doch endlich weiß ich, wie es ist, *good on gold* zu sein. Die Gewissheit zu haben: Wenn ich suche, dann finde ich.

Und abends höre ich mir das Gejammer, Geschimpfe und Geklage an. Es sind nicht nur die Aborigines, die Fred und sein Kumpel Wally verabscheuen, alles Fremde ist ihnen zuwider. Fred klagt über die Muslime (neulich hat er im Fernsehen eine Dokumentation über die Hadsch gesehen und dabei gedacht: Wenn die dort zu Millionen beisammen sind, dann könnte man doch gut eine Atombombe über Mekka abwerfen). Er klagt über die Bootflüchtlinge, die über Indonesien die Nordküste Australiens zu erreichen versuchen (er hofft, dass sie alle ertrinken). Er klagt über die Filipinos (vor allem über den Filipino, der ihm seinen brandneuen Land Cruiser verkauft hat, welcher ihm nun aus irgendwelchen Gründen doch nicht gefällt). Fred ist ein wütender, zorniger Mann. An keinem Abend, den ich mit ihm verbringe, sagt er etwas Nettes über irgendwas oder irgendwen – nicht einmal über seine Freunde und Kinder. Er ist nicht nur ein Rassist, sondern auch ein Misanthrop reinsten Wassers. Vielleicht war er immer schon so, doch bei mir setzt sich ein Gedanke fest: Da sieh, was Gold aus diesem Mann gemacht hat.

Immer drängender stellt sich mir die Frage: Was tust du hier eigentlich? Warum packst du nicht einfach deine Sachen?

*

Vier Tage bleibe ich auf dem Mount Ida. Gern würde ich berichten, dass ich nach diesen vier Tagen die Schnauze so voll habe von Freds Menschenhass, dass ich es keine Minute länger in seiner Nähe aushalte – was auch stimmt –, aber das ist nicht der wahre Grund für meine Abreise. Ich fahre nach Ora Banda zurück, weil dort der *Ora Banda Day* stattfindet.

Der *Ora Banda Day* ist ein alljährlich stattfindender Jahrmarkt, den Tausende von Menschen besuchen, um einen Tag lang an Marktständen vorbeizuschlendern, Wurst zu essen, Glücksspiele zu machen und zu trinken. Mike und Rhonda hoffen, am *Ora Banda Day* so viel zu verdienen, dass der Betrieb des Pubs für den Rest des Jahres gesichert ist. In den vergangenen Monaten durfte ich kostenlos übernachten und zusammen mit dem Personal essen, ohne dass Rhonda und Mike dafür besondere Gegenleistungen verlangt hätten. Aber sie erwarten, dass ich am *Ora Banda Day* kräftig mitanpacke. Der *Ora Banda Day* werde aus Stress, Panik und pausenloser Schufterei bestehen, hat Rhonda mir immer wieder versichert. Der Pub braucht mich, ich muss dort sein. Endlich habe ich Gold gefunden, da muss ich mein Glück auch schon wieder im Stich lassen – wegen einer Provinzkirmes.

Es ist bereits später Nachmittag, als ich in Mount Ida aufbreche. Nach einer Stunde Fahrt beginnt es zu dämmern. Ich bleibe auf dem Gaspedal, fahre neunzig auf der unbefestigten Sandpiste, in der Hoffnung, noch bei Tageslicht in Ora Banda anzukommen. Dann, plötzlich, springt aus der linken Böschung ein großes rotes Känguru hervor. Ich bremse, ich reiße das Steuer herum, aber es ist schon zu spät. Ich schließe die Augen … BUMM! Ein dumpfer Schlag.

Man hat mich so oft gewarnt: Wenn der Abend hereinbricht, werden die Kängurus aktiv und können jeden Moment auf die Straße hüpfen. Und wenn plötzlich eins vor dir auftaucht und es ist schon zu spät zum Bremsen, dann ist die beste Taktik: Gas geben, möglichst wenig lenken und zusehen, dass man es genau mit der *roobar* erwischt. Oder, wie ich es einmal auf einem

Warnhinweis las, der auf dem Armaturenbrett eines Mietwagens klebte: *Kangaroos: run the fuckers down.*

Doch ich mache alles falsch, ich bremse und weiche aus.

Als der Wagen steht, höre ich unter dem Bodenblech ein Geräusch, als würde ein aufgeregter Hund ein Loch in die Erde graben und den Sand gegen das Chassis schleudern. Ein anderer guter Rat fällt mir ein: Wenn du ein Känguru anfährst und es noch lebt, dann ist das Beste für das Tier, wenn du es zu tötest. Im Geiste höre ich Bruce sagen: »Nimm den Wagenheber aus dem Kofferraum und schlag ihm den Schädel ein.« Ich steige aus und gehe mit zitternden Knien um den Wagen herum. Kein Känguru zu sehen, Nirgends. Ich schaue unter den Wagen ... auch nichts. Keine Blutspuren, kein Winseln. Offenbar hat sich das Känguru berappelt und ist – hoffentlich – ohne große Verletzungen davongekommen.

Der Schreck sitzt mir in den Knochen. Ich fahre noch ein paar Kilometer weiter, nicht schneller als vierzig nun, doch als erneut ein paar Kängurus über den Weg springen, reicht es mir. Ich schaue auf die Landkarte. Ich bin auf der Snake Hill Road unterwegs und befinde mich kurz vor der *First Hit Mine*. Bewohntes Gebiet gibt es in der Nähe nicht. Auf gut Glück fahre ich ein paar Hundert Meter in den Busch, zwischen Akazien und Eukalyptusbäumen hindurch, und schlage am Fuße eines Hügels mein Zelt auf. Eine Stunde später sitze ich am Lagerfeuer, wärme eine Instantmahlzeit in den heißen Kohlen auf, *boil the billy* und bewundere das Gold, das ich in den letzten Tagen gefunden habe.

Ich bin zutiefst zufrieden mit meiner Karriere als Goldsucher im Outback.

Ich schlafe wunderbar.

Am nächsten Morgen schaue ich mich erst mal um. Die Hänge des Hügels sind mit Quarz übersät. Das sieht vielversprechend aus. Na los, denke ich, da kann man doch mal einen Versuch wagen. Ich nehme meinen Metalldetektor und steige auf den Hügel. Und jenseits des ersten Hügels stoße ich auf einen weiteren quarzbedeckten Hügel, der ebenso vielversprechend aussieht. Und dahinter ist noch einer. Aber ich finde nichts, und genau in dem Moment, als ich beschließe umzukehren, entdecke ich in weniger als zwei Metern Entfernung eine Schlange, die hinter einem kräftigen Büschel Spinifex hervorkommt und sich mir nähert. Eine braune Schlange. Ihre Haut funkelt in der frühen Morgensonne. Sie hebt den Kopf. Ich bleibe stocksteif stehen. Rühre mich nicht. Ich habe das Gefühl, als wäre ich in einem Tierfilm gelandet, bei dem jemand auf die Pausetaste gedrückt hat und dann in Zeitlupe zurückspult. Langsam, ganz langsam gehe ich rückwärts, bis ich ein paar Meter von der Schlange entfernt bin. Dann drehe ich mich mit einem Ruck um und renne los.

Verdammt. Zuerst das Känguru, jetzt die Schlange. Aber meine Pechsträhne ist noch nicht zu Ende: Ich habe mich verirrt. Ich gehe über die drei Hügel zurück, die ich zuvor schon erstiegen zu haben meine. Doch als ich auf dem dritten Hügel stehe, sehe ich nichts anderes als ein endloses grün leuchtendes Meer. Mein Zelt ist nirgends zu entdecken, ebenso wenig wie die Sandpiste. Nirgendwo eine erkennbare Landmarke, nur Hügel, Akazien und Eukalyptusbäume, so weit das Auge reicht.

Verdammt. Immer nehme ich meinen GPS-Empfänger mit, aber ausgerechnet heute Morgen habe ich das Ding im Auto liegen gelassen. Ich versuche in Ruhe nachzudenken. Die Sandpiste, auf der ich gestern das Känguru angefahren habe, verläuft grob gesagt von Nord nach Süd. Heute Morgen, als ich den ersten Hügel erklommen habe, bin ich der Sonne entgegengegangen, nach Osten also. Wenn ich jetzt genau in die andere Richtung gehe, muss ich wieder auf die Sandpiste stoßen. Und wenn ich einmal auf diesem Weg bin, werde ich wohl auch meinen Lagerplatz wiederfinden. Halb marschierend, halb joggend bewege ich mich in möglichst gerader Linie nach Westen. Ich zerkratze mir die Arme an Akazien, Spinifex sticht mir in die Beine, keuchend steige ich Hügel hinauf und wieder hinab. Doch nach einer halben Stunde: immer noch keine Spur von der Snake Hill Road. Irgendwas stimmt nicht. Von meinem Lager bis zu der Stelle, wo ich auf die Schlange traf, bin ich höchstens eine Viertelstunde gegangen.

Allmählich mache ich mir Sorgen. Ich habe nichts zu essen dabei und nur einen halben Liter Wasser.

Was nun?

Voller Panik entwickle ich eine andere Strategie: in einem großen Kreis gehen. Also gehe ich eine Viertelstunde nach Norden, wende mich dann für weitere fünfzehn Minuten nach Osten und gehe anschließend eine Viertelstunde nach Süden und danach nach Westen. Auch das bringt nichts. Ich werde hungrig. Ich habe Durst. Jeden Moment fürchte ich, auf eine Todesotter oder eine Mulgaschlange zu treten.

Ich steige auf einen Hügel, setze mich auf den Boden und lege den Kopf in die Hände.

Die Sonne fängt an zu stechen. Fliegen summen mir um den Kopf.

Meine Gedanken schweifen ab zu den Geschichten von den Männern, die sich im 19. Jahrhundert in diesem Teil Australiens aufhielten und kein Wasser mehr hatten. Ich erinnere mich an die Beschreibungen in *Gold & Ghosts* und *Spinifex and Sand* über die Goldsucher in Siberia, fünfundsiebzig Kilometer von hier. »Buchstäblich wahnsinnig vor Durst rissen sich manche die Kleider vom Leib und folgten einer Fata Morgana«, schreibt David Carnegie, der auch über umhertaumelnde Goldsucher mit »geschwollenen Zungen und blutigen Füßen« berichtet. Und diese halb toten, halluzinierenden Goldsucher traf er auf dem Weg nach Coolgardie, den ich gerade suche.

Ich muss an die Nacht denken, die Carnegie selbst ein Stück nördlich von hier allein im Busch verbrachte, verirrt, ohne Wasser, vom Fieber heimgesucht. »Wie einsam war ich in diesem riesigen, ausgestorbenen Busch!«, schrieb er. »Von Schmerzen erschöpft wälzte ich mich von einer Seite auf die andere, bis reine Müdigkeit mich zum Stillliegen zwang, so still, dass es den Anschein hatte, als habe sich die Stille des Todes über mich gesenkt. In diesem Meer aus Sträuchern war kein Geräusch zu hören.«

Auch hier auf dem Gipfel meines Hügels ist es still. Das einzige Geräusch verursacht der Wind, der sanft durch die Baumwipfel streicht.

Trotz seines Fiebers schleppte Carnegie sich weiter, er fand Wasser und schließlich auch den Weg.

Und ich?

Ich grüble. Wenn ich das hier überlebe, dann höre ich mit dem Goldsuchen auf. Sieh nur, wohin die verfluchte Suche nach Gold dich gebracht hat! Vielleicht verdurste ich hier, obwohl mein Wagen irgendwo in der Nähe stehen muss. Waren das Känguru und die Schlange Omen? Habe ich einfach nur Pech, oder werde ich jetzt für meine Gier bestraft? Muss ich für mein Goldfieber büßen, das mich zu einem Mann getrieben hat, dessen Weltbild ich verabscheue? Habe ich mich buchstäblich verirrt, um meine bildliche Verirrung zu erkennen?

Ich warte. Plötzlich fällt mir ein, dass die Sandpiste nach Ora Banda von meiner Lieblingshalde in der Nähe der *Gimlet South Mine* auch nicht sichtbar ist, ebenso wenig wie ich sie jetzt ausmachen kann. Von dort oben hört man die Autos nicht vorbeifahren, und man sieht sie nicht; was man aber sieht, sind die aufwirbelnden Staubwolken, die die vorbeifahrenden Autos hinter sich herziehen. Aus der Ferne betrachtet, hinterlässt jedes Fahrzeug eine Staubspur, die genauso deutlich ist wie der Kondensstreifen eines Flugzeugs am wolkenlosen blauen Himmel.

Und darauf warte ich jetzt – bis die wild aufwirbelnden Staubwolken auftauchen.

Lange dauert es nicht. Nach zwanzig Minuten ist es so weit, ich sehe eine Staubwolke am Horizont erscheinen, nicht einmal anderthalb Kilometer entfernt. Zwanzig Minuten später bin ich wieder bei meinem Zelt.

*

Als ich am Ende des Tages den Land Cruiser vor dem Pub parke, gehe ich davon aus, dass die Vorbereitungen für den *Ora Banda Day* in vollem Gange sind. Ich habe ein wenig Angst, mit schiefen Blicken angesehen zu werden, weil ich erst im allerletzten Moment angeschissen komme.

Der Pub ist verlassen. Nur Scotty sitzt an der Theke.

»Wo sind die anderen alle?«, frage ich Margie.

Sie zuckt mit den Achseln.

»Aber es muss doch alles Mögliche getan werden?«

»Jaja.«

Dann kommt Rhonda aus ihrem Büro.

»He, Jeroen, auch wieder da. Fein, es gibt jede Menge Arbeit.«

»Sag nur, was ich tun soll.«

»Na, morgen habe ich bestimmt einen Job für dich.«

Am nächsten Morgen treffen Rhondas Neffen, Nichten und erwachsene Kinder aus einer früheren Ehe ein, um während des großen Tages zu helfen. Ich frage Mike, wie ich mich nützlich machen kann. Ich frage Rhonda, wie ich mich nützlich machen kann. Alle rennen aufgeregt hin und her, aber niemand hat oder übernimmt die Leitung.

Doch andererseits: Jemand, der das Kommando hat, wird gar nicht gebraucht. Eigentlich ist nur eines wichtig: dass genug zu trinken im Haus ist – und dafür hat Bruce schon gesorgt. Alles Übrige regelt sich von allein. Der Würstchenbrater trifft ein und baut seinen Stand auf. Der T-Shirt-Verkäufer trifft ein und baut seinen Stand auf. Und so weiter.

Schließlich sagt einer von Rhondas Neffen zu mir: »Jeroen, setz dich einfach gemütlich unter einen Baum und lies ein Buch.«

Ich könnte mir die Haare raufen. Warum bin ich nicht auf dem Mount Ida geblieben!

Abends um zehn gibt es eine Versammlung, bei der jedem seine Aufgabe zugewiesen wird. Katie, Abby und Margie stehen hinter der Theke. Ich muss dafür sorgen, dass die Kühlschränke im Pub immer gut gefüllt sind.

Rhonda sagt zu Katie und Abby:

»Nur keine Panik! Auch wenn fünfzig Menschen vor euch stehen. Ich verstehe gut, dass man dann denkt: *Oh – my – God*. Dass man dann erstarrt. Aber: *don't stress out*. Atmet tief durch, geratet nicht in Panik.«

Katie und Abby stöhnen deutlich hörbar; diese Predigt hat Rhonda ihnen schon zehn Mal gehalten.

Mike sagt: »Wenn jemand die Kasse klauen will, dann spielt nicht die Helden. Wenn hier jemand den Helden spielt, dann bin ich das.«

Katie und Abby stöhnen noch lauter.

Dann ist der große Tag da. Um zehn Uhr hält der erste Bus vor der Tür – es wurden Busse gechartert, die zwischen Ora Banda und Kalgoorlie pendeln. Gegen halb zwölf kommt das Geschäft langsam in Gang. Ich schaffe Bier und Schnaps heran. Am besten verkaufen sich Emu Export und XXXX Gold. Ausländisches Bier hat der Pub nicht im Angebot – und es wird auch nicht verlangt. Beliebt sind auch Dosen mit Jack Daniel's und Cola, Johnnie Walker mit Cola und Jim Beam mit Cola (während normale Cola kaum bestellt wird). Einige wenige Sonderlinge trinken Rotwein aus Plastikbechern.

Gegen Mittag ist es gemütlich voll im Pub, etwa so wie in einer normalen niederländischen Kneipe am Samstagabend. Leider bleibt das nicht lange so, denn um drei machen sich die meisten Besucher auf den Heimweg. Ich drehe eine Runde über das Gelände. Ja, es spielen Kinder in der aufblasbaren Hüpfburg. Ja, Touristen kaufen Ohrstecker mit kleinen Nuggets. Ja, es werden Würstchen gegessen. Aber die Besucher des *Ora Banda Day* kommen eigentlich nur für zwei Dinge: um zu saufen und um *Two-up* zu spielen.

Two-up ist ein populäres australisches Glücksspiel, das ursprünglich von den Goldfeldern Victorias stammt. Man kann es auch in einigen Kasinos spielen, aber die Kenner sind der Ansicht, dass *Two-up* nach draußen, in den Busch gehört. Der einzige Ort, wo man das in Australien darf, ist ein Wellblechschuppen gleich außerhalb von Kalgoorlie – und das auch nur an besonderen Feiertagen. Aber Mike, der mit einigen Lokalpolitikern von Kalgoorlie gut befreundet ist, hat es geschafft, dass auch am Festtag in Ora Banda *Two-up* gespielt werden darf.

Daher auch die Pendelbusse.

Vor dem Pub hat man einen Kreis in den Sand gezeichnet. Außerhalb des Kreises stehen die Spieler, hauptsächlich angetrunkene Männer um die dreißig, aber auch ein paar – nüchterne – ältere Damen. Einige haben Campingstühle mitgebracht. Das Spiel an sich ist auf den ersten Blick blöd. Im Inneren des Kreises wirft der Spielleiter, der *spinner*, zwei Münzen in die

Luft, und nun warten alle unter lautem Rufen darauf, welche Seiten oben liegen, zweimal Kopf oder zweimal Zahl. Wenn sowohl Kopf als auch Zahl oben liegen, wird noch einmal geworfen, und zwar so lange, bis entweder zweimal Zahl oder zweimal Kopf oben liegen. Bevor die Münzen geworfen werden, schließt man Wetten ab. Tippt man richtig, wird der Einsatz verdoppelt. Hat man falsch geraten, ist man sein Geld los. Es geht ein Buchmacher herum, der Wetten annimmt (und dafür eine Provision erhält), aber die Spieler können auch untereinander Wetten abschließen.

Eine Strategie gibt es bei dem Spiel nicht, man kann nicht gut oder schlecht in *Two-up* sein, und unterhaltsam ist es nur, wenn man selbst mitspielt. Eigentlich erinnert das Ganze ein wenig ans Goldsuchen, denke ich, während ich bei dem Spiel zusehe. Es gibt rund zwanzig fanatische Spieler mit dicken Geldbündeln in der Hand, die bei jedem Wurf wetten. Der Mindesteinsatz beträgt 50 Dollar, manche wetten um 200, 500 oder 1000 Dollar pro Wurf. Ich wage einen Versuch und rufe: »50 auf Kopf.« Eine Frau tritt auf mich zu und überreicht mir 50 Dollar. Der *spinner* wirft die Münzen, und … es ist Kopf. 50 Dollar verdient! Es läuft gut. Dann also noch einmal. Ich rufe: »100 auf Kopf, wettet jemand gegen 100 auf Kopf?« Mein Nachbar nimmt die Wette an. Die Vorderseite seines T-Shirts ist nass von verschüttetem Bier. Er schwankt auf seinen Beinen hin und her. Die Münzen fallen … Kopf und Zahl. Sie werden noch einmal geworfen: Kopf! Das ist noch einfacher als Goldsuchen am Mount Ida. War vielleicht doch keine schlechte Idee zurückzukommen. Beim nächsten Spiel setze ich wieder 100 … und verliere. Und so geht es zwanzig Minuten lang weiter: Ich gewinne, ich verliere. Hin und wieder gehe ich kurz weg, um zu schauen, ob ich im Pub gebraucht werde, aber der schlimmste Ansturm ist vorbei, und die Kühlschränke sind prall gefüllt.

Dann läuft es auf einmal wunderbar. Innerhalb von zehn Minuten habe ich, indem ich jedes Mal meinen Einsatz verdopple, 1000 Dollar in den Händen. Das meiste Geld stammt von dem Besoffenen neben mir. Ich möchte aufhören, doch der Suffkopf hat einen Kumpel, der genauso voll ist. Und dieser Kumpel fängt an, mich zu triezen.

»Hey, Brillenschlange! Traust du dich nicht mehr?«

Dir werd ich's zeigen. Ich setze 1000 Dollar auf Zahl.

Der *spinner* wirft: Kopf und Zahl.

Nächster Wurf: Kopf und Zahl.

Nächster Wurf: Zahl! Aber die Münzen landen außerhalb des Kreises, und der Wurf wird annulliert.

Nächster Wurf: Kopf und Zahl.

Mir bricht der Schweiß aus.

Erneut wirft der *spinner* und: Kopf.

Abends bin ich an der Theke nicht der Einzige, der seinen Missmut ertränkt.

Scottys russische Freundin hat Schluss gemacht. Und dass sein *driller* immer noch nicht mit dem Bohren angefangen hat, passt ihm auch nicht.

Vicky hat ein fettes Herpesbläschen am Mund – über das alle hinter ihrem Rücken Witze machen.

Albert hat schon seit drei Wochen kein Gold mehr gefunden.

Und Mike und Rhonda sind frustriert, weil nicht viele Leute gekommen sind. Es wurden viel zu wenig Getränke verkauft, der Lagerraum ist noch fast voll. »Glaub mir, daran ist nur die Regierung schuld«, sagt Mike. »Seit Labour an der Macht ist, geben die Menschen kein Geld mehr aus.«

»Es war ein frustrierender Tag«, resümiert Rhonda.

Am nächsten Morgen fahre ich nach Kalgoorlie, um vor meiner Rückreise in die Niederlande noch ein paar Dinge zu regeln. Im Supermarkt treffe ich Scotty. Wir halten ein Schwätzchen. Zehn Minuten später stoße ich um ein Haar mit Lizzie zusammen, der Managerin des Golddust Backpacker. Wir halten ein Schwätzchen. Auf der Hannan Street komme ich am Goldladen Natural Gold Nuggets vorbei und sehe Lecky hinter dem Ladentisch. Wir halten ein Schwätzchen.

Zufrieden gehe ich weiter die Hannan Street entlang. Die Stadt und ihre Einwohner sind mir tatsächlich lieb und teuer geworden. Dann höre ich Gehupe. Ich schaue um. Fred in seinem Land Cruiser. Wir halten ein Schwätzchen.

»*Mate*, bist du wieder hier?«, frage ich ihn.

»Ja, vorläufig jedenfalls.«

»Ist Wally noch immer am Mount Ida?«

»Nein, der ist auch nach Hause gefahren.«

»Nochmals vielen Dank jedenfalls, dass ich auf deinem *lease* Gold suchen durfte«, sage ich.

»*No worries, mate. Any time.*«

Any time, hmm. Irgendwas blubbert in meinem Bauch. Wenn Fred hier ist, dann könnte ich noch einmal zum Mount Ida fahren und wie ein Einsiedler nach Gold suchen. Ohne Wally. Und vor allem ohne Fred.

»Wirklich?«, sage ich. »Könnte ich vielleicht noch ein paar Tage am Mount Ida suchen?«

»Äh ... ja, okay«, sagt er zögernd.

»Und du bleibst vorläufig hier?«

Fred blickt mich forschend an, als traute er mir nicht so recht.

»Ja, das habe ich vor.«

Erneut verschiebe ich meine Rückreise nach Amsterdam und fahre am nächsten Tag in einem Stück zum Mount Ida. Gegen

Mittag komme ich an. Ich packe nicht einmal meine Sachen aus, sondern eile mit meinem GPX4000 zu meiner Glücksstelle, dem mit schwarzem Eisenstein bedeckten Hang. Und als es ein paar Stunden später zu dämmern beginnt, sind zwei weitere Goldklumpen in meiner *gold bottle*. Am nächsten Tag finde ich drei Nuggets, zwei am Vormittag, einen am Nachmittag.

Und als ich mir so um fünf eine Dose Suppe warm mache, da sehe ich am Horizont eine Staubwolke auftauchen: ein Wagen, der die Warnschilder missachtet. Es ist Freds Land Cruiser.

Vielleicht haben sich seine Pläne geändert.

Vielleicht traute er mir doch nicht.

In *Der Schatz der Sierra Madre* geht Humphrey Bogart mit zwei Kumpel auf Goldsuche. Als das Trio dann das heiß begehrte Metall findet, verstrickt sich Bogart bald in seine paranoiden Wahnvorstellungen. Allmählich gewinnt seine Gier die Oberhand, er traut seinen Kameraden nicht mehr – und es endet schlecht für ihn.

Goldfieber vernichtet *mateship*, und darauf folgen dann moralischer Verfall und Untergang.

Das ist nicht nur die Botschaft von *Der Schatz der Sierra Madre*, es ist auch die Lektion, die man aus den vielen Geschichten lernen kann, die ich in den vergangenen Monaten gehört habe. An der Theke in Ora Banda, am Lagerfeuer, immer wieder hieß es: »*Gold does funny things to people.*« Wiederholt erzählten Goldsucher, dass die besten Kumpel einander ein Messer in den Rücken stoßen, wenn es um Gold geht. Das Konzept des *mateship* ist möglicherweise auf den australischen Goldfeldern des 19. Jahrhunderts entstanden, doch heute hat es den Anschein, als seien Goldsucher die größten Kameradenschweine des Kontinents.

Mein eigener moralischer Niedergang, wenn ich es so nennen darf, besteht nicht darin, dass ich, vom Goldfieber getrieben, einen Kumpel verraten habe, sondern dass ich jemandem *mateship* vorspiele, den ich im Grunde verachte. In dem Moment, als ich Fred in der Ferne erblicke, wird mir endlich bewusst, welchen Fehler ich gemacht habe. Mein Gott, nachher muss ich mir wieder sein Gejammer, sein Geschimpfe und sein Geklage anhören. Ich verdamme die Ansichten dieses Mannes, mache aber dankbar von seiner Gastfreundschaft Gebrauch. Ich schlafe unter seinem Dach. Ich trinke seinen Wein. Ich esse seine Speisen. Ich tue so, als fände ich ihn nett. Und wieso? Weil ich Gold finde – sein Gold. Was für ein Heuchler bin ich!

Ja, ich habe Gold gefunden. Aber ich habe auch etwas verloren: mein Ehrgefühl. Ich ekle mich vor mir selbst. Ehe Fred seinen Land Cruiser vor meinem *donger* geparkt hat, habe ich bereits meine Sachen gepackt. Es gibt nur eine Medizin gegen dieses Goldfieber: nach Hause.

EPILOG

Warum ist Gold wertvoll? Weil es schön ist? Weil es unvergänglich ist? Weil es selten ist? Weil es jahrhundertelang als Geld gedient hat? Weil Gold in wirtschaftlich unsicheren Zeiten von Anlegern und Spekulanten als ein sicherer Wert betrachtet wird? Die Erklärung, die mir am besten gefällt, stammt aus *Der Schatz der Sierra Madre*. Zu Beginn des Films sagt der von Walter Huston gespielte alte Goldsucher: »Sagen wir, tausend Mann gehen los und suchen Gold. Nach sechs Monaten hat einer mal Glück. Sein Fund verkörpert jetzt mit seiner Arbeit die von 999 anderen mit. Das sind sechstausend Monate oder fünfhundert Jahre Arbeit und Schweiß und Hunger und Durst. 'ne Unze ist doch immer genau das wert, was die Leute, die es finden, an Mühe und Arbeit aufwenden.«

In der Eerste van der Helststraat im Amsterdamer Viertel Pijp – nur einen Steinwurf von der niederländischen Nationalbank entfernt, in deren Kellern ein Teil des sechshundert Tonnen wiegenden niederländischen Goldvorrats aufbewahrt wird – befindet sich der Laden Goud Aankoop Amsterdam. Die Fassade des Geschäfts ist pechschwarz angestrichen. In gelben Riesenbuchstaben steht auf dem Fenster: »Verwandeln Sie Ihr Gold in bares Geld«. Solche etwas dubios wirkenden Goldläden sind seit zweieinhalb Jahren, seit der Goldpreis so hoch ist, ein vertrauter Anblick in den niederländischen Fußgängerzonen. Hinter der Theke von Goud Aankoop Amsterdam steht ein molliger Mann mit einem rosafarbenen Poloshirt.

»Wie gehen die Geschäfte?«, frage ich.

»Wir leben noch«, erwidert der Mann.

Ich zeige ihm meine Goldklumpen – vierzehn Stück. Darunter mein erster kleiner Goldklumpen, das Viertelgramm aus Wedderburn. Aber auch der Texel-Nugget aus Murrin Murrin, der stiefelförmige Klumpen, den ich im ausgetrockneten Bachbett am Mount Ida gefunden habe, und der schönste von allen: der tropfenförmige, gut drei Gramm wiegende Nugget, den ich an meinem letzten Tag auf Freds *lease* gefunden habe.

»Woran hatten sie gedacht?«, fragt mich der Mann.

»An den aktuellen Goldpreis«, antworte ich.

»Pffff«, sagt der Mann.

»Tsss«, macht die blonde Frau, die in der offenen Tür eine Zigarette raucht.

»Das ist pures Gold«, sage ich leicht irritiert. »Das habe ich selbst in Australien ausgegraben. Echte Goldklumpen. Wissen Sie, dass Goldklumpen seltener als Diamanten sind?«

Das alles interessiert den Mann nicht. Er nimmt einen meiner Nuggets, reibt damit über eine Art Schleifstein, sodass ein paar winzige Goldkörner zurückbleiben, und streicht dann mit einem Nagellackpinsel ein wenig Salpetersäure darauf. Wäre das Gold nicht echt oder hätte es nur einen geringen Goldgehalt, würden die Körner sich auflösen. Das passiert nicht – und das ist alles, was er wissen muss. Der Mann legt mein Gold auf eine digitale Waage: 16,07 Gramm, ein klein wenig mehr als eine halbe Feinunze. Er nimmt einen Taschenrechner, tippt ein paar Zahlen ein und sagt dann: »307 Euro.«

Der wirkliche Wert – nach heutigem Goldpreis – liegt etwa doppelt so hoch. Und wenn man bedenkt, dass Goldklumpen, weil sie so selten sind, in der Regel für den doppelten Goldpreis verkauft werden, dann müsste ich eigentlich mindestens 1000 Euro kriegen. Doch das Einzige, was der Mann dazu sagt, ist, er wolle »sich selbst nicht benachteiligen«.

Ja, das kann ich mir vorstellen. Ich mich aber auch nicht.

Verärgert sammle ich meine Goldklumpen ein und verlasse den Laden.

Ein paar Straßen weiter probiere ich es bei einem anderen Goldkäufer erneut. Hier lautet das Angebot 320 Euro. Während ich mit dem Rad nach Hause fahre, wiederholt eine leise Stimme in meinem Hinterkopf: 300 Euro für drei Monate Arbeit …

Gold ist überhaupt nicht wertvoll. Wenn man die »menschliche Arbeit« betrachtet, die in dem Fund dieser halben Feinunze steckt, dann müsste mein Gold zwanzig- bis dreißigmal so viel wert sein. Und wenn man dazu dann noch die 999 anderen hinzunimmt … Reich bin ich nicht geworden im Outback. Doch wie man es auch dreht und wendet: Ich habe gesucht und gefunden. Und das ist mehr, als 999 andere von sich behaupten können.

NACHWORT

Im November 2009 besuchte ich im Auftrag des *NRC Handelsblad* und des Senders VPRO zum ersten Mal die Goldfelder von Victoria und Westaustralien. Mir wurde schnell bewusst, dass die Geschichte, die ich erzählen wollte, größer war, als ich in einem Zeitungsartikel von zweitausend Wörtern und einer vierzigminütigen Rundfunkreportage unterbringen konnte. Die Geschichte, die ich erzählen wollte, passte nur in ein Buch. Ein halbes Jahr später kehrte ich daher auf die westaustralischen Goldfelder zurück. Insgesamt verbrachte ich einen Monat in Victoria und gut drei Monate in Westaustralien.

Jeder Autor dankt an dieser Stelle seiner Liebsten, und auch ich komme um dieses Klischee nicht herum. Doch meine Liebste spielte beim Zustandekommen dieses Buches eine besondere Rolle. Hätte Remke de Lange mich und unseren Sohn Nick im Sommer 2009 nicht für ein Jahr mit nach Australien genommen, wäre dieses Buch nie geschrieben worden. Also, Remke: *thanks, mate*. Darüber hinaus bin ich der Familie Buttery von den Gemtree Vineyards zu Dank verpflichtet, die es uns ermöglichte, ein Jahr im McLaren Vale zu wohnen. Besondere Erwähnung verdient auch mein Lektor Laurens Ubbink, der an ein Buch über die Goldsuche *down under* glaubte und mir auch später beim Schreiben zur Seite stand. Remke und Jan Schilder kommentierten das Manuskript, und Anton de Goede und Gijsbert van Es unterstützten durch die oben erwähnten journalistischen Aufträge meine ersten Erkundungen auf den australischen Goldfeldern. Ein Stipendium des Fonds Bijzondere Journalistieke Projecten half bei der Finanzierung des Projekts.

Zum Schluss will ich mich bei all denen bedanken, die auf diesen Seiten erwähnt werden. Ohne ihre uneigennützige Mitarbeit, ihre Gastfreundschaft, ihre Tipps und ihren Rat wäre aus dem Buch nie etwas geworden. Einige Namen habe ich aus Rücksicht auf die Privatsphäre der Betroffenen geändert.

Jeroen van Bergeijk Amsterdam, Juni 2011

BIBLIOGRAFIE

Anderson, Max, *Digger – One Man, One Pan and a Million Square Miles of Outback*, London 2004

Annear, Robyn, *Nothing But Gold. The Diggers of 1852*, Melbourne 1999

Bartlett, Norman, *The Gold Seekers*, London 1965

Bernstein, Peter L., *Die Macht des Goldes. Auf den Spuren einer Faszination*, München 2005

Best, Michael R. (Hg.), *A Lost Glitter*, Netley 1986

Blainey, Geoffrey, *The Rush That Never Ended. A History of Australian Mining*, Melbourne 1974

Bryson, Bill, *Eine kurze Geschichte von fast allem* (übers. von Sebastian Vogel), 1. Aufl., München 2004

Bryson, Bill, *Frühstück mit Kängurus. Australische Abenteuer* (übers. von Sigrid Ruschmeier), München 2002

Butt, Charles R. M./Hough, Robert M., Why gold is valuable, in: *Elements*, Oktober 2009

Carboni, Raffaelo, *The Eureka Stockade* (Faksimile), Blackburn 1980

Carnegie, David W., *Spinifex and Sand* (Faksimile), Harmondsworth 1973

Casey, Gavin/Mayman, Ted, *The Mile That Midas Touched – The story of Kalgoorlie from 1893–1968*, Adelaide 1968

Cash, Sam J., *Loaming for God* (Faksimilie), Carlisle 2008

Chabrillan, Celeste Venard de, *The Gold Robber* (Faksimile), Melbourne 1970

Chatwin, Bruce, *Traumpfade* (übers. von Anna Kamp), München 1990

De Havelland, D. W., *Gold & Ghosts. A Prospector's Guide To Metal Detecting in Australia (volume 1)*, Carlisle 1985

Dixson, Miriam, *The Real Matilda. Women and Identity in Australia 1788 to the present*, Victoria 1994

Everist, Richard (Hg.), *The Traveller's Guide to the Goldfields, History and Natural Heritage Trails through Central & Western Victoria*, Torquay 2006

Hallam, Anthony, *Great Geological Controversies*, Oxford 1989

Hamblin, William Kenneth/Howard, James D., *Exercises in: Physical Geology*, New York 2004

Hargraves, Edward H., *Australia and Its Goldfields: A Historical Sketch of the Progress of the Australian Colonies from the Earliest Times to the Present Day*, London 1855

Heeres, J. E., *Het aandeel der Nederlanders bij de ontdekking van Australië 1606–1765*, Leiden 1899

Hirst, John, *The Australians*, Melbourne 2007

Howitt, William, *Land Labour and Gold, or: Two Years in Victoria with Visits to Sydney and Van Diemen's Land*, London 1855

Hughes, Robert, *Australien. Die Gründerzeit des Fünften Kontinents* (übers. von Karl A. Klewer), Düsseldorf u. a. 1987

Idriess, Ion L., *Lasseter's Last Ride*, Sidney 1945

Idriess, Ion L., *Prospecting for Gold, from the Dish to the Hydraulic Plant*, Sydney 1936

Klein, Cornelis, *Manual of Mineral Science*, New York 2003

Korzeliński, Seweryn, *Memoirs of Gold-digging in Australia* (aus dem Polnischen übers. von Stanley Robe), St. Lucia 1979

Lutgens, Frederick K./Tarbuck, Edward/Tasa, Denis, *Essentials of Geology*, New York 2010

Marks, Kathy, »Tears of the Sun«, in: *Griffith Review* 28, 2010

Marsden, William/Sher, Julian, *Angels of Death*, London 2007

Marshall, John, *Battling for Gold or: Stirring incidents of Goldfield's Life in West Australia* (Faksimile), Carlisle 1984

McCalman, Iain/Cook, Alexander/Reeves, Andrew (Hg.), *Gold, Forgotten Histories and Lost Objects of Australia*, Cambridge 2001

Nooteboom, Cees, *Vreemd water*, Amsterdam 1991 (einige der Texte über Australien aus diesem Buch finden sich in: Cees Nooteboom, *Auf Reisen 3* (= *Gesammelte Werke*, Bd. 6, hg. v. Susanne Schaber, übers. von Helga van Beuningen und Andreas Ecke, Frankfurt a. M. 2004)

Oosterzee, Penny van, *A Field Guide to Central Australia*, Marleston 2009

Reeves, Keir/Nichols, David (Hg.), *Deeper Leads. New Approaches to Victorian Goldfields History*, Ballarat 2007

Reynolds, Stephen/ Johnson, Julia/Kelly, Michael/Morin, Paul, *Exploring Geology*, New York 2009

Sherer, J., *The Gold-Finder of Australia: How He Went, How he Fared, How He Made His Fortune*, London 1853

Sligo, N., *Mates and Gold. Reminiscences of Early Westaustralian Goldfields,* Carlisle 1980

Stapel, F. W., *De Oostindische Compagnie en Australië*, Amsterdam 1937

Strickland, Barry, *Golden Quest Discovery Trail Guidebook*, Kalgoorlie 2003

Sutton, Peter, *The Politics of Suffering*, Melbourne 2009

Theroux, Paul, *The Happy Isles of Oceania*, London 1992

Twain, Mark, *Tom Sawyer & Huckleberry Finn* (übers. von Andreas Nohl), München 2010

Victorian Historical Journal, volume 72, numbers 1 & 2, 2001

World Gold Council, Gold Demand Trends, First Quarter 2011, 2011

10/1004/04/3s